Le Temps et sa Flèche

Deuxième édition

Dans la même collection

Barrow, *La Grande Théorie.*
Broglie, *La Physique nouvelle et les quanta. – Nouvelles perspectives en microphysique.*
Brunhes, *La Dégradation de l'énergie.*
Cavalli-Sforza, *Qui sommes-nous ?*
Couteau, *Le Grand Escalier. Des quarks aux galaxies.*
Davies, *Les Forces de la nature.*
Delsemme, *Les Origines cosmiques de la vie.*
Delsemme, Pecker, Reeves, *Pour comprendre l'univers.*
Delumeau (présenté par), *Le Savant et la foi.*
Denton, *Évolution. Une théorie en crise.*
Diner, Lochak, Fargue, *L'Objet quantique.*
Drouin, *L'Écologie et son histoire.*
Eccles, *Évolution du cerveau et création de la conscience.*
Einstein, *Comment je vois le monde. – Conceptions scientifiques.*
Einstein, Infeld, *L'Évolution des idées en physique.*
Franck, *Einstein. Sa vie, son temps.*
Gell-Mann, *Le Quark et le jaguar.*
Gleick, *La Théorie du chaos.*
Gribbin, *À la poursuite du Big Bang. – Le Chat de Schrödinger.*
Hawking, *Une brève histoire du temps. – Commencement du temps et fin de la physique ?*
Heisenberg, *La Partie et le Tout.*
Jacquard, *Idées vécues.*
Klein, Spiro (dir), *Le Temps et sa flèche.*
Kuhn, *La Structure des révolutions scientifiques.*
Leakey, Lewin, *Les Origines de l'homme.*
Lloyd, *Les Origines de la science grecque.*
Lochak, *Louis de Broglie. Un prince de la science. – La Géométrisation de la physique.*
Lovelock, *La Terre est un être vivant.*
Mandelbrot, *Les Objets fractals.*
Merleau-Ponty, *Einstein.*
Von Neumann, *L'Ordinateur et le cerveau.*
Perrin, *Les Atomes.*
Planck, *Initiations à la physique. – Autobiographie scientifique et derniers écrits.*
Poincaré, *La Science et l'hypothèse. – La Valeur de la science.*
Prigogine, *Les Lois du chaos.*
Prigogine, Stengers, *Entre le temps et l'éternité.*
Reichholf, *L'Émancipation de la vie.*
Robert, *Les Horloges biologiques.*
Ruffié, *De la biologie à la culture. – Traité du vivant.*
Ruffié, Sournia, *Les Épidémies dans l'histoire de l'homme.*
Selleri, *Le Grand Débat de la théorie quantique.*
Shapiro, *L'Origine de la vie.*
Smoot, *Les Rides du temps.*
Stengers, *L'Invention des sciences modernes.*
Stewart, *Dieu joue-t-il aux dés ?*
Testart, *Le Désir du gène. – L'Œuf transparent.*
Thom, *Paraboles et catastrophes. – Prédire n'est pas expliquer.*
Trinh Xuan, *Un astrophysicien.*
Ullmo, *La Pensée scientifique moderne.*
Weyl, *Symétrie et mathématique moderne.*
Wills, *La Sagesse des gènes.*

Le Temps et sa Flèche

Avant Propos d'Etienne Klein
et Michel Spiro

Introduction de Michel Crozon

Michel Paty
Jean-Pierre Luminet
Marc Lachièze-Rey
Gilles Cohen-Tannoudji
Maurice Jacob
Roger Balian
Ladislas Robert
André Comte-Sponville
Jean-Marc Lévy-Leblond

FLAMMARION

ISBN : 2-08-081339-0

Nous tenons à remercier tout spécialement Madame Raoul-Duval (Ministère de l'Enseignement Supérieur et de la Recherche) pour sa disponibilité et son aide si efficace lors de la préparation de cette manifestation. Notre reconnaissance la plus vive va aussi à Maryline Albera et à Alexandra Henry, qui ont si bien assuré les rôles de secrétaires et d'hôtesses du colloque

Etienne Klein et Michel Spiro

SOMMAIRE

AVANT-PROPOS

L'ESPRIT DU TEMPS

Etienne Klein* et Michel Spiro**

"Le temps est le sens de la vie"
***Paul Claudel**, l'Art poétique.*

La physique, en tant que discipline de la recherche fondamentale, participe à part entière, et même "de plein fouet", à la culture. Elle tente, à sa manière, d'apporter un éclairage scientifique sur certaines des grandes interrogations qui hantent l'humanité. On peut regretter que ce lien à la culture ne soit pas toujours explicite et qu'il ne soit pas suffisamment commenté. Le but - original - des rencontres qu'organise désormais la *Division Champs et Particules de la Société Française de Physique* (avec le parrainage du *Ministère de l'Enseignement Supérieur et de la Recherche*, des revues *Ciel et Espace* et *La Recherche*, ainsi que du quotidien *Libération*) est de mettre davantage en évidence l'épaisseur culturelle des grandes avancées de la physique. De tels colloques doivent permettre aux physiciens, non seulement de réfléchir à haute voix à ces questions, mais aussi d'en débattre, entre eux et avec tous ceux que cela intéresse. Chacun faisant l'effort de se mettre à la portée des autres, on peut espérer que ces rencontres, menées dans un es-

* CEA, DAPNIA, Service d'Etude des Accélérateurs
CE Saclay, 91191 Gif sur Yvette Cedex
** CEA, DAPNIA, Service de Physique des Particules
CE Saclay, 91191 Gif sur Yvette Cedex

prit de tolérance, soient le ferment d'un fructueux échange transdisciplinaire. Les actes qui sont présentés ici rapportent la première édition de ces rencontres, qui s'est tenue au Ministère de la Recherche et de l'Enseignement Supérieur le 8 décembre 1993. Plus de quatre cents personnes y ont assisté, dans un amphithéâtre comble. Il faut dire que le thème retenu, *le temps et sa flèche*, n'était pas le moins attractif.

Dans le discours qu'il a prononcé à l'Université Claude Bernard de Lyon, en septembre 1989, Andreï Sakharov expliquait que la science a trois missions essentielles : accroître nos connaissances, agir sur le monde et si possible le rendre meilleur, et enfin rassembler les hommes. Sur ce point, au moins, notre première rencontre n'aura pas failli.

Pourquoi avoir choisi le thème du temps ? C'est une banalité de dire que les hommes ont toujours tenté, sans grand succès, d'élaborer un discours cohérent sur le temps. Il n'y a qu'à voir la place énorme, et unique, qu'il occupe dans la littérature de toutes les époques. Il intervient dans de si nombreuses expressions langagières qu'on pourrait penser qu'il fait partie de nos concepts familiers. Chacun comprend de quoi on parle quand on parle de temps, ce qui devrait suffire à résoudre le problème qu'il pose une bonne fois pour toutes, de façon claire et distincte. Mais il faut prendre garde au fait que les concepts familiers sont souvent les plus mystérieux. Cela est particulièrement vrai du temps. Chacun sent bien qu'il n'est pas une chose comme les autres, et qu'on n'en finira jamais de l'interroger. D'abord, il n'est une matière à aucun de nos cinq sens. Ensuite, il se présente à nous de façon toujours paradoxale. Il est à la fois familier et mystérieux, substantiel et fuyant, évident et indicible. Enfin, bien que sa direction soit "fléchée", comme disent les physiciens, il demeure un objet introuvable. Cette nature ambiguë du temps n'empêche pas que dans leurs interrogations sur l'univers et sur l'homme, les scientifiques sont sans cesse confrontés à ses lois, voire à ses caprices. Cette omniprésence du temps dans le champ des sciences n'est d'ailleurs pas sans soulever plusieurs questions :

signifie-t-elle qu'il y a une universalité du temps ou bien reflète-t-elle une juxtaposition de statuts particuliers ? Et cette présence du temps en physique, n'est-elle pas incongrue ? La physique ne tend-elle pas plutôt à nier le temps en faisant appel aux "idéaux immobiles" que sont les lois universelles ? La question reste en effet posée de savoir si la physique a vocation à décrire l'immuable, ou bien si, au contraire, elle doit devenir la législation des métamorphoses.

En attendant, la physique, dans sa pratique aussi bien que dans ses concepts, se heurte au temps. Elle le fait avec d'autant plus de violence qu'en son sein même le temps revêt plusieurs visages. Une des ambitions du colloque était donc de voir si l'époque moderne, qui est par ailleurs (et légitimement) si orgueilleuse de son savoir, avait ou non des éléments de réponse consistants et nouveaux à apporter aux questions profondes et anciennes que pose le temps. Les physiciens, astrophysiciens, biologistes et philosophes qui se sont succédés à la tribune ont tous écarté un petit coin du voile. Les questions posées n'ont évidemment pas été épuisées mais on verra que les textes qui suivent sont d'une très grande richesse.

La démonstration est ainsi faite que la science prise dans son entier peut devenir, lorsqu'elle prend le temps de penser, un véritable levain de culture.

INTRODUCTION

Michel Crozon*

Le programme de cette journée annonce que j'en assure l'introduction. Quels que soient les motifs qui me valent cet honneur, je voudrais en premier lieu me réjouir de l'importance - numérique et qualitative - de l'assistance à ce colloque organisé par la Société Française de Physique : à elle seule cette assistance justifie notre entreprise et nous engage à donner le meilleur de nous-mêmes. Je me réjouis que cette rencontre ait lieu dans ces locaux du carré des sciences du ministère de l'enseignement supérieur et de la recherche que je veux dès maintenant remercier pour cette hospitalité et pour son parrainage. Je veux aussi remercier les organisateurs, les conférenciers ainsi que les organes de presse Libération, La Recherche, Ciel et Espace, d'avoir accepté de contribuer à cette journée de dialogue entre la recherche en physique, science réputée dure, voire inhumaine, et les autres sciences, qu'elles soient naturelles, humaines ou sociales.

Le projet d'un tel colloque date de la fin de l'an passé. Il s'agissait d'abord, pour les physiciens de la section "Particules et Champs" de la Société Française de Physique, de tenter de rétablir un contact avec d'autres disciplines et, plus largement, de renouer un dialogue intellectuel dont nous avions l'impression qu'il était bien ralenti depuis longtemps. La richesse et la diversité des nouvelles problématiques de la physique nous paraissent largement ignorées, occultées sans doute par l'espèce de point aveugle, probablement abusif, que constituent, pour

---

* CNRS, 3 rue Michel-Ange 75781 Paris Cedex

beaucoup de non-physiciens et notamment d'épistémologues, les paradoxes de la mécanique quantique. Peut-être aussi, forts de nos certitudes ou de nos réalisations techniques, avons-nous cultivé notre isolement. Aujourd'hui, nous découvrons qu'il est important de faire connaître ces problématiques nouvelles.

Sans doute peut-on voir dans notre démarche l'expression d'une inquiétude : la physique fut longtemps l'incarnation même du concept de science, en quelque sorte le parangon de la scientificité. Aujourd'hui d'autres disciplines, la chimie, les biologies, sans compter ces étranges constructions conceptuelles, les sciences de l'information ou celles de la cognition, rivalisent avec elle de scientificité. Plus attirantes socialement, plus proches des pratiques et des besoins des hommes, ces disciplines n'ont, en outre, pas à assumer la faute originelle, celle de la bombe d'Hiroshima.

Faut-il en conclure simplement que se sentant mal aimés, voire prosaïquement menacés dans leur prestige, leur statut ou leur budget, les physiciens se rappelleraient au bon souvenir et même à la complicité de leurs collègues ? Pire encore, serait-ce une affaire de gros sous ? Les physiciens spécialisés dans les particules et les champs n'ont-ils pas besoin d'instruments lourds et coûteux dont l'utilité n'est pas toujours évidente pour les dits collègues, fussent-ils eux-mêmes physiciens d'autres spécialités ? S'agirait-il de les convaincre? Sans doute est bien en partie le cas.

Mais je crois qu'on ne peut pas se contenter de ces raisons sommaires. Pour convaincre, il faut de bons arguments, issus d'une science bien faite.

Après tout, la stricte séparation entre les sciences est chose récente. Descartes discourait des animaux comme de l'optique. Newton ne craignait pas de passer de l'alchimie au calcul différentiel.

Pilier d'un scientisme sans faille, le déterminisme étroit prôné par nos prédécesseurs du 19e siècle a, en quelque sorte, stérilisé le dialogue : quel rapport entre un monde entièrement mécanique et mécaniquement déterminé et l'exubérance des phénomènes biologiques, psychologiques ou sociologiques ? Entre les différents champs du savoir on ne pouvait guère établir que des liens de principe, une hiérarchie formelle comme celle de la fameuse classification d'Auguste Comte qui isolait les disciplines dans leurs spécificités plutôt que de les faire communiquer entre elles.

Heureusement cet isolement a été parfois rompu avec grand profit : on sait, par exemple, la fécondité de la contribution du physicien Schrödinger à la biologie moléculaire. L'explosion scientifique récente nous montre qu'aujourd'hui c'est souvent à la jointure entre les champs de connaissance que naissent les idées nouvelles, ou les nouveaux emplois de concepts anciens. Multi-disciplinaire donc, résolument, ainsi avons-nous voulu cette rencontre. Non pour satisfaire à une mode mais parce que nous savons que nous n'aurons pas trop des réflexions de tous pour d'abord délimiter les champs où chacun peut légitimement intervenir et ensuite confronter intuitions ou concepts apparentés à la lumière des savoirs spécifiques. A ce prix seulement nous échapperons au risque de confusion intellectuelle ou de consensus stérile.

Ce dialogue avec d'autres spécialités scientifiques dans l'espoir de trouver des terrains d'enrichissement réciproque, nous avons voulu le mener de façon publique, afin de contribuer au renouveau de la réflexion humaniste et philosophique.

Il n'y a pas si longtemps, les concepts de la physique étaient au cœur même de l'interrogation de l'homme sur l'univers et sur son propre statut au sein de cet univers. Rappelons-nous Galilée découvrant le périssable dans des cieux réputés immuables, Képler trouvant dans l'harmonie divine l'inspiration qui le conduisit aux lois régissant les mouvements des planètes ou Laplace expulsant le même Dieu de ces mêmes orbes célestes.

Renouant avec cette tradition, nous voulons contribuer à la nécessaire réflexion sur elle-même, anthropologique, éthique voire métaphysique - en bref philosophique - que la société doit sans arrêt renouveler si elle ne veut pas être condamnée à la stérilité ou à la dictature des conformismes de tous ordres. C'est pourquoi nous avons intitulé ces rencontres "Physique et interrogations fondamentales". Les circonstances nous paraissent favorables à de telles entreprises: il n'y a plus de certitudes, beaucoup de dogmatismes intellectuels ont disparu ou perdu de leur virulence. A l'opposé de ce qui avait cours au temps de l'existentialisme, des marxismes autoritaires, voire des divers structuralismes, ceux qui, aujourd'hui font profession de penser ne considèrent plus la science comme un objet global, à la fois ignoré et fantasmé et qu'on peut récuser ou revendiquer en bloc pour les seuls besoins d'une cause ou d'une idéologie. Travailler humblement sur les concepts, interroger la diversité des approches paraît redevenu possible et c'est à quoi nous aimerions contribuer. Le premier thème que nous avons choisi pour cela est donc "le temps et sa flèche".

Si cette première rencontre s'avère fructueuse, d'autres pourront être proposées pour lesquelles on peut imaginer des thèmes d'une importance comparable, la causalité, le vide, ordre et désordre, le chaos, l'expérimentation et la mesure, la modélisation, les rapports entre mathématiques et réalité, ou d'autres encore.

Si les rythmes biologiques et les régularités cosmiques sont à l'origine de la prise de conscience de l'écoulement du temps, nous savons bien que le mot temps ne se rapporte pas au même signifié pour le physicien, le biologiste, l'historien, le psychologue. Ni même, au sein de la physique pour le cosmologiste, le physicien des particules et le spécialiste de la matière condensée. Qu'y a-t-il de commun entre le temps réversible des réactions entre particules élémentaires, celui des premières minutes du Big-Bang et le cadre inexorable qui nous conduit de la naissance à la mort ? Comment s'introduit l'irréversibilité, source de cette fameuse flèche ? Qu'est-ce donc que "ce temps qui ne peut séjourner mais qui va sans se retourner sans qu'une goutte reste en arrière, si bien que nul ne peut dire ce que c'est que le temps présent" ?

Afin d'ouvrir le dialogue, nous devons prendre le parti

délibéré d'une certaine impureté conceptuelle et accepter de rapprocher pour les comparer les divers sens du mot temps. Par exemple, souvenons-nous qu'espace et temps étaient pour Kant, des catégories *a priori* de l'entendement. L'unité de temps était alors arbitraire, comme l'unité de longueur. Impérialiste, la physique aujourd'hui définit l'unité de temps, la seconde. C'est, dit-elle, la durée de 9 192 631 770 périodes de la radiation correspondant à la transition entre les deux niveaux hyperfins de l'état fondamental de l'atome de césium 133. Notons le paradoxe : cette définition de l'unité de la grandeur physique réputée la plus simple, la plus intuitive est une sorte de concentré de physique avancée : physique nucléaire, physique atomique, électrodynamique quantique, relativité... Et n'oublions pas que l'autre unité fondamentale, l'unité de longueur, dépend de l'unité de temps, puisqu'aujourd'hui le mètre est défini comme la longueur du trajet parcouru dans le vide par la lumière pendant une durée de 1/299 792 458e de seconde. Parler du temps nous introduit donc d'emblée au cœur d'interrogations fondamentales : que devient l'intuition kantienne face au temps du physicien ?

Comme vous avez pu le constater dans le programme, notre désir de multidisciplinarité peut ne sembler qu'assez timidement réalisé : ce sont en majorité des physiciens qui vont parler. Notre excuse est que dans la seule physique, il y avait beaucoup à dire sur le thème choisi et surtout que, pour amorcer un commerce - fut-ce un commerce intellectuel -, il convient sans doute de présenter d'abord sa marchandise. Nous devons d'autant plus apprécier l'intervention des collègues d'autres disciplines qui ont accepté d'entrer dans cet sorte d'échange inégal. Je suis sûr qu'ils ne le regretteront pas.

Les divers orateurs auront à cœur de s'exprimer dans une langue accessible à tous : c'est un exercice difficile, et même s'il est bien mené il n'en reste pas moins que vous serez affrontés à des concepts parfois ardus. J'espère aussi que vous tous qui assistez à ce colloque y trouverez l'occasion d'ouvertures nouvelles, d'éclairages inattendus, de rencontres chaleureuses : quels que soient les troubles et les inquiétudes de l'époque, c'est notre fonction de chercheurs et d'intellectuels que de mener sans complaisance, sans frilosité, sans équivoques, une confrontation rigoureuse de nos méthodes et de nos concepts.

SUR L'HISTOIRE DU PROBLÈME DU TEMPS
LE TEMPS PHYSIQUE ET LES PHÉNOMÈNES

Michel Paty*

SOMMAIRE

INTRODUCTION

Je voudrais m'interroger avant tout sur la nature du concept de temps en physique, c'est-à-dire le temps tel que la physique le décrit, suivant le cours de l'évolution de ses théories. Je ne remonterai pas au-delà des débuts de la mécanique

---

* Directeur de recherche au CNRS. Auteur, en particulier, de *La matière dérobée* (Archives contemporaines, Paris, 1988), *L'analyse critique des sciences* (L'Harmattan, Paris, 1990), *Einstein philosophe* (Presses Universitaires de France, Paris, 1993). Adresse professionnelle: Equipe REHSEIS (UPR 318, CNRS) et Formation doctorale en Epistémologie et Histoire des Sciences, Université Paris-7-Denis-Diderot- 2, Place Jussieu - F-75251 PARIS -Cedex-05, FRANCE.

classique, car ce serait vraiment une tâche trop grande que de parcourir, même à grands traits, toute l' "histoire du temps", suivant le titre qui m'avait été initialement proposé. Bien que cette expression, en elle-même, soit intéressante et stimulante - elle intrigue -, elle n'est pas sans risque, comme des entreprises récentes l'ont montré. L'ambition de proposer une "histoire du temps", même "brève", a pu faire confondre ce qui ne pourrait être, en vérité, qu'une histoire des représentations du temps, avec la description "naturelle" des caractères d'un temps de l'univers, et des états de l'univers au cours du temps, c'est-à-dire avec l'objet de la cosmologie[1]. Quant à vouloir brosser une histoire des représentations du temps, ce serait un projet encyclopédique qu'une intelligence même boulimique - fût-elle conseillère des princes - ne parviendrait pas à accomplir seule[2]. Aussi bien me limiterai-je à l'évolution du concept de temps dans la physique "moderne et contemporaine", comme on dit de l'histoire, et même en ne considérant qu'un seul thème, qui se laisse résumer sous le titre "le temps et les phénomènes".

L'idée essentielle de cet exposé est la suivante : par-delà la notion commune de temps qui résulte de l'expérience quotidienne - et dont le contenu d'ailleurs diffère suivant les époques et les civilisations -, la physique a élaboré un concept de temps pensé au début comme étant le cadre "naturel" (avec l'espace) dans lequel les phénomènes se produisent, mais qui est en réalité construit, en fonction des nécessités de la physique (pour l'expression des lois du mouvement), et c'est le temps instantané et différentiel de la mécanique et de la physique classique. Plus tard, ces nécessités amèneront, avec la théorie de la relativité, la cosmologie et la thermodynamique, à une sorte de renversement de point de vue, en faisant voir que le temps et l'espace ne sont pas le contenant ou la forme des phénomènes, indépendamment de ces derniers et condition de leur représentation, mais que ce sont au contraire les phénomènes physiques

---

1 Hawking [1988].

2 Attali [1982].

qui les définissent et les déterminent.

L'IDÉE DE TEMPS, LE TEMPS DE L'HISTOIRE ET LE TEMPS PHYSIQUE

L'expression "histoire du temps", employée pour faire court à la place de "histoire de la notion (ou du concept) de temps", invite à penser l'expression réciproque, qui serait "le temps de l'histoire", ou "le temps comme histoire". Ce n'est pas là un jeu de mot : la notion de temps a partie étroitement liée à l'histoire, du moins entendue dans le sens du cours des événements humains, même avant l'écriture - et sans doute l'histoire qui naît avec l'écriture lui conféra-t-elle un sens assez proche de celui de l'acception courante, en relation à l'expérience des hommes et des sociétés, qui perdure jusqu'à nous.

L'astronomie elle-même, à laquelle les premières conceptualisations du temps sont généralement associées, était aux débuts - et resta longtemps - liée à l'histoire, dans la geste des civilisations[1] : elle présidait à l'histoire des dynasties comme à celle des destinées individuelles. Jusqu'à Képler[2], les positions des objets célestes restent des événements uniques et particuliers, datés et historiques, en relation à une conception ontologique et aristotélicienne de la causalité. En ce sens, les observations improbables, à quelques années de distance, de supernovae par Tycho Brahe[3] et par Képler reçoivent une signification toute spéciale... qui ne devait être retrouvée qu'au vingtième siècle, quand on réalisa, avec l'astrophysique contemporaine, que chaque corps céleste est caractérisé par une évolution propre qui constitue un processus singulier (la rationalisation newtonienne prévalante entre-temps ne porta son

---

[1] Sur l'astronomie dans les civilisations anciennes, on consultera avec profit les premiers chapitres de Andrillat [1993].

[2] Johannes Képler (1571-1630).

[3] Tycho Brahe (1546-1601).

attention que sur les objets aux mouvements réguliers, et que l'on sut d'ailleurs relativement voisins, du Système solaire, pensés comme permanents, voire éternels, à l'instar des points matériels supposés les constituer). L'équivalence ontologique - post-copernicienne - des corps célestes et sublunaires, la connaissance des trois lois du mouvement des planètes telles que Képler les énonça, la théorie de la gravitation de Newton[1], qui exprime des lois locales et différentielles et non plus seulement globales comme les lois de Képler ou comme la loi de Galilée[2] de la chute des corps sur lesquelles elle se base, en rattachant les mouvements des corps célestes à des lois générales, universelles et prévisibles, toutes ces circonstances firent se rompre le lien mystérieux supposé entre le ciel aux signes inscrits et l'histoire des destinées humaines.

Les comètes gardèrent encore, à vrai dire, leur puissance évocatrice jusqu'au dix-huitième siècle, comme en témoigne le retour, en 1759, de celle de Halley[3], prédit à un mois près par les calculs de Clairaut[4] selon sa théorie des interactions de systèmes de trois corps, dans le cadre du système de Newton, en tenant compte des influences sur la trajectoire de Jupiter et de Saturne. La fascination qui accompagna dans le public la constatation de ce retour annoncé avec une précision extraordinaire pour l'époque tenait autant, assurément, à la persistance d'une croyance mythique qu'à la révélation du pouvoir inégalé de la nouvelle pensée théorique. Quoiqu'il en soit, l'exacte prédiction qui garantissait la soumission des comètes au calcul les dépouilla de leur aura de mystère et marqua l'effacement définitif de la superstition liée à leur apparition[5].

---

[1] Isaac Newton (1642-1727).

[2] Galileo Galilei (1564-1642).

[3] Edmund Halley (1656-1742).

[4] Alexis Claude Clairaut (1713-1765).

[5] La même comète de Halley figure au Moyen-âge sur la tapisserie de la reine Mathilde, conservée à Bayeux, qui rappelle son apparition dans le ciel à l'époque de la bataille de Hastings. On sait que l'apparition des comètes était traditionnellement liée, dans l'imaginaire collectif, aux grandes catastrophes, aux épidémies de peste, etc.

A partir de Newton, la trajectoire représentée sous la forme condensée de l'équation différentielle est comme un "temps embouti"[1] dans une immédiateté d'instant. Le temps construit et mathématisé par les fluxions et les différentielles efface l'histoire singulière du vécu - fût-ce un vécu-observé -, attachée à chaque instant, à chaque élément de durée, cette "épaisseur du temps vécu" dont parle Whitehead[2]. La physique - en premier, la mécanique - se constitue en échappant à l'histoire : la mémoire des événements qui ont eu lieu s'abolit dans la relation instantanée qui lie l'état du mouvement à un instant donné à celui pour l'instant immédiatement suivant, et qui fait de chaque instant passé ou à venir - aussi bien que présent - une entité abstraite. Le cours du temps se reconstruit ensuite à l'aide de l'équation différentielle et des conditions initiales données ou supposées, mais c'est un temps neutre, sans qualité, sans "odeur", sans accident, sans vécu circonstancié ou subjectif, que signale l'équivalence de tous les instants du temps, comme de tous les points des trajectoires. Ce caractère semble bien acquis par la mathématisation du temps, du temps pensé d'abord - par Newton - comme "mathématique", tout en étant le temps du monde physique (plus tard, le temps physique mathématisé gardera ce caractère d'être homogène, auquel la théorie mathématique des symétries associera une propriété d'invariance physique fondamentale, la conservation de l'énergie)[3].

Le temps abstrait fonctionne dès lors comme un cadre absolu pour les événements, "absolu et mathématique" (entendons : ‘d'expression mathématique’), bien que

---

1 J'emprunte cette expression très suggestive à Michel Debrun, voir Debrun [1993].

2 Le philosophe Alfred North Whitehead (1861-1947) estimait qu'une durée a une "épaisseur temporelle" et "retient en elle le passage de la nature": Whitehead [1919].

3 C'est l'un des aspects du théorème de Noether, qui établit aussi que l'homogénéité de l'espace entraîne la conservation de la quantité de mouvement, et l'isotropie de l'espace la conservation du moment angulaire (Emmy Noether, 1882-1935).

physique, sans influence sur lui des objets et des phénomènes qui s'inscrivent dans son cours. Les objets et les événements sont pensés "dans le temps". La mécanique au dix-huitième siècle, puis, au long du dix-neuvième, les autres branches de la physique, se constituent ainsi, en se théorisant à l'aide de l'analyse, en dehors de toute ontologie du temps et de l'histoire. Ce trait de notre connaissance des phénomènes de la nature semblait inexorable, jusqu'à ce que - scandale ! -, la physique contemporaine en vienne à retrouver, sinon l'histoire, du moins une certaine 'consistance' du temps. Celle-ci se marque dans la nature même des phénomènes qu'elle étudie, selon trois modes différents : celui du cours du temps, lié à la causalité et à la propagation à vitesse finie des interactions, celui du temps irréversible de la thermodynamique, enfin et surtout celui du temps de l'Univers et de la flèche cosmologique. Ce dernier, en effet, paraît bien réintroduire, dans notre conception du temps physique, quelque chose de celui de l'histoire - non celle de l'humanité, bien entendu, mais celle de l'Univers. Nous y reviendrons en conclusion.

L' "histoire du temps" que je me propose de vous conter - ou, plus exactement, d'évoquer -, en vue d'en tirer une indication fondamentale sur sa nature, se limite à la constitution du concept de temps par la physique en dehors de l'histoire. Elle commence avec les premiers essais de géométrisation du temps, au quatorzième siècle.

GÉOMÉTRISATION DU TEMPS ET CONSTRUCTION DU TEMPS INSTANTANÉ

Tout en définissant le temps comme un "nombre", mesurant l'avant, le pendant et l'après, Aristote[1] le considérait comme une qualité : il fallut attendre le quatorzième siècle pour le voir passer de la qualité à la quantité, en même temps qu'il se

---

[1] Aristote (384-322 avant J.C.).

géométrisait, comme paramètre du mouvement. L'impulsion semble dès lors donnée dans la direction d'une emprise progressive de la pensée rationnelle sur le concept de temps, en vue d'en élucider la signification, comme pour opposer une approche positive aux doutes de Saint Augustin, qui disait à peu près, à propos du temps : "si l'on ne me demande pas ce qu'il est, je le vois clairement, mais si l'on m'interroge, je ne sais plus"[1].

Robert Grosseteste[2] et les philosophes de la nature d'Oxford estimaient que la succession des instants dans son rapport à la durée pose le même problème que, dans son rapport à une longueur, la suite continue et infinie des points sans extension, dont ils considéraient qu'une ligne est constituée. Grosseteste émettait aussi l'idée qu'il n'existe pas de mesure primaire et naturelle des longueurs, et qu'il revient à l'homme d'introduire une unité, par une décision ou opération de notre part, par un choix (que nous dirions de convention). De fait, les heures, les jours et les mois divisaient l'année en fonction de l'expérience humaine des saisons et des travaux, et les clepsydres et les horloges à pendules fournissaient les valeurs du temps mesuré dans ces unités. Newton évoquera, pour sa part, dans les *Principia* (*Principes mathématiques de la philosophie naturelle*), le caractère arbitraire au regard de la nature, et d'ailleurs relativement imprécis, des déterminations humaines du temps. Il les verra cependant corrigées par l'équation astronomique, ce qui les rapproche à ses yeux du temps réel et absolu[3].

Les maîtres des écoles de Paris et d'Oxford étudiaient le mouvement en considérant l'accroissement et la décroissance des quantités (ou grandeurs) cinématiques, et faisaient l'hypothèse que le mouvement uniformément varié est équivalent à un

---

[1] Saint Augustin (Aurelius Augustinus, 354-430). Voir les *Confessions*, XI, 14.

[2] Robert Grosseteste (1170-1253). Cf. Crombie [1952].

[3] Newton, Préface de 1887 aux *Principia*, Newton [1887].

mouvement uniforme dont la vitesse est la vitesse moyenne du mouvement varié : telle est la "règle de Merton"[1]. Elle fut démontrée géométriquement par Jean Buridan[2] et par son disciple Nicole Oresme[3], à l'aide d'une représentation des différents moments du temps en succession par les points (abscisses) d'une ligne droite horizontale, dénommée "longitude", la vitesse correspondante d'un mouvement donné étant portée sur la verticale en ce point (et désignée par le terme de "latitude" : terminologie évidemment empruntée à l'astronomie). La somme des latitudes, selon Oresme, était la distance parcourue ; le mouvement uniforme était donc représenté par des rectangles, les mouvements uniformément variés par des triangles ou des trapèzes.

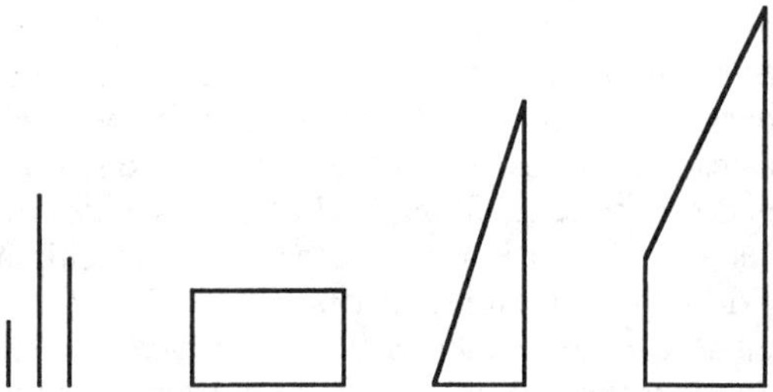

Représentation du temps (abscisses, ou 'longitudes') et des vitesses (ordonnées ou 'latitudes') selon Oresme.

Cette description de la variation d'intensité de la "qualité de mouvement" (c'est-à-dire la vitesse) est une véritable paramétrisation géométrique du mouvement en fonction du temps : elle constitue un premier essai de géométrisation du temps et revient, sinon à substituer à la qualité aristotélicienne une

[1] Elle tient son nom du Merton College à Oxford.

[2] Jean Buridan (1300-1358) enseigna à l'Université de Paris.

[3] Nicole Oresme (1325-1382), d'origine allemande, enseigna aux Universités de Navarre et de Paris.

quantité, du moins à exprimer la qualité par une quantité. Le temps est quantifié en tant qu'il est le paramètre de la variation des grandeurs et des phénomènes : mesure de la durée des choses dans leur être, il est à la fois ontologique et mathématique.

Les idées de temps et d'espace, telles qu'elles sont utilisées en mécanique, avant même Newton, sont en fait reliées à une pensée des objets physiques et de leurs mouvements. S'intéressant aux trajectoires des corps en mouvement, Léonard de Vinci[1] établit que la trajectoire d'un corps lancé à l'oblique est une courbe continue[2], et étudie la variation avec l'angle d'inclinaison des temps de chutes d'un corps sur un plan incliné[3]. Quant à Galilée[4], émettant l'idée, décisive, que "le livre de la nature est écrit dans la langue mathématique", il donne la loi du mouvement uniforme (principe d'inertie)[5] ainsi que celle de la chute des corps et des mouvement uniformément accélérés[6] : il établit par l'expérience et par le raisonnement la loi qui exprime les hauteurs de chutes et les espaces parcourus en fonction des intervalles de temps finis considérés et des vitesses moyennes[7].

D'Aristote à Descartes en passant par les philosophes

---

1 Léonard de Vinci (1452-1519).

2 Et non un ensemble de deux segments de droites raccordés par un arc de cercle comme les spécialistes de balistique le croyaient communément. Niccolo Tartaglia (1499-1557) le montrera également, en 1546.

3 Il trouva qu'elle est en raison inverse du sinus de l'angle d'inclinaison.

4 Cf. Galilei [1638], Koyré [1939], Geymonat [1957], Clavelin [1968], Drake [1970].

5 La formulation de Galilée est encore tributaire de l'idée aristotélicienne que la pesanteur est une qualité des corps. Le principe d'inertie fut ensuite exprimé de manière plus générale par Descartes, puis par Newton.

6 Le principe d'inertie et la loi de composition des mouvements entraînent le principe de relativité, dont il faudrait retracer ici l'histoire, pour la mécanique, de Galilée à Gassendi et à Huygens, qui le formule explicitement. Sur ce dernier point, voir Vilain [1993].

7 Les espaces parcourus sont comme les carrés des temps, etc.

d'Oxford et de Paris, le temps est conçu par la mesure des durées perçues. Si Galilée et Descartes le prennent comme paramètre dans l'étude du mouvement, c'est toujours comme le seul temps sensible et relatif, dont la connaissance est directement liée à celle des corps. Pour Descartes[1], l'on se fait de la durée d'une chose une idée claire et distincte à condition d'oublier en elle la qualité, "l'idée de la substance", et de n'y voir qu' "un mode ou une façon dont nous considérons cette chose en tant qu'elle continue d'être". Mais avec Barrow et Newton, il est question de dissocier la durée comme persévérance dans l'être et ses mesures sensibles, imparfaites et (déjà pour l'école d'Oxford) déterminées par nous. Et, de fait, la mécanique newtonienne nous fait voir le temps, devenu objet de mesure et mathématisé, sous deux espèces distinctes : le temps relatif (celui de la durée sensible et de la mesure) et le temps absolu (celui de la persévérance dans l'être, "vrai et mathématique", selon une conception imprégnée du néo-platonisme de l'école de Cambridge). C'est à ce dernier que sont rapportées les lois du mouvement.

On trouve chez Isaac Barrow[2], qui exerça une certaine influence sur Newton, l'idée que le temps, considéré de manière abstraite, étant la persévérance d'une chose, quelle qu'elle soit, dans son être, dans son état, et dans son mouvement, il ne peut être ou plus long, ou plus court, et doit donc être absolu. Plus profondément encore, certaines réflexions de Barrow sur l'instant et la durée et sur la difficulté de les concevoir ensemble, annoncent, d'une certaine façon, la résolution qu'en donnera Newton[3]. Il considère, dans ses *Leçons de géométrie*, le flux

---

[1] René Descartes (1596-1650).

[2] Isaac Barrow (1634-1677).

[3] Il semble que l'on ne doive pas, par contre, chercher chez Barrow la préfiguration du calcul infinitésimal, dont les véritables ancêtres, avant Newton et Leibniz, sont Pierre de Fermat (1601-1665], Blaise Pascal (1623-1662), John Wallis (1616-1703), Christiaan Huygens (1629-1695)... Cf. p. ex., Itard [1984].

du temps en analogie à la continuité d'une ligne droite engendrée à partir de points, et laisse entendre que l'on peut concevoir des instants, ou "moments" du temps, bien que ce dernier soit pensé fondamentalement comme une durée en flux continu - conception que l'on trouve également chez Newton.-, de même que l'on se représente des points sur une droite. Le temps instantané, dont la définition se cherche ici, pose les mêmes problèmes que la nature du point et la divisibilité de la ligne et de l'espace, objet depuis Zénon d'Elée de controverses classiques. On voit, en tout cas, à la manière dont Barrow formule sa conception du temps, de la durée à l'instant, comment ce qui manque encore à la mécanique (la conceptualisation d'un instant de temps) est exactement connaturel à ces grandeurs infinitésimales de la géométrie dont l'approche est encore tâtonnante, des indivisibles de Cavalieri[1] aux maxima et minima de Fermat.

C'est à Isaac Newton[2] que devait revenir la construction du temps instantané à partir du temps conçu comme durée, en corrélation à l'invention du nouveau calcul, créé en grande partie pour les besoins de la cause, bien que les *Principia* ne fassent pratiquement pas explicitement appel à sa théorie ou méthode des fluxions. Je n'entrerai pas ici dans le détail de ces questions[3], pour m'en tenir à l'essentiel de ce qui nous occupe ici : la nature du concept de temps qui est en jeu dans la mécanique de Newton. On en a retenu surtout la définition du temps absolu, et le fait que, comme l'espace, le temps newtonien constitue le cadre des événements, indépendant d'eux. Mais on n'a pas assez pris garde que le temps newtonien n'est pas tant donné que construit, même s'il n'est pas présenté comme tel, et que la spécification du "temps absolu, vrai et mathématique" a, en réalité, surtout pour rôle de préparer la condition d'une re-

---

1 Bonaventura Cavalieri (1598-1647).

2 Isaac Newton (1642-1727). Cf. Newton [1787] et [1967-1981] Sur Newton, cf., p. ex. Koyré [1968].

3 Voir Paty [1994] et [à paraître].

formulation plus radicale du concept de temps, sous les espèces d'une grandeur mathématisée, singulière et à variation continue, c'est-à-dire différentielle. La pleine conscience de la nature et de la signification de cette construction ne devait être acquise que progressivement, avec l'assimilation, en mécanique et en physique, du contenu effectif de cette grandeur et de son caractère opératoire. Elle ne serait achevée que lorsque le temps et sa différentielle seraient conçus indépendamment de traductions géométriques, c'est-à-dire avec la *Mécanique analytique* de Lagrange[1].

Newton propose sa conception du temps dans le *scholie* (commentaire) du Livre I des *Principia* qui suit les définitions des grandeurs moins courantes constitutives de sa mécanique (quantité de mouvement, force, etc.). Il s'agit à ses yeux, plutôt que d'une définition, d'une explication ou clarification concernant une grandeur existant par elle-même, antérieure à toutes nos élaborations. "Bien que le temps, l'espace, le lieu et le mouvement soient très connus de tous", écrit-il, "on ne les conçoit communément qu'en relation à des choses sensibles", ce qui entraîne des confusions. Pour éviter ces dernières, "il convient de distinguer ces quantités en absolues et relatives, vraies et apparentes, mathématiques et vulgaires".

C'est ainsi qu'il caractérise le temps de la manière que l'on connaît : "Le temps absolu, vrai et mathématique, qui est sans relation à quoi que ce soit d'extérieur, en lui-même et de par sa nature, coule uniformément ; on l'appelle aussi 'durée'". Remarquons que c'est la *durée* qui définit d'abord le temps, c'est-à-dire son flux continuel, et non les instants, qui ne sont pas mentionnés (de fait, ils seront constitués, mathématiquement, à partir de la durée et du mouvement). Le "temps relatif, apparent et vulgaire", est celui dont nous avons connaissance à partir des impressions sensibles et des mesures, par exemple astronomiques. Il faut alors corriger, par l' "équation astronomique", cette durée mesurée pour connaître le temps absolu, ca-

---

[1] Joseph Louis Lagrange (1736-1813). Cf. Lagrange [1788].

ractérisé selon sa définition naturelle par une régularité du cours du temps que peut-être aucun mouvement effectif ne possède.

Notons que le temps (la durée) ainsi obtenu, qui s'identifie au "temps vrai", est déterminé par une *loi* (l'équation astronomique), qui porte sur les mouvements célestes: c'est, en retour, par cet intermédiaire que pourront être déterminés les phénomènes et les lois temporelles qui les régissent, aussi bien le mouvements des horloges à pendules[1] que les éclipses des satellites de Jupiter[2]. On mesure ce que le temps ainsi conçu a de construit: sa connaissance suppose celle d'une régularité des lois astronomiques (que Newton rapporte, pour sa part, à la vérité mathématique du monde).

La relation du temps absolu telle que Newton la conçoit a lieu dans un seul sens : le temps détermine les phénomènes, non l'inverse, car il existe par lui-même, et son ordre est immuable. Par ailleurs, sa conceptualisation d'un temps et d'un espace supposés naturels est, en vérité, une construction. Le statut absolu de l'espace et du temps est lié à leur caractère mathématique, qui en fait aussi des grandeurs continues. Mais il y a, chez Newton, quelque chose de plus, qui rattache directement les concepts d'espace et de temps, tels qu'ils sont mathématisés dans sa mécanique, aux lois fondamentales du mouvement des corps. Le point matériel en mouvement et le temps instantané sont construits, en même temps que le langage mathématique qui les exprime, en fonction de cette loi - qu'il s'agit d'établir - du mouvement des corps que nous appelons aujourd'hui loi de causalité.

Ce qui assure, en fait, en le rendant effectif, le caractère physique du temps et de l'espace, c'est leur inscription dans l'équation du mouvement. Tout en étant pris dans le corset de leur définition générale, ces concepts sont constitués de manière plus précise en vue de leur mise en oeuvre pour l'obtention des

---

1 L'isochronisme des oscillations du pendule a été étudié de Galilée à Huygens.

2 Newton mentionne expressément ces phénomènes dans son scholie.

lois du mouvement, c'est-à-dire d'un certain type de phénomènes. En d'autres termes, ils sont constitués en fonction, sinon des phénomènes, du moins d'une vue sur les phénomènes. C'est de cette manière que l'on voit, dans la théorie du mouvement des corps exposée par Newton dans ses *Principia*, se construire mathématiquement le temps instantané pour exprimer la loi qui relie entre elles les grandeurs caractéristiques du mouvement en un point et en un temps donnés. Le temps "absolu, vrai et mathématique" de la mécanique newtonienne est donc en réalité constitué par la pensée du calcul différentiel, pour assurer la formulation mathématique des lois fondamentales du mouvement.

L'introduction, dans les *Principia*, de cette nouveauté conceptuelle fondamentale pour la physique, le temps instantané, qui fixe les relations de causalité, n'est nulle part explicite, et c'est d'abord rétrospectivement qu'elle apparaît liée au calcul différentiel. Mais elle est indéniablement contenue dans les *Principia*, dans la manière opératoire qui conduit aux résultats, bien que celle-ci soit d'apparence purement géométrique, sans utilisation directe des fluxions[1].

La conception du temps instantané et différentiel est présente, sans la terminologie et sans la symbolisation, dans la formulation géométrique particulière par laquelle Newton présente ses raisonnements, et qui correspond en fait aux concepts de ce calcul. Les considérations sur les "premières et dernières raisons" qui ouvrent le livre I, "Le mouvement des corps", sont assez semblables à celles de ses recherches mathématiques sur les fluxions. La "méthode des premières et dernières raisons des grandeurs" fait intervenir l'idée de convergence continue de quantités qui sont aussi bien des grandeurs géométriques que

---

[1] Du moins en règle générale, car les fluxions sont invoquées en quelques endroits (dans le deuxième livre, sur "Le mouvement des corps dans des milieux résistants", appelées par la formulation des problèmes, où la résistance des milieux est exprimée selon des fonctions diverses de la vitesse.)

des rapports de ces grandeurs, et de limite à l'infini de ces rapports (ou dernières raisons), qui permet de substituer l'un à l'autre les segments de ligne tels que l'arc, la corde ou la tangente, figurant dans les rapports. Comme le verront justement aussi bien un d'Alembert qu'un Lagrange, la méthode des infiniments petits, des limites ou des fluxions n'est pas autre chose que la méthode des "dernières raisons des quantités évanouissantes", dont elle est la traduction algébrique[1].

La manière dont Newton tente d'éclairer ce qu'il entend par ses "raisons [ou rapports] de grandeurs évanescentes", très voisine de celle qu'il emploie par ailleurs quand il définit les fluentes et les fluxions dans ses textes sur ces dernières, présente en outre l'intérêt extrême de nous mettre sur la voie de son innovation fondamentale. "Par dernière raison [ultimate ratio] de grandeurs évanescentes", écrit-il, "il faut entendre la raison [le rapport] des grandeurs non pas avant qu'elles s'évanouissent, ni après, mais *avec laquelle* [*with which*] elles s'évanouissent"[2]. L'expression employée permet de situer exactement l'apparition, *par construction*, du temps instantané et de son rôle - sans le terme, ni aucun symbole - : elle désigne, en effet, en même temps que la limite, le temps instantané qui la fixe, comme moment de l'évanouissement, l'instant sans extension où ces rapports relatifs au mouvement ont la valeur considérée. Le calcul des fluxions est de fait conceptuellement présent - sans le symbolisme - dans cet établissement des lois des mouvements des corps pour un instant donné qui se présente sous les dehors de raisonnements géométriques. L'emploi des quantités finies que sont les limites de rapports est approprié, par construction, à l'étude de problèmes locaux et instantanés, c'est-à-dire du mouvement en un point d'une trajectoire à un instant donné.

C'est ainsi que, avec l'élaboration de cette géométrie des

---

[1] D'Alembert [1743], ed. 1758, p. 50. Voir aussi ses articles "Différentiel" et "Fluxions" de l'*Enclopédie*. Lagrange [1797].

[2] Newton [1687], *ibid.*, p. 39 (souligné par moi, M.P.).

limites et des mouvements instantanés, la causalité faisait son entrée en physique, du moins telle que nous la connaissons depuis lors, différente de ses formes archaïques et limitée à ce qu'en prescrivent les "règles du raisonnement en philosophie" qui ouvrent le livre I, à savoir l'explication (mathématique) des phénomènes : la causalité dans le sens différentiel, relative au rapport entre les états de mouvement d'un corps à deux instants successifs[1].

Il ne m'est pas possible de m'étendre ici sur les raisons pour lesquelles on ne trouve pas, dans les *Principia*, les équations du mouvement écrites algébriquement, en termes de fluxions, Newton n'ayant d'ailleurs très probablement pas eu recours, dans la grande majorité de ses démonstrations, à ce calcul, dont il n'avait pas maîtrisé toute la puissance, et d'ailleurs d'application difficile (le calcul des fluxions est de maniement bien plus lourd que le calcul différentiel)[2]. Par ailleurs, sa conception des rapports entre la synthèse géométrique et l'analyse algébrique suffit sans doute à rendre compte du privilège donné au mode géométrique de démonstration choisi pour les *Principia*. Mais c'est une géométrie "dynamique", imprégnée par son concept de limite qui porte le temps instantané : cela suffit - par les résultats acquis - à en faire l'extrême nouveauté. Nouveauté qui comporte ses difficultés conceptuelles propres : dans les *Principia* comme dans le *Traité des fluxions*, Newton ne fait pas de différence entre les "moments" des grandeurs fluentes, c'est-à-dire leur accroissement ou diminution absolue (ce que nous désignons par la différentielle, dA, suivant la notation leibnizienne) et les vitesses de ces changements, c'est-à-dire $\frac{dA}{dt}$, précisément parce qu'il ne dispose pas d'une conceptualisation réelle de la différentielle de ce temps instantané (dt) : souvenons-nous que, pour lui, le temps vrai

1 Voir les riches réflexions d'Einstein sur ce sujet: Einstein [1927]. Cf. Paty [1987].

2 Voir Paty [1994].

est durée, flux continu.

Nous conclurons donc que le temps newtonien est la condition de la mathématisation de la mécanique : celle-ci n'a été rendue possible que par la création d'une grandeur temps adéquate au problème de la loi du mouvement des corps et, de même, d'une grandeur espace : la théorie du mouvement des corps de Newton a pour notions élémentaires celles de point matériel et de temps instantané, qui ne seront vraiment maîtrisées qu'avec les concepts du calcul différentiel et intégral. Le temps et l'espace, qui sont liés dans cette conceptualisation du mouvement et dans cette construction de sa loi, demeurent complètement séparés l'un de l'autre. Ils restent aussi indépendants des phénomènes, dont ils constituent le cadre, comme nous l'avons vu. Quoique impensables sans les corps, ils ne sont pas affectés par eux, comme le diagnostiquera d'Alembert[1]. Poussant, après Locke, la dissociation entre le cadre et les objets et phénomènes qui s'y déroulent, Kant y verra les formes *a priori* de la sensibilité qui conditionnent la possibilité de la connaissance de ces derniers[2].

Par ailleurs, il fallut un certain temps avant que le nouveau calcul mathématique ne soit appliqué de manière effective et systématique à la mécanique, et que les concepts physiques qu'il permettait d'exprimer soient complètement maîtrisés - et explicités : le temps au moins de l'assimilation, c'est-à-dire de la création des conditions intellectuelles et des habitudes mentales nécessaires. L'évidence ultérieure fait oublier les difficultés et les tâtonnements initiaux, qui témoignent pourtant combien cela n'était pas acquis au départ. En particulier, la représentation géométrique des grandeurs de la mécanique, encore présente comme support de l'intuition chez un Euler ou chez un d'Alembert, s'accompagnait d'une imprécision sur le contenu exact des notions fondamentales telles que l'instant, conduisant d'ailleurs à certaines difficultés ou ambiguïtés. Ce n'est, en

---

[1] D'Alembert [1758, 1768].

[2] Kant [1786] et [1787].

réalité, qu'avec la représentation totalement analytique, c'est-à-dire algébrique, de la *Mécanique analytique* de Lagrange, sans l'appui de figures, que l'adéquation complète de la représentation des grandeurs fondamentales à leur contenu physique et opératoire - pour le temps instantané, les *t* et *dt* du calcul différentiel - est obtenu : nous pensons, depuis lors, en physique, le temps instantané de cette seule manière.

La physique se constitue ensuite théoriquement dans ses diverses branches à partir de la conceptualisation différentielle de l'espace et du temps, liée par naissance aux problèmes et aux grandeurs de la mécanique. C'est d'ailleurs pourquoi les notions fondamentales que sont l'espace et le temps se trouveront au centre des questions posées à la mécanique à partir des développements de la physique, surtout à la fin du dix-neuvième siècle et au début du vingtième, aboutissant à la remise en chantier qu'en propose la théorie de la relativité.

LE TEMPS DANS LA DÉPENDANCE DES LOIS GÉNÉRALES DES PHÉNOMÈNES ET L'ESPACE-TEMPS DE LA RELATIVITÉ RESTREINTE

La théorie de la relativité restreinte représente une nouvelle étape de la conceptualisation du temps, dont nous considérerons deux aspects importants. Le premier touche aux circonstances de la reformulation, et à la nécessité de cette dernière par-delà toute contingence telle que le cheminement particulier de la pensée d'un chercheur : les éléments objectifs qui rendaient nécessaire une nouvelle conception du temps sont lisibles dans le travail de pensée qui parvient à l'établir (celui d'Einstein dans sa contribution de 1905 "Sur l'électrodynamique des corps en mouvement"[1]). Or ils correspondent à une soumission du temps, dans la mesure où il est physique, et en jonction avec l'espace, à certaines contraintes posées par les phénomènes, à

[1] Albert Einstein (1879-1955). Cf. Einstein [1905].

savoir, les deux principes de relativité et de constance de la vitesse de la lumière, caractéristiques respectivement de l'ensemble des phénomènes de la mécanique et de l'électromagnétisme.

Le second aspect qui nous retiendra concerne les particularités du temps ainsi reformulé, qui comprennent la relativité de la simultanéité, la transformation du temps dans les référentiels en mouvement relatif, la dilatation du temps (et les 'paradoxes' du temps relativiste comme celui du voyageur de Langevin), le lien structurel du temps et de l'espace (la vitesse de la lumière acquérant désormais la signification de constante de structure de l'espace-temps), la représentation dans l'espace-temps du cône de lumière et la causalité relativiste.

Il est possible d'exprimer en quelques mots l'un des traits les plus frappants du temps relatif à l'espace ou encore du temps de l'espace-temps de la relativité restreinte : c'est, tout en gardant encore quelque chose d'un contenant (comme en mécanique newtonienne), mais à travers la relation de structure de l'espace-temps, d'être construit en dépendance des lois générales des phénomènes, et de n'être plus pensable comme simplement "mathématique" et existant en soi. C'est ce que l'analyse des deux aspects que nous avons retenus va nous montrer clairement.

On a souvent considéré la reformulation de l'espace et du temps des théories de la relativité (restreinte et générale) - et surtout de la première - comme si cette réforme avait été pensée *ab initio* en examinant ces concepts en eux-mêmes : la critique de leur acception en mécanique et dans la physique classique aurait été motivée par une conception "positiviste" de la définition des grandeurs en physique, qui les soumet aux conditions de l'observation et de la mesure. Selon cette interprétation, l'espace et le temps einsteiniens seraient physiques parce qu'ils peuvent être mesurés. Au contraire, l'espace et le temps de la physique classique (rapportés à des grandeurs "absolues") serait idéal et non physique. Mais c'est là une manière très étroite de caractériser ce qui est physique en général, comme de concevoir la nature de l'espace et du temps en physique, aussi bien classique que contemporaine.

Si nous examinons les conditions effectives, du point de vue historique, de l'élaboration de la théorie de la relativité (restreinte et générale), nous sommes amenés à constater que le temps et l'espace, et leur intégration structurale en forme d'espace-temps, ont été construits en relation aux phénomènes physiques et en fonction de ceux-ci, même si l'on peut encore les considérer jusqu'à un certain point comme le cadre de la représentation de ces phénomènes (selon des modalités différentes pour les deux théories : nous y reviendrons). Ce qui se propose en premier, ce sont les phénomènes - et non la mesure - : le temps et l'espace en termes desquels nous représentons ces phénomènes sont construits de manière à permettre une représentation adéquate de ces derniers.

Dans l'élaboration par Einstein de la théorie de la relativité restreinte, la reformulation des concepts de temps et d'espace n'intervient qu'à titre de solution, trouvée en fin de parcours - et tardivement -, d'un problème physique sur lequel sa réflexion s'était exercée depuis longtemps, à savoir : la conciliation de l'électrodynamique de Maxwell et Lorentz[1] avec le principe de relativité de la mécanique (qui concerne les mouvements d'inertie, c'est-à-dire uniformes et rectilignes). Le temps et l'espace sont à première vue absents de la formulation du problème tel qu'Einstein le posait, et qui est en gros la suivante : la théorie électrodynamique de Maxwell et Lorentz doit être modifiée pour être adaptée au principe de relativité, puisque les phénomènes électromagnétiques et optiques paraissent obéir exactement à ce principe.

Cette exigence, Einstein la pensait, d'une certaine façon, dans les termes d'une confrontation entre deux théories physiques, la mécanique et l'électromagnétisme. Au lieu de penser les réduire l'une à l'autre (dans l'une ou l'autre des directions

---

[1] James Clerk Maxwell (1831-1879), Hendrik-Antoon Lorentz (1853-1928).

pensées alors, soit une réduction à la mécanique, soit une réduction à l'électromagnétisme), Einstein imagina de les reformuler l'une par l'autre, en prenant de chacune un caractère fondamental et universel dont la validité devait transcender les détails particuliers de ces théories et leurs limitations.

De la mécanique, il retint le principe de relativité (vérifié par les phénomènes, et formulé explicitement au dix-septième siècle par Huygens) et en fit une proposition générale, dont la validité s'impose au-delà de la seule mécanique, dès lors que l'on considère des mouvements. De l'électromagnétisme, il garda comme une propriété théorique fondamentale la constance de la lumière indépendamment du mouvement de sa source, pilier de la théorie de Maxwell-Lorentz. Or ces deux principes, admis comme vrais chacun pour sa théorie d'origine, apparaissaient incompatibles si on les considérait ensemble, et ceci bien que les phénomènes électromagnétiques respectent toujours la relativité des mouvement d'inertie (induction de Faraday pour un aimant et un conducteur en mouvement, absence d'anisotropie de la vitesse de la lumière en fonction du mouvement de la Terre). La raison de leur incompatibilité était la présence, dans la conception de la théorie électromagnétique, du référentiel privilégié de l'éther - lié à l'espace absolu -, support des champs électrique et magnétique et substratum des vibrations dans la propagation de la lumière et des ondes électromagnétiques. Le second principe considéré par Einstein (la constance de c) était, selon la théorie de Maxwell-Lorentz, valide dans le seul système de l'éther, ce qui était contraire à l'équivalence des systèmes d'inertie, c'est-à-dire au principe de relativité.

L'analyse de l'incompatibilité entre ces deux principes amena Einstein à considérer la présence implicite d'une troisième proposition : celle de l'addition galiléenne des vitesses (dans le cas considéré, il s'agit de la vitesse de la lumière et de celle du mouvement d'entraînement). Si on l'abandonnait, pour la remplacer par une addition ou composition des vitesses différentes et qui soit conforme aux deux principes choisis, ces derniers ne seraient plus, dès lors, incompatibles. Einstein trouva la solution dans une redéfinition de l'espace et du temps, et par conséquent des vitesses, telle que ces deux grandeurs respectent les deux principes. Cette reformulation se fondait sur les critiques de l'espace absolu faites par Ernst Mach et sur les remarques contre le caractère absolu du temps proposées par Mach, ainsi que par Henri Poincaré[1]. Mach et Poincaré demandaient de considérer que ces concepts nous sont connus par les propriétés des corps et des phénomènes physiques et ne doivent rien comporter qui échappe à cette considération, à moins d'être arbitraires.

Einstein ne se contenta pas de la critique et formula une reconstruction de ces concepts en termes de leur signification physique, c'est-à-dire en termes de certaines propriétés fondamentales des phénomènes physiques auxquels ils sont potentiellement ou effectivement liés, du moins de celles dont leur définition même est directement tributaire, c'est-à-dire les deux principes mentionnés.

La construction du temps physique et de l'espace en Relativité restreinte est essentiellement caractérisée par la soumission de ces grandeurs, dès leur définition, au principe de relativité (expression des lois de la mécanique, et des phénomènes optiques, et électromagnétiques des corps en mouvement) et au principe de constance de la vitesse de la lumière (propriété fondamentale de la théorie électromagnétique de la lumière). Je ne reviendrai pas ici de manière détaillée sur cette construction où intervient la considération des significations physiques (c'est-à-dire des contenus, en termes de traits de phénomènes physiques) des grandeurs temps et espace, d'abord considérées pour un point et un instant donnés puis, dans un même référentiel, en des lieux différents, ce qui oblige à prendre en compte, pour l'estimation des durées, la synchronisation des horloges, et enfin dans des référentiels en mouvement relatif.

Deux traits caractérisent cette reconstruction : d'une part,

---

[1] Ernst Mach (1838-1916), Henri Poincaré (1854-1912).

la signification physique des coordonnées d'espace, des distances, est donnée en termes de corps rigides (qui constituent la base des conceptions de la géométrie euclidienne) et celle du temps et de la durée, en termes d'horloges ; d'autre part, ces grandeurs sont soumises aux deux principes choisis, dès lors que l'on considère un mouvement relatif des systèmes de référence.

Ces conditions de définition et de relations entre les coordonnées d'espace et les temps ont pour conséquence directe la "critique de la simultanéité", c'est-à-dire que les jugements de simultanéité entre des événements ne sont pas absolus mais relatifs au mouvement d'entraînement du système de référence par rapport auquel ils sont portés. Plus généralement, les formules de transformation (de Lorentz) pour les coordonnées d'espace et le temps dans des référentiels en mouvement (inertiel) relatif peuvent être directement déduites de la seule formulation de ces conditions, et le caractère physique des grandeurs telles qu'elles ont été définies a pour corollaire le caractère physique des grandeurs transformées et des relations obtenues qui les caractérisent, qui font apparaître des propriétés inédites comme la contraction des longueurs et la dilatation des durées. Ces propriétés physiques de l'espace et du temps sont en vérité aussi bien l'expression des propriétés spatio-temporelles des objets et des événements physiques, impliquées par l'invariance des lois de la mécanique et de l'électromagnétisme sous les transformations de Lorentz, qui résultent de cette nouvelle conception. En effet, si l'espace et le temps demeurent le cadre de la représentation des phénomènes physiques, il s'agit désormais d'un cadre construit 'sur mesure', c'est-à-dire en conformité à certains caractères généraux de ces phénomènes (résumés par les deux principes mentionnés).

A ce stade de la réforme du temps et de l'espace par la théorie de la relativité restreinte, le temps et l'espace ont perdu leur caractère absolu, et en même temps leur indépendance mutuelle : ils sont reliés entre eux à travers l'espace-temps (formulé par Minkowski sur la base des résultats d'Einstein et des travaux de Poincaré[1]). Mais ce dernier reprend à son compte, pour ainsi dire, le caractère de cadre absolu pour les phénomènes qu'avaient auparavant l'espace et le temps séparés. Le temps et l'espace sont encore le cadre des phénomènes sous les espèces de l'espace-temps. En effet, les objets physiques qui sont conçus dans ce cadre et les phénomènes qui s'y déroulent ne l'affectent pas : la dynamique particulière (mécanique ou électromagnétique) des phénomènes et des propriétés des corps ou d'autres entités matérielles (comme les champs) le laisse indépendant d'elle, sans y induire de modifications.

Si l'espace-temps de la Relativité restreinte, en tant que cadre, est indépendant de la dynamique particulière des phénomènes et des propriétés des corps matériels, il reste que, par la manière dont il a été construit, il dépend de certaines propriétés générales des phénomènes (le principe de relativité pour les systèmes d'inertie et de la constance de la vitesse de la lumière). Ce trait constitue da fait une rupture très importante, et même radicale, par rapport au temps et à l'espace de la mécanique classique, dans la mesure où ces derniers n'étaient pas définis en fonction de propriétés - même générales - de phénomènes : comme espace et temps absolus, ils étaient définis en eux-mêmes, sans référence aux corps, comme cadre supposé et nécessaire des phénomènes mécaniques[2].

Mais, à côté de cette rupture, l'espace-temps de la Relativité restreinte reprend certains caractères de la définition newtonienne de l'espace et du temps. Tout d'abord, la continuité. Que ces grandeurs soient continues, cela tient à ce que, même si elles sont étroitement mêlées, elles sont pensées à partir de l'espace et du temps des corps, représentés par des grandeurs différentielles. Dans ce sens, elles se rattachent directe-

---

[1] Pour une étude comparative entre les approches respectives d'Einstein et de Poincaré sur la relativité, voir Paty [1993].

[2] Aux remarques près que nous avons faites précédemment sur la construction [mathématique] du temps instantané et du point matériel par le calcul différentiel.

ment à la construction mathématisée de la mécanique classique, et la forme de leur mathématisation, celle du calcul différentiel, informe la manière dont leur contenu est pensé, c'est-à-dire leur signification. Par ailleurs, la forme de la métrique à quatre dimensions est analogue à celle de l'espace de la géométrie euclidienne : l'espace-temps de la Relativité restreinte est 'quasi-euclidien', et implique une certaine 'rigidité', même si celle-ci n'est pas rapportée à l'invariance des distances de la géométrie euclidienne. Car la signification de la métrique spatio-temporelle à quatre dimensions[1] est différente de la métrique spatiale à trois dimensions : elle est non-définie positive, et la signification des 'distances' n'est pas simplement géométrique, mais spatio-temporelle.

Toutes ces considérations amènent naturellement à se poser la question de la nature et des limites de cette rupture. Cette question renvoie à l'étape précédente, de la construction du temps en physique classique, telle que nous l'avons évoquée, ainsi qu'à l'étape suivante, celle du temps selon la relativité générale, qui accentue considérablement la soumission du temps aux phénomènes, comme nous allons le voir.

LE TEMPS ET LA DYNAMIQUE DES PHÉNOMÈNES : L'ESPACE-TEMPS MATÉRIEL DE LA RELATIVITÉ GÉNÉRALE ET L'ÉCHELLE PHYSIQUE DU TEMPS DE LA COSMOLOGIE

Abordons maintenant la construction de l'espace-temps de la Relativité générale et sa signification physique. Comme on le sait, la modification que la relativité générale fait subir aux concepts d'espace et de temps est encore plus radicale que la précédente puisque, cette fois-ci, l'espace-temps n'est plus considéré comme indépendant des corps matériels qu'il

[1] Indiquons que c'est à Henri Poincaré que l'on doit la formalisation du temps comme quatrième coordonnée imaginaire : cf. Poincaré [1905], Paty [1993].

contient. Sa structure n'est plus immuable et elle est donnée par la distribution de la masse-énergie des corps, c'est-à-dire des champs de gravitation dont ces corps sont la source. Avec l'espace-temps matériel de la Relativité générale, la dissociation entre le contenant et le contenu se voit abolie, les propriétés et la structure du premier se trouvant dépendre du second, c'est-à-dire des objets matériels et des phénomènes physiques auxquels ils donnent lieu. Les phénomènes liés à la gravitation ainsi qu'aux mouvements accélérés de toutes sortes déterminent les propriétés de l'espace-temps, dont la structure est donnée en chaque point par la métrique : celle-ci n'est plus 'quasi euclidienne' sauf, localement, dans le cas d'un champ nul ou très faible. La question se pose même de savoir ce que signifierait un espace-temps vide de tout champ : rien, sans doute, ne permettrait de le définir. Je m'en tiendrai à évoquer rapidement quelques traits de la nouvelle conception, d'abord dans l'ordre de la genèse historique des idées - et des motivations qui y ont conduit -, ensuite en reprenant la question des significations et du contenu physique de ces grandeurs.

Ici encore, comme avec la Relativité restreinte, ce ne sont pas en premier lieu les concepts d'espace et de temps qui ont fait l'objet de la réflexion d'Einstein, et leur nouvelle reconstruction n'est apparue que comme la conséquence nécessaire - et, également, comme la condition de la solution - d'un problème physique plus général : celui de la nature du champ de gravitation, posé dès 1907, deux ans après la Relativité restreinte. Pour le dire en quelques mots, ce problème présente un double aspect, directement issu d'une réflexion sur les caractères et les limites de la théorie de la relativité restreinte. Il se rapporte d'une part à une interrogation sur la nature de la masse d'inertie des corps et sur la constatation de son égalité avec la masse gravitationnelle ($m_I = m_G$)[1], qui l'amène à énoncer un "principe d'équivalence" entre un champ de gravitation homo-

---

[1] Cette égalité, constatée par Newton, remonte en fait à la loi de la chute des corps de Galilée.

gène et un mouvement uniformément accéléré (dont une image bien connue est l'expérience de pensée d'un ascenseur en chute libre, et qu'Einstein a lui-même résumée par une remarque frappante : "si quelqu'un tombe en chute libre, il ne s'aperçoit plus de son propre poids"). Cette équivalence est seulement locale, en un point d'espace-temps donné, et non pas globale, mais il ne le réalisera que plus tard. L'autre aspect concerne la généralisation du principe de relativité à tous les mouvements et non plus à celui d'inertie seulement. L'exigence en est fondée sur une critique du privilège des systèmes d'inertie, dont la définition est à tout prendre de caractère subjectif car ils "n'existent pas dans la nature" : pourquoi, demande Einstein, la nature privilégierait-elle les systèmes d'inertie, qui ne sont tels qu'en fonction d'un choix de notre part ?

Le problème de la Relativité générale, qui est donc en même temps celui de la théorie du champ de gravitation, ne commence vraiment d'être résolu de manière théorique - dépassant les intuitions initiales - qu'à partir de la critique, faite par Einstein en 1912, de la signification physique des grandeurs d'espace et de temps telles que les considèrent la mécanique et la Relativité restreinte. Ce n'est pas d'abord l'indépendance de l'espace-temps par rapport aux corps qui est questionnée (elle sera la conséquence de la réforme), mais un aspect de l'espace et du temps classiques que l'espace-temps de la Relativité restreinte avait laissé sans modification : leur signification physique directe à partir de l'expérience des corps. Les coordonnées spatiales indiquent les positions dans l'espace rapportées à des corps rigides (des règles unités) et le temps est rapporté à des horloges invariables, cette rigidité et cette invariabilité ayant lieu quelle que soit la localisation.

Or, cette conception de la signification physique des coordonnées d'espace-temps devait être abandonnée si l'on voulait résoudre le problème du champ de gravitation et de la relativité générale des mouvements, c'est-à-dire des lois physiques pour les mouvements accélérés. Einstein fut amené à ce nouveau stade de sa critique par la conjonction de plusieurs considérations décisives, qui font suite à celles constituant le programme à réaliser et formulant le problème à résoudre - la généralisation du principe de relativité aux mouvements accélérés quelconques et le principe d'équivalence.

L'une d'elles fut un nouveau pas dans sa réflexion sur la nature de l'inertie, qui le conduisit à formuler un "principe de la relativité de l'inertie", dont il trouva l'inspiration dans la critique de l'espace absolu newtonien effectuée par Ernst Mach[1] (il le qualifia d'ailleurs également de "principe de Mach"). Selon Mach, l'inertie ne peut être définie par rapport à l'espace absolu, mais seulement par rapport aux corps : elle est relative aux masses d'inertie des corps. Constatant par le calcul que la masse d'un corps d'épreuve situé au sein d'une sphère massive tournante varie (ce phénomène gravitationnel présente un analogie avec l'induction électromagnétique), Einstein y trouva matière à raviver son intérêt pour le principe de Mach, qu'il transcrivit à son usage en termes de champs, obtenant par là une prise sur la signification physique de l'idée de covariance générale : l'invariance du champ ne peut être posée qu'en fonction des autres champs, et non en termes d'un référentiel spatial. Le problème fondamental lui apparut alors clairement comme étant celui de la formulation de la covariance sous les transformations générales des coordonnées (un problème, dès lors, de nature essentiellement mathématique).

Une autre considération importante pour le mettre sur la voie de la solution fut occasionnée par la question, soulevée en termes de paradoxe par Ehrenfest[2], et portant sur les propriétés d'une barre rigide située sur un disque tournant. Le mouvement de rotation du disque peut être représenté à chaque instant et en chaque point par un mouvement d'inertie infinitésimal dans la direction de la tangente : l'application à la barre d'une série de transformations de Lorentz amènerait à conclure à la déformation de celle-ci dès lors qu'elle est considérée depuis le référen-

---

[1] Cf. Mach [1883].

[2] Paul Ehrenfest (1880-1933).

tiel au repos. Certains y voyaient la preuve que les transformations de Lorentz de la Relativité restreinte ne sont qu'apparentes et non réelles ; d'autres considéraient que, puisqu'elles sont réelles, il fallait en rendre compte par les propriétés dynamiques de la barre tournante. Einstein résolut le problème en 1912, en reprenant sa conception de l'espace de référence, telle qu'il l'avait mise en oeuvre dans son élaboration de la théorie de la Relativité restreinte : les distances considérées pour le corps en mouvement sont bien modifiées physiquement quand on l'observe depuis le référentiel au repos, mais les distances correspondantes de son espace de référence sont modifiées en même temps. La propriété est cinématique et non dynamique : il en va de même pour la barre en rotation, dont l'espace de référence n'est plus rigide, c'est-à-dire euclidien. D'ailleurs, si l'on applique le raisonnement au disque lui-même, la transformation entraîne que le rapport de sa circonférence à son diamètre n'est plus π : le cercle n'est plus euclidien.

A sa préoccupation pour la question de la nature de l'inertie et à son souci de la signification physique des distances (et des durées) lié à sa conception propre d'une 'géométrie pratique' ou 'physique', dont les grandeurs désignent l'espace physique des corps, Einstein ajouta désormais, motivé par ces considérations, un intérêt neuf pour l'aspect mathématique de la formulation du problème de la Relativité. Il s'aperçut que la formalisation de l'espace-temps à quatre dimensions faite quelques années plus tôt par Minkowski pour la Relativité restreinte et l'utilisation du calcul différentiel absolu de Ricci et Levi-Civitta[1], étaient immédiatement adaptés à l'expression de la covariance générale, c'est-à-dire à la résolution de son problème.

Il lui fallait, dans un premier temps, admettre que les coordonnées d'espace et de temps perdent leur signification physique habituelle (en termes de distances solides et d'unités de

[1] Tullio Levi-Civitta (1873-1941) ; Gregorio Ricci-Curbacastro (1853-1925).

durée invariables), pour n'être que de simples paramètres mathématiques - pouvant être aussi bien les coordonnées que des fonctions de celles-ci - servant à représenter les mouvements et à exprimer les lois de transformation (il est intéressant de se souvenir, ici, de la définition que Poincaré donnait de l'objet de la géométrie : non pas l'espace, mais les propriétés des groupes de déplacement des corps dans l'espace). En quelque sorte, les coordonnées d'espace-temps se voyaient ramenées, à ce stade de la formulation du problème, à être des variétés au sens de Riemann. La suppression de tout lien à la géométrie euclidienne et à l'idée de corps rigides les vouait à exprimer une géométrie quelconque. C'est ainsi que le problème physique de la covariance générale et du champ de gravitation se trouvait momentanément transformé en un problème de mathématique. Le calcul différentiel absolu permettait de trouver les lois de transformation de covariance générale en termes de la structure métrique de l'espace-temps, c'est-à-dire des éléments de distance invariants $ds^2 = g_{\mu\nu} dx^{\mu} dx^{\nu}$.

Les coefficients métriques $g_{\mu\nu}$, fonction des coordonnées d'espace-temps, donnaient le champ de gravitation en chaque point par l'équation d'Einstein, $R_{\mu\nu} - \frac{1}{2} g_{\mu\nu} R = -\chi T_{\mu\nu}$[1] à laquelle ce dernier parvint à la fin de l'année 1915, dès lors en possession de la solution complète du problème de la Relativité générale. En chaque point d'espace-temps, les grandeurs spatiales et temporelle, données par la valeur du champ de gravitation - c'est-à-dire de la métrique en ce point - retrouvent désormais une signification physique, fournie par la théorie (la théorie relativiste du champ de gravitation ainsi construite) : celle de distances et de durées soumises au champ de gravitation en ce point. Deux des trois premières conséquences physiques directement testables de cette nouvelle conception du temps et de

---

[1] Voir, p. ex., Einstein [1921]. $R_{\mu\nu}$ est le tenseur de Ricci, R la courbure scalaire, $T_{\mu\nu}$ le tenseur l'énergie impulsion, χ une constante liée à la constante de gravitation.

l'espace issue de la théorie de la Relativité générale concernent directement les 'propriétés physiques du temps' : l'avance séculaire du périhélie de la planète Mercure (qui a trait à sa période) et le retard des horloges (dilatation des durées) dans un champ de gravitation, la troisième étant la courbure des rayons lumineux, qui exprime immédiatement une propriété de l'espace. (Mais cette distinction n'a rien d'absolu, puisque la grandeur fondamentale est l'espace-temps). De nombreuses autres conséquences les ont suivies plus tard, comme l'on sait.

On voit comment le temps physique ainsi construit à travers la théorie de la relativité générale est déterminé par les phénomènes (en l'occurrence, ceux liés au champ de gravitation), qui, pour ainsi dire, le dissuadent de "couler uniformément", et comment ce 'contenant' est marqué dans sa forme même par son 'contenu'.

Cet aboutissement d'une évolution de nos conceptions sur le temps, qui rend de plus en plus explicite son caractère construit en référence aux phénomènes du monde physique et la soumission de son contenu physique aux propriétés de ces phénomènes, connaît des prolongements plus marqués encore avec la cosmologie contemporaine. Dans la phase de l'histoire de l'Univers où la matière se trouve dans des états qui relèvent de la physique des particules élémentaires et des champs quantifiés, les échelles de temps sont directement structurées par les lois qui gouvernent les champs d'interaction en jeu[1] . Et l'on ne sait plus, en deçà du temps de Planck[2], ce que le temps signifie physiquement, puisqu'on ignore tout de la théorie qui correspond à ce domaine de dimensions spatiales extrêmement petites et d'énergies immenses, où la gravitation doit être quantifiée. A plus forte raison peut-on douter que la notion de "temps zéro" de l'Univers ait un sens. Le temps nous est donné par les phé-

---

[1] Sur la cosmologie contemporaine, voir, en particulier, Merleau-Ponty [1965], Andrillat [1993], Audouze, Musset, Paty [1990].

[2] $t_P = 10^{-43}$ sec. La distance correspondante est $d_P = 10^{-19} cm$, et l'énergie, ou "masse de Planck", $m_P = 10^{19} GeV$.

nomènes physiques et par les théories qui les représentent, et l'on peut fort bien imaginer que, dans certaines conditions physiques comme celles des époques de l'Univers qui nous échappent, il ne soit même plus une grandeur physique pertinente.

REMARQUES SUR LE TEMPS EN THERMODYNAMIQUE, SUR LA FLÈCHE ET SUR LE COURS DU TEMPS

Nous n'avons pas abordé, dans ce qui précède, les problèmes reliés à la thermodynamique et à l'irréversibilité, ni d'ailleurs ceux qui se rattachent à la physique quantique, notre propos s'étant limité à montrer comment le temps en physique, dans les domaines où il était traditionnellement considéré comme un cadre donné avant les phénomènes, par rapport auquel ces derniers se définissent et se déterminent, est en réalité conditionné par la pensée de ces phénomènes. Ceci s'est effectué sous des formes différentes, au cours de l'évolution de la physique telle que nous l'avons suivie de la mécanique classique à la Relativité restreinte et générale, d'une pensée d'un temps universel et uniforme mais cependant formulé physiquement en fonction de la nécessité d'exprimer la loi des phénomènes (temps instantané et différentiel) à une pensée du temps structuré par les phénomènes physiques eux-mêmes.

Dans cette évolution, nous voyons le temps prendre une certaine consistance "matérielle", dont il semblait dépourvu avec la conception du temps absolu et mathématique de Newton. Le fait que ce soient les phénomènes qui gouvernent les propriétés du temps et non l'inverse amène donc à retrouver dans le temps physique une certaine épaisseur ou consistance - mais qui n'est quand même pas celle de l'histoire vécue dont nous parlions en commençant, sinon, et dans un certain sens, le temps de la cosmologie.

Cette consistance se marque d'une manière générale dans la nature même des phénomènes que la physique étudie, si l'on considère le temps comme une grandeur à une dimension[1], selon trois modes différents : celui du cours du temps, lié à la causalité et à la propagation à vitesse finie des interactions, celui du temps irréversible de la thermodynamique, enfin et peut-être surtout celui du temps de l'Univers et de la flèche cosmologique.

Le cours du temps, du passé vers le futur, avait été postulé au départ, par exemple quand Aristote définissait le temps comme "le nombre du mouvement en rapport à l'avant et à l'après". Mais l'uniformité du temps et la parfaite symétrie entre le passé et le futur supposées par la mécanique classique impliquaient la réversibilité des lois du mouvement : cet état de chose demeure d'ailleurs encore avec la Relativité générale. La réversibilité n'entraîne aucune conséquence sur le cours du temps, qui est conçu par définition du passé vers le futur. Toutefois, si les processus physiques sont réversibles, il est possible en principe de concevoir des séquences de processus inverses de celles ordinairement considérées, tout en étant due à une même loi de causalité : il suffit d'inverser les conditions initiales et finales. L'expérience vécue de tels phénomènes, si elle était possible, donnerait l'impression de remonter en arrière dans le temps (éprouvant l'expérience d'une séquence inverse des phénomènes).

Cette expérience est impossible, et on l'attribue en général à l'entremise de la thermodynamique et de l'irréversibilité qui en résulte : les phénomènes que l'on peut expérimenter sont toujours des phénomènes macroscopiques et font intervenir inévitablement l'irréversibilité de la physique statistique, résultant du rôle que jouent les distributions de probabilités.

La notion de "cours du temps" reste cependant distincte de celle d'irréversibilité. Il existe, en effet, dans la physique des processus réversibles, qui ne font pas intervenir la physique statistique et la thermodynamique, des phénomènes où le cours

[1] Tout en étant lié à l'espace et à la matière, le temps garde sa spécificité en tant que grandeur.

du temps semble se manifester de manière objective, au-delà du seul choix de sa définition. Les phénomènes électromagnétiques, tels que la théorie de Maxwell les représente et les explique, ne font connaître que des ondes retardées, et non des ondes avancées, qui seraient pourtant mathématiquement possibles, de même qu'en mécanique les trajectoires pourraient être remontées à contre-courant du temps pour une même équation. Les phénomènes semblent donc imposer ici comme naturel ce qui ne dépendait jusqu'alors que d'un choix de définition. Cette différence entre la mécanique et l'électromagnétisme, où le second impose d'un point de vue phénoménal ce que la première admettait seulement pour rester cohérente avec ses définitions, tient au facteur désormais essentiel que constitue la valeur finie de la vitesse de propagation des interactions électromagnétiques, celle de la lumière. La relativité restreinte le justifie par la structure de l'espace-temps et les propriétés du cône de lumière, rendant ainsi compte, par une conception plus précise de la causalité, du sens unique du cours du temps. La direction du cours du temps est immuable, mais la succession des phénomènes de la mécanique et de la relativité ainsi que, jusqu'à nouvel ordre, de la physique quantique[1], est réversible.

Quant à l'irréversibilité elle-même, qui est une irréversibilité de phénomènes (macroscopiques) - bien qu'elle soit généralement appelée "irréversibilité du temps" -, elle pose d'autres problèmes fondamentaux qu'il n'est pas possible d'aborder ici. Notons cependant que l'expression même est significative de ce que l'on rapporte implicitement le temps aux phénomènes, même si la conception affirmée par ailleurs est celle d'un temps considéré en lui-même. Quand on dit que la thermodynamique montre le temps comme irréversible, il faut l'entendre de la manière suivante : au niveau macroscopique, l'on ne voit pas,

---

[1] Il existe une violation de la symétrie temporelle dans certains processus d'interaction faible, qui semble d'ailleurs jouer un grand rôle pour la constitution primordiale de la matière de l'univers (suppression de l'antimatière).

au cours du temps, s'inverser les chaînes d'événements successifs (le cours du temps, paramètre du déroulement de ces processus restant par ailleurs, selon sa définition, le même). En d'autres termes, le film de la réalité ne se déroule pas en marche arrière : nous ne rajeunissons pas en déroulant le cours du temps.

Quant à l'étude de l'évolution de l'Univers, elle semble justifier une flèche cosmique du temps, déterminée par la dynamique de la matière du cosmos et par l'unicité des conditions initiales.

Pour conclure, nous dirons que la physique nous oblige à remettre en question l'idée que le temps et l'espace seraient le contenant ou la forme des phénomènes. Quant au contenant, il abolit sa séparation d'avec le contenu, dans la mesure où l'un interagit sur l'autre : le temps et l'espace sont indissociables de la matière, la cinématique est indissociable de la dynamique. Quant à la forme, elle inverse, pour ainsi dire, l'ordre de la relation : ce qui définit, conditionne et détermine le temps et l'espace, ce sont les phénomènes physiques.

RÉFÉRENCES BIBLIOGRAPHIQUES

D'ALEMBERT, Jean le Rond [1743]. *Traité de dynamique*, David, Paris, 1743. 2ème éd., modif. et augm., David, Paris, 1758.
- [1758]. *Essai sur les éléments de philosophie ou sur les principes des connaissances humaines*, Paris, 1758. Rééd., suivi des *Éclaircissements* à cet Essai (de 1768), Fayard, Paris, 1987.
ANDRILLAT, Henri [1993]. *L'Univers sous le regard du temps. La cosmologie théorique moderne et ses racines*, Masson, Paris, 1993.
ATTALI, Jacques [1982]. *Histoires du temps*, Fayard, Paris, 1982.
AUDOUZE, Jean, Musset, Paul, Paty, Michel [1990].
BARROW, Isaac [1670]. *Lectiones Geometricae: in quibus [praesertim] generalia curvarum linearum symptomata declarantur*, London, 1670.
CAPEK, Milic [1976]. *The concepts of space and time. Their structure and their development,* D. Reidel, Dordrecht, 1976.
CLAVELIN, Maurice [1968]. *La philosophie naturelle de Galilée*, Armand Colin, 1968, p. 362-364.
CROMBIE, A.C. [1952]. *Augustine to Galileo. The history of science.*

A.D. 400-1650, Falcon Press, London, 1952 ; ré-éd. augm., Heinemann, London, 1957 ; trad. fr. par Jacques d'Hermies *Histoire des sciences de Saint Augustin à Galilée (400-1650)*, Presses Universitaires de France, Paris, 2 vols., 1958.

DEBRUN, Michel [1993]. Autopoiese, auto-organização e temporalidade, *VIII Colóquio de História da Ciência, Espaço e tempo* (CLE, Centro de Lógica, Epistemologia e História da Ciência, Unicamp, Univ. de Campinas, Brésil), Águas de Lindoía (S.P., Brésil), 14-17.10.1993.

DESCARTES, René [1737]. *Discours de la méthode*, *in* Descartes, *Oeuvres*, éd. par Paul Adam et Jules Tannery, Vrin, Paris, vol. 6, ré-éd., 1982, p. 1-78.

DRAKE, Stillman [1970]. *Galileo Studies : Personality, tradition and revolution, University of Michigan press*, Ann Harbour, 1970.

EINSTEIN, Albert [1905]. "Elektrodynamik bewegter Körper", *Annalen der Physik*, ser. 4, XVII, 1905, 891-921. Trad. fr. "Sur l'électrodynamique des corps en mouvement", *in* Einstein, *Oeuvres choisies*, vol. 2, Relativités 1, Seuil, Paris, 1993, p. 31-62.

- [1916]. "Die Grundlage der allgemeinen Relativitätstheorie", *Annalen der Physik*, ser. 4, XLIX, 1916, 769-822 ; trad. fr. "Les fondements de la théorie de la relativité générale", *in* Einstein, *Oeuvres choisies*, vol. 2, Relativités 1, Seuil, Paris, 1993, p. 179-227.

- [1921]. *Vier Vorlessungen über Relativitätstheorie*, Vieweg, Braunschveig, 1922. Trad. angl., par Edwin Plimpton Adams, *The Meaning of relativity : four lectures delivered at Princeton University*, Princeton University Press, Princeton (N.J.), 1922. [Conférences Stafford, données à l'Université de Princeton en mai 1921.] Trad. fr. sur l'édition allemande de 1922 par Maurice Solovine : *Quatre conférences sur la théorie de la relativité faites à l'université de Princeton*, Gauthier-Villars, Paris, 1955.

- [1927]. "Newtons Mechanik und ihr Einfluss auf die Gestaltung der theoretishen Physik", *Naturwissenschaften* 15, 273-276; trad. angl., *in* Einstein 1954 c, p. 247-255 ; trad. fr., "La mécanique de Newton et son influence sur l'évolution de la physique théorique", *in* Einstein 1934 b, p. 180-193 ; autre tr. fr. *in* Einstein 1989-, vol. 5, p.235-241.

EUCLIDE. *Les Eléments de géométrie*, trad. fr. par F. Peyrard, F. Louis, Paris, an XII, 1804.

GALILEI, Galileo [1638]. *Discorsi e dimostrazione matematiche intorno a due nuove scienze*, 1638; ré-éd., avec introd ; et notes, par A. Carugo et L. Geymonat, Boringhieri, 1958.

GEYMONAT, Ludovico [1957]. *Galileo*, Einaudi, Torino, 1957 ; trad fr. par Françoise-Marie Rosset, *Galilée* , Laffont, Paris, 1968 ; ré-éd., Complexe, Bruxelles, 1983; ré-éd., Seuil, Paris, 1992.

HAWKING, Stephen [1988]. *A concise history of time*. Trad. fr. par Isabelle Naddeo-Souriau, *Une brève histoire du temps*, Flammarion, Paris, 1989.
ITARD, Jean [1984]. *Essais d'histoire des mathématiques*, réunis et introduits par Roshdi Rashed, Blanchard, Paris, 1984.
KANT, Immanuel [1786]. *Metaphysische Anfangsgründe der Naturwissenschaft* (1796). Trad. fr. par François de Gandt, *Premiers principes métaphysiques de la science de la nature* (1786), *in* Kant, Emmanuel, *Oeuvres philosophiques*, vol. 2, Gallimard, Paris, 1985, p. 347-493.
- [1787]. *Kritik der reinen Vernunft*, J.F. Hartknoch, Riga, 1781 ; 2 è ed., 1787. Trad. fr. par Alexandre J.L. Delamarre et François Marty, *Critique de la raison pure*, *in* Kant, Emmanuel, *Oeuvres philosophiques*, vol. 1, Gallimard, Paris, 1980, p. 705-1470.
KOYRÉ, Alexandre [1940]. *Etudes galiléennes*, Hermann, Paris, 3 vols., 1939; 2 è éd., 1 vol., 1966.
- [1968]. *Etudes newtoniennes*.Gallimard, Paris, 1968.
LAGRANGE, Joseph Louis [1788]. *Mécanique analytique*, in Lagrange, *Oeuvres*, vol.11 et 12, 1888 et 1889.
- [1797]. *Théorie des fonctions analytiques*, Imprimerie de la République, Paris, an V.
MACH, Ernst [1883]. *Die Mechanik*. Trad. fr. par E. Bertrand, *La mécanique*, Pariss, Hermann, 1904.
MERLEAU-PONTY, Jacques [1965]. *Cosmologie du vingtième siècle*, Gallimard, Paris, 1965.
NEWTON, Isaac [1687]. *Philosophiae naturalis principia mathematica*, Londres, 1687 ; 2ème éd., 1713 ; 3ème éd., 1726, éditée avec des variantes par Alexandre Koyré et I.B. Cohen, Cambridge.
- [1967-1981]. *The mathematical papers of sir I.N.*, éd. par Derek T. Whiteside, Cambridge University Press, Cambridge, 8 vols., 1967-1981.
PATY, Michel [1993]. *Einstein philosophe*, Presses Universitaires de France, Paris, 1993.
- [1994]. Le caractère historique de l'adéquation des mathématiques à la physique, *in* Garma, Santiago ; Flament, Dominique; Navarro, Victor (eds.), *Contra los titanes de la rutina.- Contre les titans de la routine*, Comunidad de Madrid/C.S.I.C., Madrid, 1994, p. 401-428.
- [à paraître]. L'invention du temps instantané chez Newton.
POINCARÉ, Henri [1905]. Sur la dynamique de l'électron, *Rendiconti del Circolo Matematico di Palermo* 21, 1906, 129-176. Republié dans Poincaré, *Oeuvres*, Gauthier-Villars, 11 vols., Paris 1950-1965, vol. 9, p. 494-550.
VILAIN, Christiane [1993]. *Huygens et le mouvement relatif*, Thèse, Université Paris 7, 1993.

WHITEHEAD [1919]. *An enquiry concerning the principls of natural kmowledge*, Cambridge University Press, Cambridge, 1919.

WITHROW, G.J. [1980]. *The natural philosophy of time*, Oxford University Press, New York, 1961 ; 2nd ed., 1980.

MATIÈRE, ESPACE, TEMPS

Jean-Pierre Luminet*

INTRODUCTION

Le temps est un enfant
***Héraclite** (Fragments)*

La physique cherche, sans se l'avouer vraiment, à éliminer le temps. Car le temps c'est le changeant, le variable, tandis que la physique prétend à l'immuable, à l'invariant : son but est, somme toute, d'extraire des lois éternelles, c'est-à-dire affranchies du temps, à partir de phénomènes passagers. Donc la physique se heurte au temps, d'autant plus qu'en son sein même le temps revêt plusieurs facettes.

Plongeons-nous dans certaines d'entre elles. Le terme "plonger" est adéquat car le *fleuve* est une puissante métaphore du temps, qui comprend les notions d'écoulement, de succession, d'irréversibilité, de durée. Les physiciens s'interrogent essentiellement sur trois de ses propriétés (figure 1) :

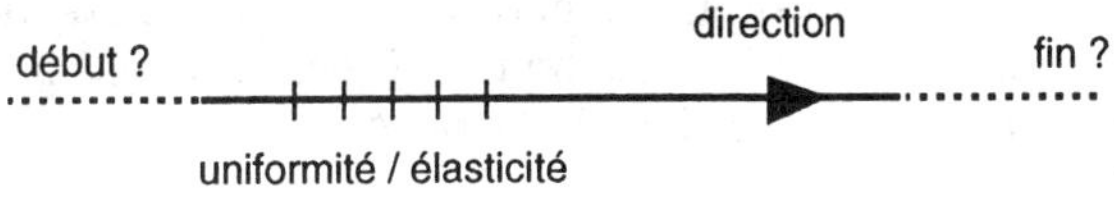

Figure 1
Le fleuve du temps

* Département d'Astrophysique Relativiste et de Cosmologie Observatoire de Paris-Meudon

• Son écoulement est-il régulier - c'est-à-dire, le temps est-il rigide ou élastique ?

C'est le sujet du présent exposé. Le passage de la conception rigide du temps, supposée par la mécanique classique, à la conception élastique du temps, découverte par la relativité einsteinienne, a marqué un bouleversement majeur de la pensée humaine (toutes catégories confondues)

• Son écoulement a-t-il des extrémités - c'est-à-dire, y a-t-il un début du temps, et/ou une fin du temps ?

Ce thème fascinant relève plutôt de la cosmologie et sera traité dans ce volume par Marc Lachièze-Rey. Je ne résiste toutefois pas à la tentation de citer cette remarque extraite du traité de Physique d'**Albert le Grand** (1206 -1280), à laquelle il n'y a pas un mot à ôter :

> *Le physicien doit démontrer ce qu'il avance par les méthodes qui sont propres à la science qu'il a l'intention de considérer, ou bien il doit se taire.*
> *Le commencement du Monde par création n'est pas physique et ne peut être prouvé au niveau de la physique.*

• Son écoulement peut-il changer de direction ?

C'est le sujet même de ce colloque. Il existe une direction privilégiée du temps, indiquée par une *flèche.* Chaque domaine de la physique recense sa propre flèche. L'un des buts de la physique (avoué, celui-là) est d'établir les connexions entre les différentes flèches du temps pour en extraire une (éventuelle) "flèche mère".

LE TEMPS UNIFORME

Le temps n'existe pas sans un changement qui s'opère par le mouvement.
***Saint Augustin**, La Cité de Dieu, IVe siècle*

La naissance du temps scientifique coïncide avec la grande révolution mécaniste de la science occidentale, au début du XVIIe siècle. Galilée, puis Kepler, Huygens et Newton réalisent un "programme" déjà posé par Aristote : le temps est la mesure du mouvement. Si près de deux mille ans ont été nécessaires à la réalisation du projet aristotélicien, c'est parce que la technologie des garde-temps a évolué lentement. Le cadran solaire est peu à peu remplacé par le clepsydre et le sablier, les premières horloges mécaniques apparaissent en Occident à la fin du XIIIe siècle, les minutes et les secondes ne sont définies qu'au XIVe siècle. Le temps se découpe dès lors en unités de plus en plus petites. En le "matérialisant" par la succession des engrenages de roues ou les oscillations de pendules, on le *mathématise* au moyen d'une suite numérique. Le temps acquiert ainsi le statut de grandeur mesurable.

La première mathématisation du temps consiste à dire que le temps n'a qu'une dimension. En effet, un seul nombre suffit à déterminer une date. Le temps possède donc automatiquement une structure ordonnée : sur une droite, un point se situe nécessairement avant ou après un autre point. Notons que cela ne serait pas possible si le temps avait plusieurs dimensions. La *topologie* du temps est donc très pauvre, contrairement à celle de l'espace ; elle n'offre que deux variantes : la ligne ou le cercle - c'est-à-dire le temps linéaire ou le temps cyclique. Ce dernier, qui a longtemps prévalu dans les mythes (tel celui de l'Eternel Retour), est aujourd'hui abandonné par la physique car il viole le postulat de causalité.

De la mathématique du temps, revenons à sa mesure. A partir du XVIIe siècle il devient manifeste que les divers types d'horloges donnent des mesures concordantes de l'écoulement du temps. En principe, donc, toutes les horloges de l'univers pourraient être synchronisées et, à partir de là, battre éternellement au même rythme . La mécanique galiléo-newtonienne en conclut que *le temps s'écoule uniformément*, qu'il est *universel*, absolu et invariable, c'est-à-dire indépendant du référentiel.

Cette notion de *référentiel* est essentielle dans toute la physique. Un référentiel, c'est un système de coordonnées. La mécanique utilise un espace euclidien à trois coordonnées, disons (x,y,z), auxquelles on adjoint la coordonnée de temps t de façon à décrire un *événement*. La séparation spatiale entre deux points de coordonnées (x,y,z) et (x',y',z') est donnée par le théorème de Pythagore :

$$\Delta d = \sqrt{\left((x-x')^2 + (y-y')^2 + (z-z')^2\right)} \qquad (1)$$

Le physicien cherche ensuite comment les lois de la physique changent lorsqu'un l'observateur est en mouvement par rapport à un autre. Les formules qui répondent à cette question sont des transformations de coordonnées entre référentiels. L'idée de la relativité du point de vue est déjà présente chez Galilée (elle sera formulée de façon correcte par Descartes, puis Newton) dans la question suivante : existe-t-il des référentiels privilégiés, dits *inertiels*, dans lesquels les lois du mouvement ne changent justement pas ? La mécanique classique répond oui : les référentiels en mouvement relatif uniforme, c'est-à-dire animés l'un par rapport à l'autre d'une vitesse constante.

Si $\mathbf{v} = (v_x, v_y, v_z)$ désigne la vitesse relative entre référentiels inertiels, les formules de passage exprimant les anciennes coordonnées en fonction des nouvelles sont :

$$t' = t,\ x' = x - v_x t,\ y' = y - v_y t,\ z' = z - v_z t \qquad (2)$$

Cette loi d'inertie implique notamment qu'il y a addition algébrique des vitesses : si vous courez à 20 km/h et tirez vers l'avant un coup de feu dont la balle file à 600 km/h par rapport à vous, elle frappera une cible fixe à la vitesse de 620 km/h - somme des deux composantes. Si vous vous retournez en courant et tirez en arrière sur une autre cible fixe faisant face à la première, la balle l'atteindra cette fois à la vitesse de 580 km/h. Tout cela semble évident.

Si la loi d'inertie (2) montre bien le caractère absolu du temps (sa mesure ne change pas d'un repère à l'autre), elle montre aussi que l'espace est, d'une certaine manière, assujetti au temps par l'intermédiaire de la vitesse. Toutefois la séparation spatiale Δd (par exemple la longueur d'un objet), donnée par (1), reste bien invariante dans les changements de repère inertiels, au même titre que l'intervalle temporel Δt entre deux événements. On peut donc dire que la physique galilée-newtonienne pose un *espace absolu* et un *temps absolu*, constituant un cadre fixe et immuable donné d'avance, indépendant des phénomènes qui s'y déroulent (c'est-à-dire des mouvements de la matière). **Newton** lui-même l'a clairement formulé dans les "Principia" (1687) :

Le temps absolu, vrai et mathématique, qui est sans relation à quoi que ce soit d'extérieur, en lui-même et de sa nature coule uniformément ; on l'appelle aussi durée.
L'espace absolu, qui est sans relation à quoi que ce soit d'extérieur, de par sa nature demeure toujours semblable et immobile
(trad. M.-F.Biarnais)

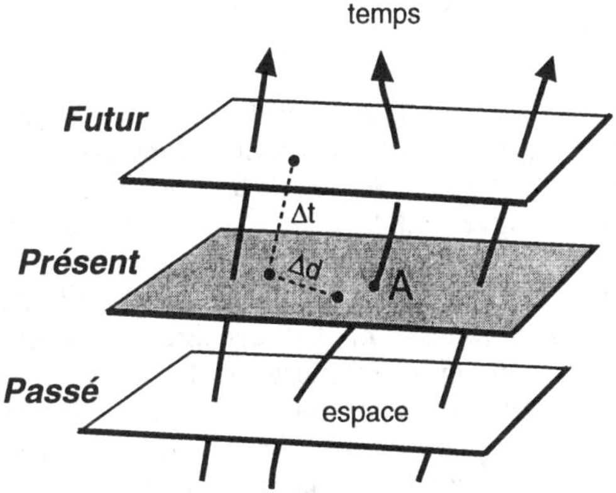

Figure 2
Structure causale de l'espace-temps galiléo-newtonien.Celui-ci est composé de strates d'événements simultanés. La strate spatiale t(A) (le "présent") sépare l'espace-temps en deux régions : le futur t > t(A) et le passé t<t(A). La simultanéité se traduit par le fait que la strate t(A) peut influencer A, par action à distance instantanée. Les trajectoires des corps s'écoulent du passé vers le futur sans restriction, sauf, à l'extrême, celles des corps se déplaçant infiniment vite, qui resteraient à temps constant.

LE TEMPS ÉLASTIQUE

Le temps n'a pas la même allure pour tout le monde
***W. Shakespeare,** Comme il vous plaira (1599)*

Marquée par une double naissance, celle de la théorie de l'électromagnétisme d'Albert Einstein, 1875 est une année-charnière dans l'histoire des sciences. Rappelons que la théorie électromagnétique de Maxwell unifie l'électricité et le magnétisme, décrivant la lumière comme une onde électromagnétique et résumant en quatre équations l'ensemble de ses propriétés.

On sait depuis le XVIIe siècle que la lumière se propage à la vitesse de 300 000 km/s dans le vide. Mais le vide c'est quoi ? L'espace absolu de Newton, supposé imprégné d'un fluide omniprésent, *l'éther*, support et milieu de propagation de toutes les ondes électromagnétiques.

Entre 1881 et 1894, Albert Michelson et Edward Morley tentent de mettre en évidence le mouvement "absolu" de la Terre par rapport à l'éther. Selon les lois du mouvement newtoniennes, le mouvement de la Terre par rapport au référentiel absolu "éther" doit se manifester par une différence des vitesses apparentes de la lumière selon qu'elle est mesurée dans le sens du mouvement terrestre ou dans une direction perpendiculaire. Or, aucune différence n'est mesurée. Qu'en conclure ? Soit que la Terre est fixe par rapport à l'éther, c'est-à-dire absolument immobile dans l'univers, ce qui n'est guère crédible (Copernic est passé par là), soit que l'éther n'existe pas.

Pourtant, rien de très étonnant dans le résultat négatif des expériences de Michelson et Morley si l'on accorde crédit à la théorie électromagnétique. Celle-ci est en conflit évident avec la relativité galiléo-newtonienne, puisque la vitesse de la lumière y apparaît comme un invariant absolu, indépendant de tout observateur.

Dans un changement de référentiel obéissant aux formules de transformation (2), les vitesses devraient s'ajouter. Or si notre coureur, au lieu de tirer des balles, projette vers l'avant des rayons lumineux à la vitesse de 1 079 280 000 km/h (300 000 km/s), ceux-ci n'atteignent pas la cible fixe à 1 079 280 020 km/h, mais toujours à 1 079 280 000 km/h ! *La vitesse de la lumière reste toujours la même*, que l'observateur ou la source lumineuse soient en mouvement ou pas. Conclusion : la conception galiléo-newtonienne de l'espace et du temps n'est pas adaptée à la théorie électromagnétique. Il faut rejeter l'une ou l'autre. C'est la première des deux qui chutera.

Au début du XXe siècle, nombre de chercheurs travaillent sur la façon de résoudre la contradiction. Lorentz trouve en 1904 de nouvelles formules de transformation rendant compte de l'invariance de la vitesse de la lumière :

$$x' = \frac{x - vt}{\sqrt{1 - v^2 / c^2}}, \quad t' = \frac{t - \frac{v}{c^2}x}{\sqrt{1 - v^2 / c^2}} \qquad (3)$$

Poincaré introduit en 1905 le formalisme mathématique que Hermann Minkowski met au point en 1908 en incorporant le temps à l'espace. Mais c'est Einstein qui, en 1905, mesure pleinement l'ampleur du bouleversement et, avec la théorie de la relativité restreinte, impose un nouvel *espace-temps* tissé par la lumière.

Le passage de témoin entre relativité galiléo-newtonienne et relativité restreinte consiste à remplacer les deux invariants absolus "espace" Δd et "temps" Δt par deux autres : l'un est c, la vitesse de la lumière dans le vide, l'autre est l'intervalle d'espace-temps

$$\Delta s = (c^2 \Delta t^2 - \Delta d^2)^{1/2} \qquad (4)$$

c'est-à-dire la distance spatio-temporelle entre deux événements (x,t) et (x',t') tels que Δd = x-x' et Δt = t-t'.

Pour un observateur immobile, Δd = 0 et Δs mesure ce que l'on appelle le *temps propre*. Mais dès que l'observateur est en mouvement, il mesure un intervalle de temps Δt plus long et un intervalle d'espace Δd plus court que l'observateur immobile. Ainsi, il y a un "prix à payer" : les vitesses ne s'additionnent plus, les mesures d'espace et de temps dépendent du mouvement de l'observateur. En termes simples, l'espace et le temps sont devenus *élastiques*. Il s'agit bien là du temps "objectif", celui mesuré par les horloges. Une horloge en mouvement bat plus lentement qu'une horloge au repos, et plus sa vitesse tend vers celle de la lumière, plus elle ralentit. A la limite, pour le photon, qui est le grain de lumière, le temps ne s'écoule plus ; le photon ne vieillit jamais, son temps "propre" est en quelque sorte figé ($\Delta s = 0$ pour $v = c$ dans (4)).

Certes, ces différences ne sont notoires qu'aux vitesses très élevées, de sorte qu'elles ne se remarquent pas dans la vie de tous les jours. Il n'empêche que l'application de ces nouvelles "règles du temps" conduit à des situations surprenantes. En 1911, le physicien français Paul Langevin a imaginé un exemple frappant de l'élasticité du temps, qui a connu une fortune médiatique considérable sous le nom de "paradoxe des jumeaux" (figure 3).

Deux jumeaux sont âgés de 20 ans. L'un d'entre eux part explorer le cosmos à bord d'une fusée. Il effectue un aller-retour à la vitesse de 297 000 km/s (99% de la vitesse de la lumière), vers une planète lointaine située à 20 années-lumière. A son retour sur Terre, la montre du voyageur a marqué 6 années de temps propre, celle de son frère resté sur Terre 40 années. Il s'agit bien ici de temps vécu : les horloges biologiques se réduisant en dernier ressort à des horloges atomiques, elles sont affectées de la même façon par le mouvement. On peut tout aussi bien mesurer l'âge des frères en nombre de battements cardiaques ; le voyageur a réellement vingt-six ans à son retour, son jumeau sédentaire en a soixante.

Bien que paradoxale sur le plan psychologique, l'expérience fictive des jumeaux n'est nullement une contradiction de la relativité einsteinienne, mais illustre au contraire l'inéluctable élasticité du temps. La figure (4) précise chacune des situations (non symétriques) vécues par les jumeaux.

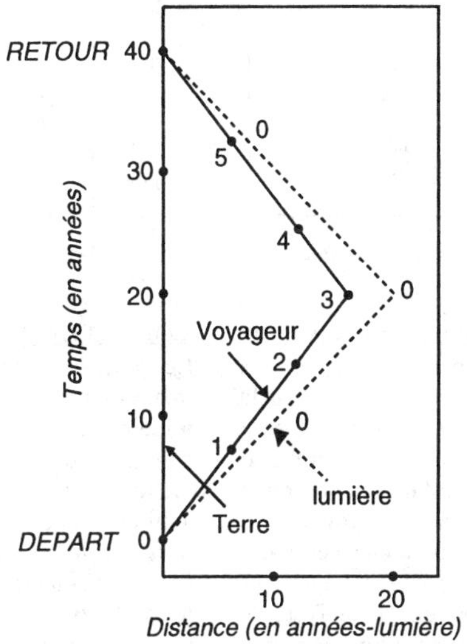

Figure 3

Diagramme d'espace-temps du voyageur de Langevin

Lorsque les jumeaux se retrouvent, l'horloge terrestre marque 40 années (ligne verticale), celle du voyageur marque 6 années (ligne brisée), celle de la lumière reste à zéro (ligne pointillée).

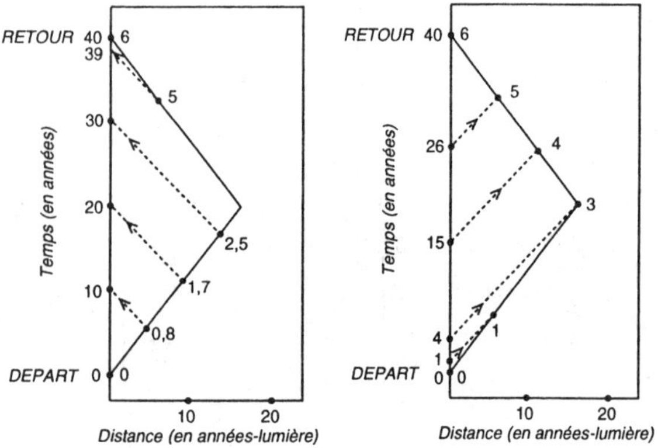

Figure 4

Comment la Terre voit le voyageur

Le jumeau terrestre reçoit les images télévisées transmises par le voyageur. Au bout de dix ans, il constate que le voyageur n'a vieilli que de 10 mois. Au bout de trente ans, il voit que le voyageur n'a vieilli que de deux années et demi. Dans la phase où le voyageur se rapproche à nouveau de la Terre, le temps du voyageur semble moins ralenti : pendant que le jumeau terrestre vieillit de 9 ans entre 30 et 39 ans, il constate que le voyageur vieillit de 2,5 ans, et enfin, pendant la dernière année, leurs deux temps coïncident à peu près.

Comment le voyageur voit la Terre

Le jumeau voyageur reçoit les images télévisées transmises par le jumeau resté sur Terre. Au bout d'un an, il constate que son frère a vieilli à peu près comme lui. Mais à mi-chemin du voyage, au bout de trois ans, il s'aperçoit que son frère a vieilli de quatre. Dans la phase retour, il voit son frère vieillir de plus en plus vite : 3 ans pour lui, 36 ans pour son frère.

L'expérience de Langevin a été vérifiée avec des particules élémentaires appelées muons. Au CERN, on est capable d'accélérer un muon jusqu'à ce qu'il atteigne la vitesse de 0,9994 c. Or, le muon est une particule instable qui se désintègre au bout de 1,5 microseconde ; c'est son temps de vie propre. Or, lorsqu'on mesure son temps de vie apparent (dans le référentiel du laboratoire) on trouve 44 microsecondes, soit trente fois plus - en parfait accord avec la relativité restreinte.

Une représentation particulièrement "éclairante" de l'espace-temps est celle des *cônes de lumière*. Supprimons d'abord une dimension d'espace pour pouvoir représenter les choses sur une feuille de papier (figure 5). Les particules qui se déplacent parcourent dans l'espace-temps ce que l'on appelle des lignes d'univers. Si on choisit convenablement l'unité d'espace et l'unité de temps, on peut faire en sorte que les trajectoires des rayons lumineux soient des lignes droites inclinées de 45 degrés. Celles-ci décrivent donc un cône. D'autre part, la relativité interdit à un corps quelconque d'aller plus vite que la lumière. Donc, la trajectoire spatio-temporelle d'une particule est nécessairement confinée à l'intérieur du cône de lumière.

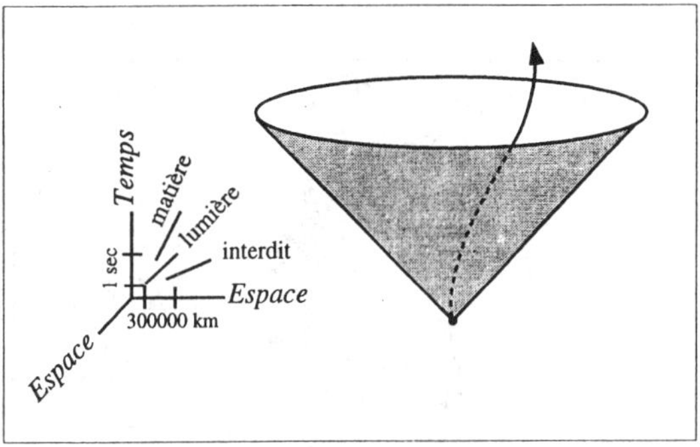

Figure 5
Le cône de lumière

Grâce à cette représentation, les relations causales entre événements se révèlent totalement différentes de celles de la mécanique newtonienne (figure 6). A chaque point de l'espace-temps relativiste, c'est-à-dire à chaque événement E, est associé un cône de lumière dont la nappe supérieure représente le futur et la nappe inférieure le passé. On voit que le futur (le passé) de

E n'est pas le même que le futur (le passé) d'un autre événement E'. De même le présent, c'est-à-dire la simultanéité, n'a pas de sens intrinsèque. D'autre part, hors du cône de lumière, point de salut : c'est "l'Ailleurs", où tout trajet est interdit !

Enfin, comparant (4) avec le théorème de Pythagore (1), on constate que l'espace-temps relativiste n'est pas euclidien. Il est "pseudo-euclidien". Remarquons toutefois que, bien que les représentations de l'espace et du temps diffèrent de celles de la théorie newtonienne, la relativité restreinte postule elle aussi l'existence d'une classe privilégiée de référentiels inertiels, ceux en translation uniforme. Elle stipule donc encore un cadre absolu, fixé, indépendant des mouvements de la matière. La véritable révolution, celle qui incorpore la matière et la lumière à l'espace-temps et, ce faisant, l'incurve, est l'œuvre de la relativité générale.

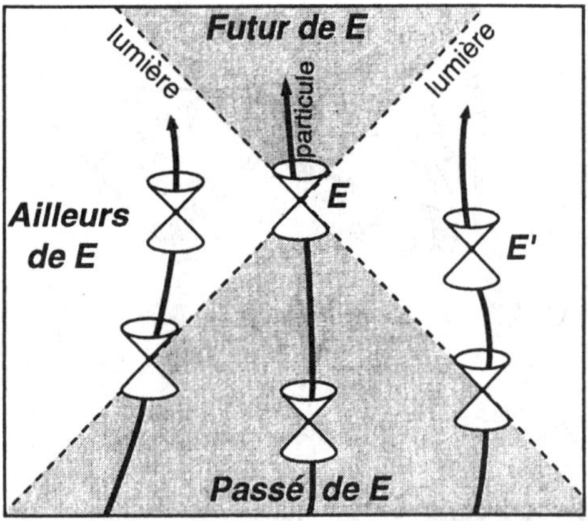

Figure 6
Structure causale de l'espace-temps de Minkowski

MATIÈRE, ESPACE, TEMPS

La relativité générale est une synthèse entre la gravitation newtonienne et la relativité restreinte. La gravitation a pour effet d'accélérer la matière, alors que les référentiels inertiels de la relativité restreinte sont justement ceux qui ne sont pas accélérés. Or, la gravitation est omniprésente dans la Nature. La relativité restreinte n'est donc pas une bonne théorie de l'univers.

Conscient de cette faille, Einstein est dès lors conduit à reconsidérer le concept même de gravitation. Selon lui, la gravitation n'est pas réellement une force s'exerçant entre les différents contenus matériels de l'univers, elle est une propriété géométrique du contenant lui-même. Cette insertion de la gravitation impose à l'espace-temps entier d'être déformé, d'acquérir une géométrie non-euclidienne *courbe*. Les corps matériels ne sont pas astreints à bouger dans un espace-temps plat sous l'action de forces de gravitation, ils épousent librement les contours d'un espace-temps courbe. En d'autres termes plus figurés, l'espace-temps est "mou", cabossé par la matière qu'il contient, et la matière s'y déplace au gré de la courbure - ce que résume de façon très schématique la figure 7.

La "trame" de l'espace-temps reste tissée par la lumière. Celle-ci, influencée par la gravitation, continue d'emprunter les chemins les plus courts, qui ne sont plus des lignes droites mais des géodésiques courbes. La représentation en termes des cônes de lumière (figure 8) résume l'essence de la relativité générale.

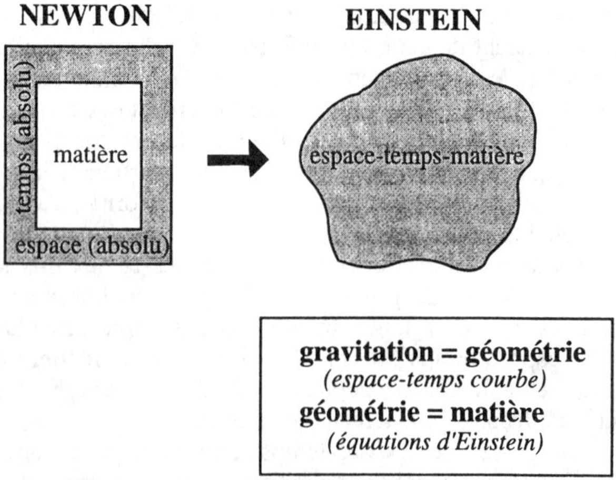

Figure 7

Le passage de témoin entre la théorie newtonienne et la relativité générale.
1. La gravitation n'est plus considérée comme une force mais comme une manifestation de la géométrie courbe de l'espace-temps.
2. Les équations du champ gravitationnel d'Einstein relient le degré de courbure de l'espace-temps à la nature et au mouvement des sources de gravitation : la matière dicte à l'espace-temps comment il doit se courber, l'espace-temps dicte à la matière comment elle doit se mouvoir.

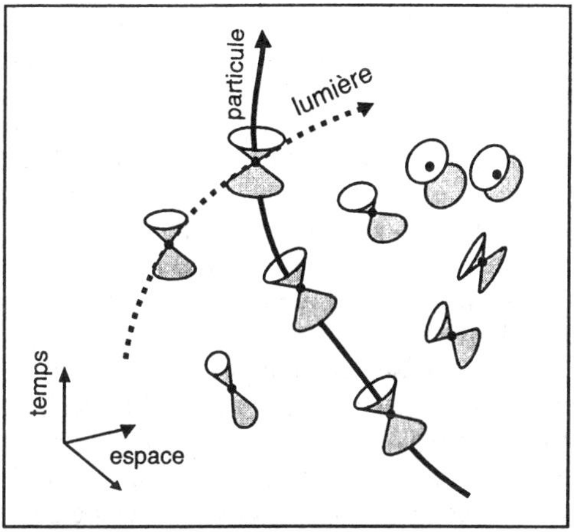

Figure 8
Structure causale de l'espace-temps courbe.

Les cônes de lumière s'inclinent et se déforment au gré de la courbure, traduisant l'influence de la gravitation sur toutes les formes d'énergie. La relativité restreinte reste *localement* valide : les lignes d'univers des particules restent confinées à l'intérieur des cônes de lumière.

Dans ce nouvel espace-temps tissé par la lumière et gravé par la matière, il n'y a plus aucun cadre absolu, plus aucun référentiel universel.

Attachons-nous maintenant à l'élasticité du temps. Puisque les accélérations ralentissent les horloges (paradoxe des jumeaux), la gravitation ralentit aussi les horloges : celles du rez-de-chaussée battent plus lentement que celles du premier étage. Ce n'est toutefois qu'après la mort d'Einstein que l'on a su fabriquer des horloges suffisamment précises pour mesurer l'élasticité du temps dans un champ de gravité aussi faible que celui de la Terre. En 1971, l'US Naval Observatory a fait embarquer des horloges au césium fantastiquement précises à bord de deux avions commerciaux, l'un volant vers l'Ouest, l'autre vers l'Est. Au retour, les horloges volantes ont été comparées à des horloges strictement identiques restées au sol. Dans cette expérience, deux effets entraient en jeu : un effet de relativité restreinte dû à la vitesse des avions (environ 1000 km/h), et un effet de relativité générale dû à la plus faible pesanteur en altitude. L'horloge qui avait voyagé vers l'Ouest avançait ainsi de 273 milliardièmes de seconde, celle qui avait voyagé vers l'Est retardait de 59 milliardièmes de seconde - en parfait accord avec les calculs relativistes.

Pour que l'élasticité du temps devienne manifeste, il faut se trouver dans des champs gravitationnels très intenses, par exemple près de *trous noirs*. Rappelons qu'un trou noir est le résultat de l'effondrement gravitationnel d'une étoile massive au-delà d'un stade tel que les rayons lumineux eux-mêmes restent emprisonnés dans le champ gravitationnel. La figure 9 montre les propriétés de l'espace-temps courbe autour d'un trou noir en termes de cônes de lumière.

Supposons que des rayons lumineux sortent en E_1, E_2, E_3, E_4 de la surface de l'étoile en contraction et parviennent en R_1, R_2, R_3 ... à un astronome situé à grande distance. On suppose que les intervalles de temps entre les instants d'émission E_1, E_2, E_3, E_4 sont strictement égaux lorsqu'ils sont mesurés par une horloge placée à la surface de l'étoile. Or, les intervalles de réception entre R_1, R_2, R_3 ... deviennent de plus en plus longs. A la limite, le rayon lumineux émis en E_4, juste au moment où le trou noir se forme, mettra un temps infini pour parvenir à l'astronome extérieur. Autrement dit le temps *propre* d'effondrement est distinct du temps *apparent* d'effondrement, celui mesuré par une horloge lointaine ne participant pas au mouvement. Ce "gel temporel" est bien une illustration extrême de l'élasticité du temps en relativité générale.

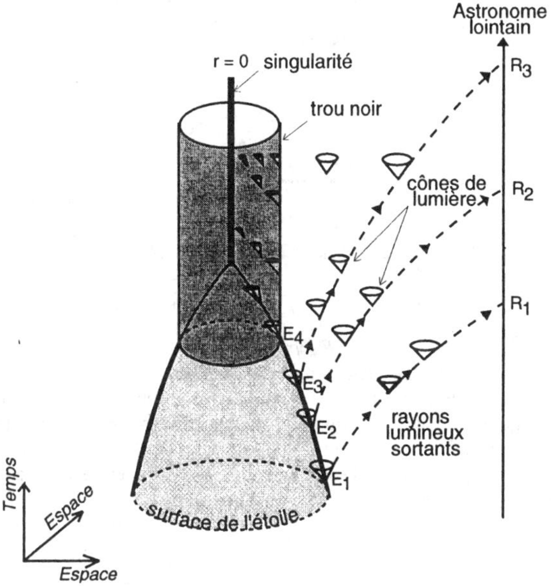

Figure 9
Formation d'un trou noir par effondrement gravitationnel.

Ce diagramme d'espace-temps permet d'embrasser d'un coup d'œil l'histoire complète de l'effondrement d'une étoile sphérique, depuis sa contraction jusqu'à la formation d'un trou noir et d'une singularité.

A grande distance, la courbure est si faible que les cônes de lumière restent droits. A l'approche du champ de gravitation central, les cônes sont de plus en plus déformés et déviés par la courbure. A la surface du trou noir, ils sont tellement inclinés vers l'intérieur que les rayons lumineux - et, a fortiori, les particules - ne peuvent plus s'échapper. Toutes les trajectoires sont dès lors inéluctablement attirées vers la singularité centrale.

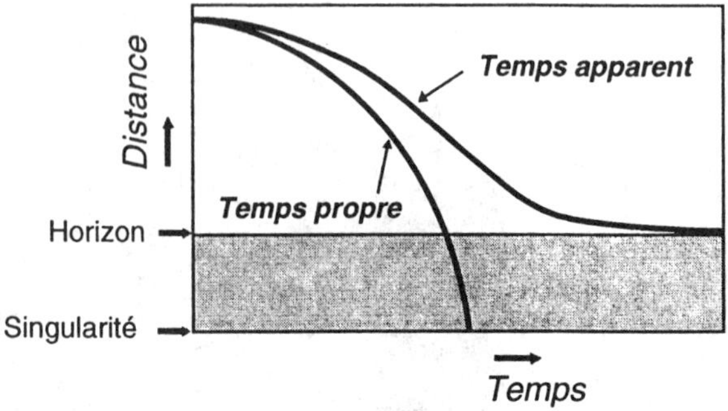

Figure 10
Les deux temps du trou noir
Un intervalle de temps propre fini s'écoule entre le moment où un corps tombe en chute libre vers le trou noir, franchit sa surface (appelée "horizon") et le moment où il atteint la singularité centrale. Pourtant, l'approche du trou noir vue par un observateur extérieur prend un temps apparent infini : pour lui, la traversée du trou noir n'a jamais lieu.

CAUSALITÉ ET RELATIVITÉ

La succession irréversible des phénomènes et des événements, imposée par l'observation et la raison ("la cause précède toujours l'effet") s'appelle la *causalité*. Mais la causalité est une règle imposée par la logique, non par la théorie de la Relativité. Il est vrai que dans la Relativité Restreinte et son univers plat, sans gravitation, la causalité est implicite. Car voyager dans son passé équivaut strictement à se déplacer plus vite que la lumière, ce qui est fondamentalement interdit. En revanche, dans la Relativité Générale et ses univers courbés par la gravitation, certaines distorsions subtiles imprimées à l'espace-temps - par un trou noir en rotation notamment - autorisent en principe l'exploration du passé sans jamais dépasser la vitesse de la lumière ! Dans un espace-temps arbitraire, la causalité est violée s'il existe une *boucle temporelle*, c'est-à-dire une ligne d'univers refermée sur elle-même. Une particule empruntant un tel trajet pourrait remonter dans son propre passé, et par là même modifier son futur et engendrer des paradoxes (une telle situation est toutefois courante en mécanique quantique, sans violer la causalité au niveau macroscopique).

En 1976 une très sérieuse Bacon Foundation offrait un prix de 300 livres sterling à quiconque résoudrait le problème formulé de la façon suivante : "Selon la théorie en vigueur, les trous noirs en rotation sont de véritables portes ouvertes sur d'autres régions de l'espace-temps. Comment donc un vaisseau spatial pourrait-il passer d'un trou noir en rotation à une autre région de l'espace-temps sans être détruit par le champ gravitationnel d'une singularité ?" Le problème ne fut pas résolu avant 1985, et encore de façon exotique : seuls des trous noirs formés de matière exerçant une gigantesque "pression négative" pourraient engendrer des boucles temporelles. Une pression négative équivaut à une tension, comme celle d'un ressort que l'on étire. Dans la matière ordinaire, la tension est toujours beaucoup plus faible que l'énergie mais dans la matière exotique nécessaire pour stabiliser un "portail temporel", les proportions seraient inversées. Tout ceci est évidemment hautement spéculatif ; personne n'a la moindre idée si ce type de matière négative peut exister dans la nature. Pour utiliser de tels raccourcis de l'espace-temps, il faudrait être capable de construire de vastes trous noirs négatifs, peut-être en faisant grossir un trou noir négatif microscopique. Et même en admettant cette fantastique idée, il y a peu de chances qu'un vaisseau spatial constitué de matière normale puisse traverser sans danger une région d'énergie négative !

LA FLÈCHE GRAVITATIONNELLE

La gravitation engendre, dans certaines situations extrêmes, une flèche temporelle : les systèmes gravitationnels ont en effet la possibilité de se contracter sans limite pour former irréversiblement des trous noirs et des singularités. C'est ce que l'on appelle la *flèche gravitationnelle.*

Comme je le disais dans l'introduction, divers domaines de la physique engendrent leurs propres flèches[1] :

1. La flèche radiative

   Dans les phénomènes radiatifs on ne trouve que les solutions dites "retardées", c'est-à-dire qu'une onde n'apparaît qu'après sa source et conduit inéluctablement à l'extinction progressive de celle-ci.

2. La flèche thermodynamique

   La célèbre seconde loi de la thermodynamique (augmentation irréversible de l'entropie pour tout système fermé, voir l'exposé de R. Balian) définit la plus ancienne flèche reconnue par la physique et se manifeste tous les jours à nos yeux. L'auto-organisation des systèmes naturels observée dans l'évolution biologique et sociale paraît contradictoire avec la deuxième loi, mais elle est probablement en accord avec elle si l'entropie de l'environnement est prise en compte.

3. La flèche microscopique

   Certains processus relevant de la physique des particules élémentaires (par exemple la désintégration du méson K_0) sont temporellement orientés (voir l'exposé de G. Cohen-Tannoudji)

4. La flèche quantique

   En mécanique quantique, le processus même de mesure, appelé "réduction du paquet d'onde" engendre l'apparition irréversible de propriétés "classiques" (position, vitesse des particules, etc.).

5. La flèche cosmologique

   L'expansion de l'univers présentement observée

---

[1] Je ne mentionne ici que les flèches du temps dans les domaines dits des sciences "dures" - qui n'en sont pas pour autant inhumaines ! La flèche du temps biologique est traitée dans ce volume par Ladislas Robert et la flèche du temps psychologique par A. Comte-Sponville.

(éventuellement suivie d'une contraction) définit une direction temporelle, peut-être reliée à la flèche gravitationnelle puisque l'univers est gouverné à grande échelle par la gravitation. Certains physiciens estiment qu'il s'agit peut-être là de la "flèche mère" dont dériveraient toutes les autres, mais le sujet est d'autant plus controversé que les domaines de la physique ci-dessus mentionnés (essentiellement la mécanique quantique et la relativité générale) ne sont pas unifiés en une théorie cohérente.

CONCLUSION

Déjà le philosophe mathématicien Leibniz, contemporain de Newton, s'était élevé contre les idées d'espace et de temps en tant qu'entités absolues. Par des arguments d'ordre plutôt philosophique, il soutenait que l'espace et le temps n'existent qu'en relation avec la matière. Un siècle plus tard, le philosophe physicien Ernst Mach a repris ses idées. C'est influencé par ces deux penseurs qu'Einstein a bâti le magnifique édifice de la relativité générale où espace, temps, matière et lumière sont inextricablement liés. Pourtant il a partiellement échoué : en l'absence de matière, l'espace-temps ne se réduit pas à "rien", mais à celui de Minkowski.

Terminons sur une note d'humour. Charlie Chaplin dit un jour à Einstein (en substance, car je cite de mémoire) : "Moi, je suis célèbre parce que tout le monde me comprend. Vous, vous êtes célèbre parce que personne ne vous comprend !". C'était, certes, une jolie boutade, mais on peut toutefois s'interroger sur le succès rencontré auprès d'un large public par une théorie aussi difficile que la relativité générale (tant du vivant d'Einstein que de nos jours, avec les trous noirs et le "big bang"). Maintes explications ont été avancées[1]. Tentons-en une ici. Le temps subjectif éprouvé par chacun d'entre nous - celui que l'on pour-

[1] Voir par exemple la fin du chapitre 3 de mon livre "Les trous noirs".

rait dénommer *tempus* - est de toute évidence non uniforme et relatif. Le temps des physiciens - celui que l'on pourrait dénommer *chronos* -, d'abord considéré comme absolu et uniforme dans la mécanique classique, est également devenu élastique et relatif avec la relativité. Le succès "populaire et philosophique" de la relativité vient donc peut-être en partie du fait qu'en introduisant un peu de *tempus* dans *chronos*, elle a rendu la physique plus humaine.

BIBLIOGRAPHIE SUCCINCTE

COHEN-TANNOUDJI, G. & SPIRO, M. : *La Matière-Espace-Temps*, Fayard 1986

DEMARET, J. : *Univers*, Le Mail 1991

EINSTEIN A. & INFELD, L., *L'évolution des idées en physique*, "Champ Flammarion", 1983

HAWKING, S. *Une brève histoire du temps*, Flammarion, 1989

LUMINET, J.-P. : *Les trous noirs*, Le Seuil / Points Sciences, 1992

PRIGOGINE, I. & STENGERS I. : *Entre le temps et l'éternité*, Fayard 1988

A LA RECHERCHE DU TEMPS COSMIQUE

Marc Lachièze-Rey*

La notion de temps nous concerne si directement qu'elle reste extrêmement difficile à expliciter, comme le montrent les autres contributions à ce colloque. La difficulté n'est-elle pas encore plus grande, à parler d'un temps cosmique ? A moins que, au contraire, le recul d'une vision cosmique ne nous offre davantage de clarté, et ne nous aide, paradoxalement, à comprendre un peu mieux le concept.

D'un temps cosmique nous attendons les propriétés habituelles du temps : écoulement linéaire selon une flèche imperturbable, causalité... Mais nous exigerons aussi des propriétés supplémentaires, qui font son caractère cosmique.

Le temps, tel que notre intuition nous le représente, correspond à peu près à ce que proposait Isaac Newton, à la fin du XVIIème siècle, dans les *Principiæ.* Il s'agit d'un temps absolu, qui s'écoule identiquement, et s'est toujours écoulé de la même manière, en chaque point de l'univers. Et en chacun de ces points, il correspond à ce que mesurent nos horloges. Dans la mesure où il concerne également toute partie, tout lieu de l'Univers, et cela "à tout moment", rien n'empêche de l'attribuer à l'univers lui-même, de le considérer comme universel. Nul problème d'ailleurs, selon la vision newtonienne, pour que deux expérimentateurs synchronisent leurs horloges : il n'ont pour cela qu'à échanger des signaux, ce qu'ils peuvent faire

---

* CEA, DAPNIA/Service d'Astrophysique, CE Saclay
91191 Gif sur Yvette Cedex

instantanément puisque la lumière se propage à vitesse infinie selon la physique newtonienne. Ils peuvent ainsi vérifier la simultanéité de leurs démarches, et se référer au temps commun universel. De plus, ce temps universel se confond avec le temps individuel de chacun.

Pourtant le temps newtonnien semble manquer de consistance et, peut-être aussi, de réalité. Supposé éternel et imperturbable, il se déroule indépendamment de tout ce qui advient dans l'Univers. Le temps (tout comme l'espace) de Newton est parfois comparé à la scène vide d'un théâtre où se jouent - ou non - des phénomènes. Mais ce n'est pas à l'échelle cosmique que se déroulent les événements : ils sont localisés ici ou là, si bien qu'un temps local suffit pour les repérer. Quant à l'Univers newtonnien, il n'a ni évolution ni histoire. A quoi bon un temps cosmique si rien n'advient à l'échelle cosmique ? Est-il d'ailleurs vraiment pertinent de parler d'Univers dans ce cadre, alors qu'aucun phénomène ne peut être qualifier d'universel ?

LE TEMPS DES RELATIVITÉS

Mais la physique est sortie du cadre newtonnien. La lumière se propage à vitesse finie et les échanges d'informations ne sont pas instantanés. De plus, cette vitesse est toujours constante (dans le vide). Cette constatation est amenée au statut de principe fondateur de la relativité restreinte. Plus de simultanéité ! Plus de durées absolues ! Il faut rompre avec la vision newtonienne. On ne peut pas considérer séparément l'espace et le temps. Ils doivent être regroupés selon une entité plus générale, *l'espace-temps*.

Le désordre temporel semble régner. Deux observateurs en mouvement relatif ne peuvent garder leurs horloges synchronisées, ne peuvent se référer au même temps. Chacun a l'impression que le temps de l'autre est "dilaté" (voir la contribution de J.-P. Luminet à ce colloque). De manière symétrique, les dimensions paraissent "contractées". Pour un même phénomène - par exemple "la vie" d'une particule élémentaire, depuis sa création jusqu'à sa désintégration - différents observateurs mesurent des durées différentes. Sont-elles réellement différentes, ou bien n'est-ce qu'une illusion ? Sans communication instantanée entre les deux observateurs, le problème n'a guère de sens concret, chacun pouvant décider de se référer à son propre temps. Il n'est guère possible, ni pertinent, de comparer des durées dans ces conditions. C'est ainsi que ces différences d'appréhension se réduisent à des "effets de perspective dans l'espace-temps", même s'ils déroutent bien davantage que ceux de l'espace.

JUMEAUX RELATIVISTES

La question devient en revanche tout à fait pertinente si les deux expérimentateurs se retrouvent au même endroit, sans vitesse mutuelle. Le paradoxe des jumeaux de Langevin illustre de manière extrême le caractère surprenant de telles situations. Il consiste à imaginer deux expérimentateurs (deux jumeaux pour que la démonstration soit plus frappante) voyageant différemment. Ils sont initialement tous deux sur Terre, au repos, avec leurs montres synchronisées. L'un y reste ; l'autre part voyager dans l'espace où il atteint des vitesses proches de celle de la lumière. Il revient ensuite et retrouve son jumeau, avec lequel il peut comparer les durées véritablement écoulées. La relativité prévoit, sans ambiguïté ni paradoxe, que ces durées sont différentes. Une année s'est écoulée, par exemple, pour le jumeau resté sur Terre, et un mois seulement pour son frère voyageur. Je précise immédiatement que cette prédiction de la relativité a été *effectivement vérifiée* par l'expérience. Non pas avec des jumeaux mais avec des horloges atomiques embarquées à bord d'avions rapides. Les différences de durées sont faibles, faute d'une technologie permettant les déplacements très rapides, mais elles ont été mesurées sans ambiguïté.

Cette expérience de pensée est souvent qualifiée de "paradoxale". Le paradoxe apparent viendrait de ce que les deux jumeaux semblent dans des situations parfaitement symétriques : il serait alors surprenant, et d'une certaine manière "injuste", qu'ils subissent des effets différents. Mais tel n'est pas le cas : le jumeau voyageur a dû subir des accélérations (et décélérations) pour accomplir son voyage ; ce n'est pas le cas du jumeau resté sur Terre. Le caractère paradoxal de la différence disparaît totalement. Certes les jumeaux n'ont pas vécu des durées identiques. Cela heurte peut-être un certain bon sens, mais pas la logique.

Mais ce paradoxe qui n'en est pas un a donné lieu à des interprétations qui sont, elles, paradoxales. A la suite de remarques de Bergson, il a été proposé que, si les durées physiques (mesurées par une montre, par exemple) sont effectivement différentes, les durées biologiques, ou psychologiques, resteraient quant à elles identiques pour les deux jumeaux. Cette interprétation contraire à l'esprit de la théorie de la relativité est tout à fait paradoxale, et même insoutenable. Elle conduirait à une dissociation entre temps physique et temps psychologique impossible à concevoir. Si tel était le cas, toute interaction avec le monde extérieur serait impossible : marcher, parler, manger, et même sans doute penser deviendraient des exploits irréalisables. La vie dans un repère en mouvement se différencierait totalement de la vie au repos, en totale contradiction avec l'expérience.

L'expérience des jumeaux, et la relativité qui en rend compte, ne présentent aucun caractère paradoxal. Bien au contraire, une fois admise la constance de la vitesse de la lumière, la vision que propose la relativité - contrairement à l'interprétation bergsonnienne par exemple - est la seule qui ne soit pas paradoxale. Les durées sont effectivement différentes, que l'on parle de durée vécue, ressentie, ou mesurée à l'aide de n'importe quel instrument.

TEMPS ET GRAVITATION

Entre deux événements bien définis les durées écoulées ne sont pas bien définies. L'universalité du temps est perdue. Et la situation s'aggrave encore lorsque l'on tient compte de la gravitation. Pour cela, la relativité restreinte cède sa place à la relativité *générale*. L'écoulement apparent du temps est modifié non seulement par les vitesses des expérimentateurs, mais aussi selon les intensités des potentiels gravitationnels dans lesquels ils baignent. Une véritable *élasticité du temps* s'introduit, qui se manifeste par des effets nouveaux - décalages gravitationnels, délais temporels - vérifiés eux aussi par l'expérience. La situation semble encore plus confuse.

Une nouveauté fondamentale apparaît en relativité générale : les propriétés de l'espace-temps dépendent du contenu de l'univers. Ni l'espace, ni le temps, ni l'espace-temps (puisque, selon la relativité, c'est ainsi que l'on doit parler) ne sont définis *a priori* comme chez Newton. C'est pour cela que les propriétés de l'écoulement du temps, déjà différentes pour des observateurs distincts, varient d'un endroit à l'autre, d'un moment à l'autre.

On ne peut donc plus parler d'un temps unique. Le temps ne peut être disjoint de l'espace. La simultanéité, les durées absolues n'existent plus. Doit-on renoncer à toute notion de temps cosmique, ou universel ? Avant d'en arriver là, on peut se demander pourquoi des notions si familières ne sont pas contredites par l'expérience de tous les jours. La relativité ne s'appliquerait-elle pas à notre Monde ?

Elle s'y applique en effet. Mais dans notre environnement, ces effets, bien que présents, sont trop faibles pour que nous les décelions. Bien que l'on doive parler d'espace-temps, la relativité permet toujours de distinguer, au moins localement, l'espace du temps : on peut toujours considérer un temps local, qui s'écoule "orthogonalement" à l'espace. Une montre est faite après tout pour mesurer du temps, une règle pour mesurer de l'espace. Mais la validité d'un tel découpage temps-espace ne peut être en général étendue au delà d'une région limitée, et d'un ensemble défini d'expérimentateurs. Pas de problème à l'échelle de la Terre, ou même du Système Solaire. Pas de problème pour les voyageurs dont les vitesses restent bien inférieures à celle de la lumière : nous pouvons sans problème parler d'espace et de temps séparés. Mais rien ne permet d'affirmer que cette séparation puisse être étendue à l'échelle de l'Univers entier. Absence de simultanéité, relativité des durées, ces effets sont également présents. Mais à nos échelles - de vitesses (très faibles devant celle de la lumière), de dimensions, d'intensité gravitationnelle - ils restent presque toujours insignifiants. Nous ne les ressentons pas. Seules les particules élémentaires qui se déplacent très rapidement dans les accélérateurs nous permettent de les mettre en évidence, et de valider ainsi la relativité.

UN TEMPS COSMIQUE RELATIVISTE ?

Peut-on restaurer malgré tout l'idée d'un temps cosmique ? Peut-on au moins considérer, à l'échelle de l'univers entier, un temps et un espace séparés ? Un temps ainsi défini sera-t-il universel ? S'écoulera-t-il pareillement en tout lieu ? Cela ne saurait avoir de sens physique que s'il s'agit d'un véritable temps physique, repérable et mesurable par nos chronomètres.

Pour décrire l'univers et ses propriétés, les cosmologues construisent des modèles cosmologiques relativistes. A priori, il n'est pas possible de définir un temps cosmique pour tout modèle cosmologique. Mais certains modèles le permettent, en particulier ceux de Friedman-Lemaître (du nom de leurs inventeurs, le russe Alexandre Friedman et le belge Georges Lemaître). Apparemment, ces modèles conviennent parfaitement pour décrire notre univers. Parmi eux, les plus étudiés, ceux qui semblent les plus en accord avec l'observation sont ceux de big-bang (voir par exemple leur description et leur justification dans *Initiation à la Cosmologie*, de Marc Lachièze-Rey, Masson, 1992).

Ces sont les seuls, actuellement, dont les prédictions soient conformes aux résultats des observations astronomiques. Ce sont les seuls également qui ne nécessitent pas, pour les justifier, le recours à une nouvelle physique. Ils sont fondés sur l'idée de la régularité de l'Univers, exprimée par *l'homogénéité* et *l'isotropie* de l'espace, et la répartition uniforme de la matière cosmique. Cette régularité entraîne des propriétés remarquables.

Elle permet tout d'abord d'étendre le découpage temps/espace à tout l'univers, ce qui, pour un modèle quelconque, n'est a priori possible que de façon locale. Elle assure en outre qu'il existe (ou peut exister) partout dans l'univers des observateurs jouissant d'une propriété remarquable : pour eux tous, même s'ils sont situés en des points différents, les temps sont synchronisables. Ces observateurs sont dits *"en chute libre"* car ils ne sont soumis à aucune accélération, ni aucun effet gravitationnel les uns vis à vis des autres. Leur existence est assurée par la régularité des modèles. Si les montres de deux d'entre eux sont synchronisées, elles le resteront tout au long de l'évolution cosmique. De ce fait, la validité du temps marqué par l'une d'entre elles peut être étendue à tout l'Univers, ce qui permet de l'envisager comme un temps cosmique. Et ce dernier s'identifie au temps de chacun des observateurs en chute libre. De plus, on peut vérifier que, pour ces modèles, le temps cosmique ainsi défini possède les bonnes propriétés, par exemple de causalité (il ne se referme pas sur lui-même, comme c'est le cas dans certains autres modèles).

L'adoption des modèles de Friedman-Lemaître permet donc ainsi de retrouver un temps cosmique, ce qui ne serait pas possible avec d'autres modèles plus complexes. Mais ce n'est pas un retour au temps absolu de Newton. En particulier ce temps universel n'est pas posé *a priori*, comme par un dieu créateur de l'Univers ainsi que le pensait Newton : ses propriétés sont déterminées, au moins en partie, par le contenu de l'Univers. Il est d'ailleurs permis de se demander dans quelle mesure le temps existe réellement, autrement que comme une certaine relation entre événements, cosmiques ou non. Cette question métaphysique, qui se pose d'ailleurs tout aussi bien à propos de l'espace, n'est pas résolue. Selon Ernst Mach par exemple, espace et temps n'avaient pas d'existence réelle et ne devaient être considérés que comme un moyen commode d'exprimer certaines relations entre les phénomènes. Une conception à l'opposé de celle de Newton qui supposait espace et temps absolus, même en l'absence de tout contenu. La conception d'Einstein, la nôtre aujourd'hui, se rapproche de celle de Mach : les propriétés de l'espace et du temps sont déterminées au moins en partie par celles du contenu. Doit-on aller plus loin dans cette voie ? Se rapprocher de Mach plutôt que de Newton ? La question reste débattue.

Le temps cosmique relativiste montre tout son intérêt lorsque l'on remarque que, contrairement à celui de Newton, l'univers des modèles relativistes évolue et possède une histoire : des événements cosmiques s'y déroulent et s'y sont déroulés. Une des propriétés cosmiques les plus manifestes est l'expansion de l'univers. D'un point de vue relativiste, elle est considérée comme une courbure de l'espace-temps. Mais on peut la concevoir, d'une manière plus conforme à notre sensibilité, comme une dilatation, avec le temps (cosmique, précisément) de l'espace et de sa géométrie. Cette dilatation dilue et refroidit toute la matière cosmique. Dans le passé dit *primordial*, cette matière était donc plus dense et plus chaude et plusieurs événements se sont déroulés à l'échelle cosmique : formation des noyaux (nucléosynthèse primordiale) et des atomes ; puis, plus tardivement, des étoiles, des galaxies,... Alors que dans un univers statique ou stationnaire ces événements se produiraient éternellement, à chaque instant. La pertinence du temps cosmique se révèle donc pleinement dans la richesse des modèles de big-bang.

L'UNIVERS DANS LE TEMPS COSMIQUE

Avoir défini un temps cosmique permet de considérer, et de repérer l'évolution de l'univers. Des indices de nature différentes - âge de la Terre et des planètes, des étoiles, des galaxies, etc. - nous assurent que l'Univers est ancien, qu'il existe depuis quelques milliards d'années au moins. D'ailleurs, si nous observons des galaxies éloignées de milliards d'années-lumière, c'est bien que la lumière qui nous arrive aujourd'hui a été émise il y a plusieurs milliards d'années. Que l'univers n'est pas statique, ce sont les dizaines de milliers de décalages vers le rouge de galaxies, observés aujourd'hui, qui nous l'indiquent. Et la relativité générale nous confirme qu'il ne peut en être qu'ainsi comme Georges Lemaître l'avait compris le premier en 1931 (voir *Initiation à la Cosmologie*).

L'Univers est en expansion : l'espace se dilate. Il entraîne et dilue, comme un gigantesque courant, tout le contenu de l'Univers. Par des effets physiques ordinaires, cette dilution entraîne une diminution de la densité moyenne de matière. La physique (la relativité générale) permet d'établir que l'univers a toujours été en expansion, et que cette expansion n'a pu que se ralentir avec le temps; et qu'elle ne se déroule que depuis une durée finie t_U, que l'on peut chiffrer approximativement entre 10 et 20 milliards d'années, durée que l'on nomme - abusivement - âge de l'Univers. On ne peut échapper à ces conclusions - qui constituent l'essence des modèles de big-bang - qu'en supposant des lois et des comportements contraires à la physique que nous connaissons aujourd'hui. De ceci il découle qu'aucune horloge, quelle que soit sa nature, ne peut avoir mesuré une durée dépassant t_U. Aucun objet cosmique ne peut être plus âgé que t_U. Or, précisément, nous observons que les galaxies ou étoiles les plus vieilles connues sont approximativement de cet âge !

Les modèles de big-bang énoncent que l'Univers est en expansion, qu'il l'était déjà dans le passé, et que ceci dure depuis un temps fini. Au prix d'hypothèses raisonnables la démarche permet de reconstituer les propriétés passées de l'Univers : il était autrefois plus concentré, plus dense, plus chaud, etc. Pourtant cette extrapolation à rebours ne peut être poursuivie indéfiniment. En effet, la matière de l'Univers *primordial* était dans des états de densité, de température, si extrêmes que la physique dans ces conditions ne pouvait pas être identique à ce qu'elle est aujourd'hui. Georges Lemaître se rendit compte le premier que l'aspect de l'Univers, et les phénomènes qui s'y déroulent, devaient être très différents dans ce passé. Par exemple que les effets quantiques avaient dû y jouer un rôle fondamental.

En tout état de cause, la théorie de la relativité n'est valable que pour des densités de masse pas trop élevées. Pour des densités supérieures à une valeur appelée densité *de Planck* (de l'ordre de 10^{96} kg m^{-3}), effets quantiques et gravitationnels se mêlent d'une manière que nous ne savons pas décrire. Autrement dit, la relativité ne s'applique plus et nous n'avons pas d'autre théorie qui la remplace. Reconstituant le passé de l'Univers en partant d'aujourd'hui, nous ne pouvons donc dépasser le *temps de Planck*, défini comme le moment où la densité atteint la valeur de Planck (si l'on repère cet instant dans la chronologie fictive, obtenue en appliquant la relativité comme si de rien n'était, on le situe à 10^{-43} sec). Dans de telles conditions, il semblerait d'ailleurs, difficile de concevoir une horloge, ou un dispositif capable de mesurer le temps. Cette barrière de Planck marque la limite de nos connaissances. Les modèles de big-bang ne s'appliquent qu'à la phase ultérieure, jusqu'à aujourd'hui.

PEUT-ON PARLER DE L'ORIGINE DE L'UNIVERS ?

D'un point de vue pratique, cela ne modifie guère les choses. De toutes manières, en effet, les atomes et les noyaux, comme les étoiles, les galaxies *etc.* sont nés bien après l'ère de Planck. Ignorer ce qui s'est passé alors n'empêche pas de faire de l'astrophysique, ni même de la cosmologie. D'un point de vue conceptuel, c'est différent car l'ère de Planck constitue une barrière que nous ne savons franchir, et que rien ne permet d'assimiler au *début* de l'Univers. C'est pourquoi les modèles de big-bang ne peuvent être invoqués comme théories de la création, ou de l'origine du Monde. Ce n'est pas parce que l'on parle d'un instant zéro que l'on doit lui prêter un sens originel. De l'origine, nous ne disposons actuellement d'aucun outil - technique ou conceptuel - permettant de parler.

"*Ce dont on ne peut parler, il faut le taire*", dit le philosophe. Pourtant certains semblent ressentir un besoin irrépressible de parler de l'origine du monde. Je ne puis que répéter que nous ne savons rien de ce qui a précédé le temps de Planck. Nous ne savons même pas si le mot précéder a un sens, dans ces conditions et l'on peut tout imaginer. Peut-être a-t-il régné "avant" une autre physique inconnue, mêlant effets relativistes et effets quantiques. Bien des physiciens cherchent à établir les règles de ce que pourraient être une *gravité quantique* ou une *cosmologie quantique*. Mais rien n'assure que ces pistes soient les bonnes. S'il est *possible* que l'origine de l'univers se confonde avec l'instant de Planck, aucun argument scientifique ne permet de l'affirmer. Peut-être cette origine est-elle située (beaucoup ?) plus loin dans le passé. Peut-être que l'Univers existe depuis une durée infinie. Peut-être n'y a-t-il pas d'origine. De fait, même si nous avons pu définir un temps cosmique, dont certaines propriétés nous paraissent satisfaisantes, rien ne nous assure que les concepts de durée, d'origine puissent être généralisés et appliqués à l'univers entier.

On ne peut concevoir l'origine de l'univers, que le terme soit pris au sens chronologique (point de vue temporel), ou fondateur, explicatif (point de vue logique). L'espace, et le temps (que nous considérons comme des avatars de la substance universelle, presque au même titre que la matière) font partie de l'Univers. Donc l'origine, en tant qu'événement, ne pourrait être considérée que dans un cadre où l'espace, et le temps n'existent pas. Mais nous ne disposons pas d'un tel cadre. Sans espace et temps, nous ne pouvons faire de science, nous ne pouvons penser l'événement "début de l'univers ".

Nous sommes clairement dépourvus du cadre conceptuel permettant de parler d'une éventuelle naissance, d'une création de l'Univers. Le processus fondateur de l'Univers, s'il en existe un, n'a pu se dérouler dans le cadre de l'Univers puisqu'il a abouti, précisément, à créer ce cadre. Il n'a pu se dérouler dans le temps puisque l'existence du temps implique déjà celle de l'Univers. Imaginer le contraire conduit vite à des paradoxes, d'ailleurs reconnus depuis longtemps. S'il y avait eu quelque chose (ne serait-ce que le temps) avant le "début" de l'Univers, l'Univers eut été déjà là, par définition. Il ne se serait donc pas agi de son début. Si l'on veut aborder ces concepts, il faut se placer d'un point de vue "hors du temps". Mais la science - et c'est peut-être sa barrière la plus fondamentale - ne peut rien nous dire de l'intemporel.

LE TEMPS DES PROCESSUS ÉLÉMENTAIRES -I-

Gilles Cohen-Tannoudji*

Résumé

Les problèmes de la flèche du temps sont abordés du point de vue de la physique des processus élémentaires qui s'intéresse aux constituants ultimes de la matière et aux interactions fondamentales auxquelles ils participent. Le cadre théorique général de cette physique est celui de la théorie quantique des champs qui réalise le mariage de la relativité restreinte et de la théorie des quanta. La prise en compte du principe de causalité conduit à enrichir ce cadre de nouveaux concepts et de nouvelles symétries que l'on discutera en relation avec la flèche du temps. Des progrès spectaculaires ont été accomplis grâce en particulier à la méthode de la renormalisation qui permet à la physique des processus élémentaires de se rapprocher de la cosmologie et de la physique des phénomènes critiques, et qui lui confère une authentique dimension temporelle. Il est suggéré en conclusion que l'arène des processus élémentaires n'est pas l'espace-temps mais plutôt "la matière-espace-temps" dans laquelle la flèche du temps serait liée à la matière.

INTRODUCTION : RELATIVITÉ ET QUANTA, MATIÈRE ESPACE ET TEMPS

Emboîtement de structures et interactions fondamentales

La physique des particules élémentaires est l'héritière de la conception atomiste des philosophes de l'antiquité, selon laquelle toute la variété des structures de la matière résulte de la combinatoire de constituants infinitésimaux, indivisibles, les atomes, qui existent en un petit nombre de types différents.

---

* CEA, DAPNIA /Service de Physique des Particules, CE, Saclay
91191 Gif sur Yvette Cedex

L'univers se présente à la science contemporaine comme une gigantesque hiérarchie (voir la figure 1) de structures emboîtées sur plus de quarante ordres de grandeur, depuis les particules actuellement considérées comme élémentaires jusqu'aux superamas de galaxies.
La physique des particules élémentaires s'intéresse à la limite de cet emboîtement vers l'infiniment petit. Mais constater cet emboîtement ne suffit pas, encore faut-il comprendre la dynamique des structures. On utilise le vocable général d'*interaction* pour désigner tout ce qui concourt à cette dynamique : les forces à l'origine de la formation d'une structure, de sa cohésion, voire de sa désintégration, les forces qui relient la structure à d'autres structures, de même niveau, de niveau inférieur ou de niveau supérieur. Avec une définition aussi générale, on peut dire que si tout dans l'univers est emboîtement de structures, tout est aussi interaction. Dans la figure 1, nous avons fait figurer, en même temps que l'infiniment grand et l'infiniment petit, un troisième infini, l'infiniment complexe, par l'intermédiaire de sciences de la vie. La physique s'intéresse aussi à l'infiniment complexe, par exemple lorsqu'elle a recours aux méthodes statistiques. Une caractéristique du domaine de la complexité est que les structures peuvent y participer à un très grand nombre d'interactions différentes. Une motivation pour se concentrer sur les échelles extrêmes, infiniment petites et grandes, est que l'on peut y espérer une certaine simplification au sujet des interactions, les structures ne participant qu'à un petit nombre d'interactions différentes, qui sont alors qualifiées de fondamentales. De fait, il apparaît que les dynamiques de l'infiniment petit relèvent de trois et seulement trois interactions fondamentales, les interactions électromagnétique, nucléaire forte et nucléaire faible, alors qu'une seule interaction fondamentale, la gravitation, gouverne la dynamique de l'univers à très grande échelle. En réalité, cette affirmation doit être un peu nuancée : il apparaît que la gravitation qui est négligeable aux échelles que l'on est capable d'explorer expérimentalement en physique des particules, redevient vraisemblablement importante, voire do-

minante, à une échelle (dite échelle de Planck), tellement petite qu'il est totalement exclu de jamais pouvoir l'explorer expérimentalement. On espère d'ailleurs que vers cette échelle, les quatre interactions fondamentales devraient pouvoir être traitées de manière unitaire. C'est en fait cette *unification des interactions fondamentales* qui devient l'enjeu déterminant de la physique de l'infiniment petit, et, comme nous allons le voir, c'est à propos de la théorie des interactions fondamentales que se posent les problèmes du temps et de sa flèche dans les processus élémentaires.

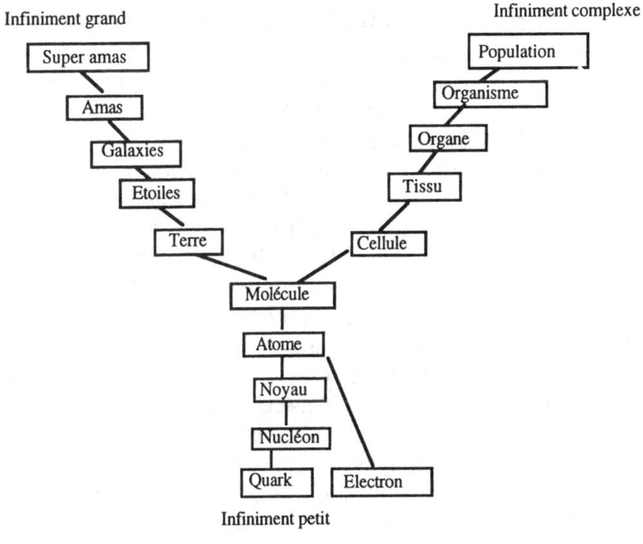

Figure 1

Relativité restreinte

Au début du XXème siècle, la physique a buté sur deux limitations fondamentales concernant les propriétés les plus générales des interactions. La prise en compte de ces limitations a nécessité des remises en causes du cadre conceptuel de l'ensemble de la physique qui se sont concrétisées dans la théorie de la *relativité* et la théorie des *quanta*.

La limitation fondamentale à l'origine de la théorie de la relativité est l'absence d'action instantanée à distance. Admettre qu'aucune interaction ne puisse se propager instantanément à distance oblige à admettre que rien (ni matière, ni énergie, ni information) ne puisse se propager à vitesse infinie. Il faut donc admettre qu'il doit exister une certaine vitesse, très grande, qui soit la borne supérieure de toute vitesse de propagation de matière, d'énergie ou d'information. Cette borne supérieure des vitesses doit être une constante universelle, invariante par changement de référentiel (pour qu'un simple changement de référentiel ne suffise pas à la dépasser).

La valeur élevée de la vitesse dc propagation de la lumière dans le vide (c = 300 000 km à la seconde), son invariance par changement de référentiel, ont conduit à interpréter c comme la constante universelle, borne supérieure de toute vitesse de propagation dans tout l'univers. La contradiction entre l'existence d'une vitesse invariante et la loi galiléenne de la composition des vitesses a conduit Einstein à modifier la partie peut-être la plus fondamentale de la mécanique, la *cinématique* (qu'il appelle "la doctrine de l'espace et du temps") et à élaborer *la théorie de la relativité restreinte.* Dans cette cinématique *relativiste* , le temps devient la quatrième dimension de *l'espace-temps de Minkowski.* La loi d'invariance qui exprime le principe de relativité ("les lois de la physique s'expriment de la même façon dans deux référentiels en mouvement relatif rectiligne uniforme") est l'invariance par les transformations de Lorentz qui ne traitent plus le temps et la métrique spatiale comme des invariants, mais qui laissent invariante la vitesse de la lumière. Cette nouvelle cinématique permet l'extension de la mécanique rationnelle aux *champs*, qui sont des systèmes dynamiques définis en chaque point de l'espace-temps, dépendant donc d'un nombre infini de degrés de liberté. Avec la théorie relativiste des champs ainsi construite, les équations de Maxwell qui régissent l'interaction électromagnétique sont complètement intégrées à la mécanique rationnelle. La théorie de la relativité générale est une extension de la relativité à des changements quelconques de référentiels. Elle a débouché sur une théorie nouvelle de la gravitation universelle qui a été évoquée dans les exposés précédents.

L'équivalence relativiste masse-énergie est exprimée par la célèbre équation d'Einstein $E_0=mc^2$: même au repos une particule de masse m contient une énergie potentielle E_0 égale au produit de la masse par le carré de la vitesse de la lumière. Cette relation a des conséquences très importantes pour la physique des processus élémentaires : les énergies mises en jeu dans ces processus sont telles que les effets relativistes ne peuvent pas être négligés ; la plupart des particules en interaction se propagent à des vitesses très proches de celle de la lumière. Dans une réaction entre particules élémentaires, de l'énergie cinétique peut se transformer en énergie de masse et vice versa : le nombre total de particules n'est donc pas conservé.

Théorie des quanta

Dans le monde microscopique, pour qu'il y ait une interaction, il faut que s'échange une certaine énergie ΔE pendant un certain temps ΔT. Le produit $\Delta E \Delta T$ ne peut être rendu arbitrairement petit ; il est toujours supérieur au *quantum d'action*, égal à h, la constante de Planck divisée par 2π. Telle est la limitation fondamentale, connue comme l'une des inégalités de Heisenberg :

$$\Delta E \Delta T \geq \mathrm{h} \qquad (1)$$

dont la prise en compte est à l'origine de la théorie des quanta. Le quantum d'action est une quantité microscopique (environ 10^{-34} Joule seconde) mais il représente le grain de sable qui a enrayé toute la machinerie de la physique classique qui triomphait à la fin du XIXème siècle. L'édifice conceptuel de la théorie des quanta est monumental, et il ne peut pas être question de le passer ici complètement en revue. Il convient toutefois de souligner trois implications de l'inégalité (1) qui ont leur importance pour la suite de l'exposé :

i) l'inégalité (1) marque l'irruption du discontinu là où on ne l'attendait pas, *dans les interactions*. Alors que le discontinu était accepté dans la matière, puisque c'est essentiellement le fondement de l'hypothèse atomique, on pensait que les interactions relevaient complètement du continu. C'est effectivement la pensée du continu qui constitue le fondement de la théorie de la gravitation universelle de Newton, et la théorie de l'électromagnétisme de Maxwell est une théorie ondulatoire, et quoi de plus continu qu'une onde ou un champ ? Ni la relativité restreinte ni la relativité générale n'y changent rien : en physique classique, les interactions relèvent entièrement du continu. Or le quantum d'action est fondamentalement un *quantum d'interaction* : il n'y a interaction que si est mise en jeu une action au moins égale au quantum d'action. Il faut donc admettre l'idée que, de même qu'il y a des particules élémentaires de matière, les *fermions*, il doit y avoir des *particules élémentaires d'interaction*. Et de fait il est avéré que les interactions fondamentales sont bien portées, véhiculées, transmises, par d'authentiques particules élémentaires, *les bosons*. Le photon est le boson de l'interaction électromagnétique, les bosons vecteurs W^+, W^- et Z^0 sont les bosons de l'interaction faible et les gluons les bosons de la chromodynamique quantique (l'interaction forte au niveau des quarks). Le graviton, l'hypothétique boson de l'interaction gravitationnelle, n'a pu encore être mis en évidence à cause de la faiblesse de cette interaction au niveau élémentaire. La dualité des représentations ondulatoire et corpusculaire pour les interactions fondamentales au niveau élémentaire est l'un des aspects les plus importants (et encore à l'heure actuelle les plus troublants) de la théorie des quanta.

ii) Comme le quantum d'action est indivisible, les processus mettant en jeu une action égale au quantum d'action sont des processus élémentaires, qu'il n'est pas possible de décrire à l'aide d'équations différentielles. La seule prédictibilité possible concernant ces processus est *probabiliste*. L'absorption ou l'émission d'un photon par un atome qui change de niveau d'énergie, la désintégration spontanée d'un noyau radioactif ou d'une particule instable, une réaction particulaire provoquée dans une expérience auprès d'un accélérateur, sont des processus que nous devons renoncer à décrire individuellement de manière déterministe ; il nous faut les intégrer à une description probabiliste. Tous les concepts quantiques, même quand ils sont censés décrire un système dépendant d'un petit nombre de degrés de liberté, ont donc un contenu probabiliste inaliénable. Il s'agit là d'une nouveauté radicale qui, bien évidemment n'est pas sans rapport avec la question de la flèche du temps, mais qui, près de cent ans après la naissance de la physique quantique, continue à susciter interrogations et incompréhensions.

iii) Au plan de la théorie de la connaissance, en ce qu'elle a de plus général, la limitation quantique pose un problème d'une redoutable difficulté. Les inégalités de Heisenberg généralisent l'inégalité (1) à d'autres couples de variables dont le produit a le contenu dimensionnel d'une action comme une coordonnée spatiale et la composante correspondante de l'impulsion, ou quantité de mouvement, le moment cinétique et l'orientation angulaire :

$$\Delta \mathbf{x} \Delta \mathbf{p} \geq \mathrm{h} \qquad (2)$$

$$\Delta J \Delta \alpha \geq \mathrm{h}. \qquad (3)$$

Ces inégalités signifient que certaines paires de variables ne peuvent être mesurées simultanément avec des précisions arbitraires : la précision sur la mesure de l'une se paie par l'imprécision sur la mesure de l'autre. Cette corrélation implique de devoir renoncer au présupposé implicite de la physique classique selon lequel il est, au moins en principe, possible de faire abstraction des conditions de l'observation : en effet, si par exemple les conditions de l'observation sont adaptées à la mesure de la position elle ne le sont pas à celle de l'impulsion, et donc, aussi bien dans la préparation de l'expérience que dans son compte-rendu, on ne peut plus faire abstraction des conditions de l'observation. Pour tenir compte de cette contrainte il a été nécessaire de modifier de fond en comble le formalisme de la physique. C'est Niels Bohr qui a le mieux caractérisé cette modification : les concepts de la nouvelle théorie, dit-il, ne sont plus censés décrire une "réalité en soi", ils décrivent ce qu'il appelle des *phénomènes*, c'est-à-dire des aspects, des moments de la réalité placée dans des conditions d'observation aussi bien déterminées que possible. La description de la réalité microphysique par la mécanique quantique commence toujours par celle d'une réalité *en situation*. Entendons nous bien : attribuer aux concepts de la nouvelle théorie ce nouveau statut, d'être relatifs à des phénomènes, ne revient pas à nier l'existence d'une réalité objective en dehors des seuls phénomènes. La théorie ne renonce aucunement à l'hypothèse de l'existence objective d'une réalité indépendante de l'observation. En reconnaissant que ses concepts comportent une référence inévitable aux conditions subjectives de l'observation, la théorie quantique se ménage la possibilité d'une approche progressive de l'idéal d'objectivité qui est au fondement de toutes les sciences de la nature. Quoi qu'il en soit, cette articulation du subjectif et de l'objectif qui est au cœur de toute la théorie quantique est d'une très grande importance pour le problème de la flèche du temps qui nous préoccupe aujourd'hui, tant il est vrai que l'élucidation de ces rapports objectif-subjectif est un véritable préalable à toute pensée du temps.

Espace-temps et matière-espace-temps

La relativité et les quanta, les deux grandes théories du XXème siècle, fournissent le cadre dans lequel s'inscrit l'ensemble de la physique contemporaine sans qu'il soit contredit par aucune donnée expérimentale. Ce cadre comporte des innovations radicales concernant la pensée des relations entre les trois grandes catégories de la physique, la matière, l'espace et le temps. Il est apparu, dans les exposés précédents, que la relativité restreinte fait du temps la quatrième dimension de l'espace-temps et que la relativité générale peut être interprétée comme une théorie géométrique de la gravitation, dans laquelle la matière influe sur la métrique de l'espace-temps et réagit aux variations de cette métrique. C'est une véritable *matière-espace-temps* qui est l'arène de la relativité générale. Une thèse que nous soutiendrons dans le présent exposé est que la théorie quantique des champs, résultant du mariage de la relativité restreinte et de la mécanique quantique implique aussi l'existence d'une matière-espace-temps, arène, comportant une flèche du temps, des processus élémentaires.

THÉORIE QUANTIQUE DES CHAMPS : RELATIVITÉ, LOCALITÉ ET CAUSALITÉ QUANTIQUES

La seconde quantification

Il est possible d'emprunter deux voies pour parvenir à la théorie quantique des champs. La première voie consiste à partir d'une théorie classique relativiste des champs (comme la théorie relativiste de l'interaction électromagnétique) et à la quantifier ; la seconde consiste à partir de la mécanique quantique non relativiste, gouvernée par l'équation de Schrödinger, et à la rendre relativiste. Cette deuxième voie est celle de la *seconde quantification*, que nous allons maintenant discuter brièvement.

La "première quantification" de la mécanique non relativiste de la particule ponctuelle consiste à remplacer la position $\boldsymbol{x}$ de la particule et son impulsion $\boldsymbol{p}$ par des *opérateurs* agissant sur un *espace de Hilbert.* Les règles de *commutation* de ces opérateurs sont établies par analogie avec la formulation de la mécanique rationnelle à l'aide des *crochets de Poisson*. Les éléments ou vecteurs de l'espace de Hilbert décrivent les configurations possibles ou *états* du système à une particule. La représentation dans l'espace des coordonnées d'un tel état est ce que l'on appelle une *fonction d'onde*. Cette fonction d'onde est une *amplitude de probabilité*, c'est-à-dire une fonction complexe de la position $\boldsymbol{x}$ et du temps t , $\psi(\boldsymbol{x},t)$, dont le carré du module est la probabilité de trouver la particule au point $\boldsymbol{x}$, à l'instant t. La fonction d'onde est solution de l'*équation de Schrödinger*, qui est une équation aux dérivées partielles.

Le processus de seconde quantification consiste à traiter $\psi(\boldsymbol{x},t)$, l'état du système une première fois quantifié, non plus comme une fonction mais comme un opérateur relatif au système qui est alors quantifié une "seconde fois". $\boldsymbol{x}$ et $\boldsymbol{p}$ ne sont plus traités comme des opérateurs mais comme des indices continus du nouvel opérateur.

Pourquoi cette théorie de seconde quantification peut-elle être qualifiée de théorie quantique des champs ? Parce que l'on peut considérer la fonction d'onde de la théorie de première quantification, qui n'est rien d'autre qu'une fonction ordinaire définie sur tout l'espace-temps, comme un champ classique, qui, au travers du processus de seconde quantification est devenu un *champ quantique,* solution d'une équation de champ opératorielle. L'intérêt essentiel de la seconde quantification est que cette équation de champ garde la même forme quand on passe d'un système à une particule à un système à deux, trois ou un nombre quelconque de particules. Comme nous le verrons plus bas, cette propriété est très utile quand on veut rendre relativiste la théorie, puisqu'en relativité, le nombre de particules n'est pas conservé. Dans la théorie quantique relativiste des champs, les opérateurs décrivant des champs quantiques sont des opérateurs de *création* ou d'*annihilation* de particules. L'espace de Hilbert sur lequel agissent ces opérateurs est ce que l'on appelle un espace de *Fock*, c'est-à-dire un empilement infini d'espaces de Hilbert, communiquant par l'intermédiaire des opérateurs champs et comportant le *vide*, espace à zéro particule, l'espace à une particule, l'espace à deux particules, etc...

La théorie quantique des champs permet de réconcilier les deux grandes approches de la physique classique, qui semblaient totalement incompatibles, celle du *point matériel* et celle du *champ*. Comme le montre la figure 2, le concept de champ quantique réconcilie les concepts classiques de particules de matière et de champs d'interaction et introduit les concepts nouveaux de *champs de matière* et de *particules d'interaction.*

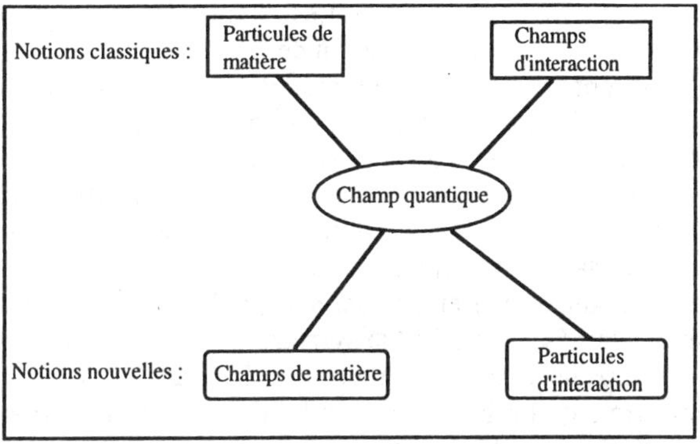

Figure 2

Causalité et localité

La théorie de la relativité, avons nous dit, résulte de la prise en compte de la contrainte d'absence d'interaction à distance. En théorie quantique des champs, cette contrainte va entrer en conflit avec une propriété directement liée à la flèche du temps, la *causalité*. Cette propriété signifie tout simplement que la cause doit précéder l'effet : le temps qui s'écoule d'une cause à son effet comporte nécessairement une flèche. Le principe de causalité sera sans doute l'un des derniers auxquels les sciences renonceront un jour.

En mécanique quantique non relativiste, la causalité est inscrite dans l'équation de Schrödinger qui fait jouer au *hamiltonien*, l'opérateur que la première quantification associe à l'énergie totale du système, le rôle de générateur infinitésimal des translations dans le temps. Le temps est traité, en mécanique quantique non relativiste, non pas comme un opérateur mais comme un paramètre continu ; la description des interactions y est *locale* dans le temps. Rien par contre ne nous impose de traiter de la même façon l'espace : la projection sur un axe de coordonnée de la position spatiale n'est pas une variable continue mais plutôt un opérateur[1]. Les interactions n'ont pas à être locales dans l'espace : comme on ne se préoccupe pas du temps pris par la propagation des interactions, on peut avoir des interactions *locales* dans le temps et *non locales* dans l'espace, c'est-à-dire des actions instantanées à distance.

On comprend alors en quoi la seconde quantification répond à l'objectif de rendre relativiste la mécanique quantique : en traitant la position spatio-temporelle $x=(\mathbf{x}, t)$ comme un ensemble de quatre variables continues, indices continus des opérateurs champs, on rétablit la symétrie de traitement de l'espace et du temps nécessaire à la théorie de la relativité. Mais on voit alors surgir un problème inattendu: des champs quantiques ne peuvent être couplés les uns aux autres qu'en des *points* d'espace-temps ; en théorie quantique des champs les seules interactions possibles sont des *interactions de contact spatio-temporel.* Un retour à Descartes en somme ! Pour comprendre les implications considérables de la localité spatio-temporelle, il nous faut revenir aux inégalités de Heisenberg : d'après les inégalités (1) et (2), on voit qu'il est impossible de faire tendre Δt et $\Delta \mathbf{x}$ vers zéro (si l'on veut limiter la région d'interaction à un point d'espace-temps), sans faire tendre ΔE et $\Delta \mathbf{p}$ vers l'infini. Les inégalités de Heisenberg prennent alors une signification nouvelle, qui était déjà celle de la première inégalité en première quantification : dans une petite région spatio-temporelle définie par Δt et $\Delta \mathbf{x}$, les lois de conservation de l'énergie et de l'impulsion peuvent être violées, avec des erreurs ΔE et $\Delta \mathbf{p}$ reliées

---

[1] Cette circonstance est à l'origine d'une importante différence de signification entre les deux inégalités de Heisenberg (1) et (2) : l'inégalité (1) relie l'énergie, associée à un opérateur et le temps traité comme une variable continue, alors que l'inégalité (2) relie la position et l'impulsion, toutes les deux associées à des opérateurs. L'inégalité (2) traduit les relations de commutation des opérateurs associés à des observables. La signification de l'inégalité (1) nous apparaîtra un peu plus bas.

à Δt et Δx par les inégalités (1) et (2). De même, le nombre de particules n'est pas conservé. Les processus pour lesquels ces lois de conservation seraient violées mettraient en jeu une action inférieure au quantum d'action et ils ne peuvent donc être réels ; on les qualifie de *virtuels*. Comme le point d'espace-temps est nécessairement une idéalisation, impossible à réaliser pratiquement, il nous faut l'approcher avec une certaine résolution, et envisager d'un point de vue théorique, l'ensemble des processus virtuels qui peuvent intervenir dans la limite de la résolution spatio-temporelle. Plus cette résolution est élevée (plus est petite la région d'espace-temps explorée) plus grandes peuvent être les violations des lois de conservation de l'énergie-impulsion, plus virtuels sont les processus qu'il faut prendre en considération. D'un point de vue expérimental on peut explorer les très courtes distances spatio-temporelles par exemple en provoquant des collisions entre particules à très haute énergie. A l'aide de ces réactions particulaires on peut étudier, de manière statistique, l'actualisation de certains de ces processus virtuels. Tel est le programme de la physique des particules : la théorie quantique des champs fournit les probabilités des processus élémentaires que l'on provoque expérimentalement dans les réactions particulaires à haute énergie. Vaste programme dont on devine les énormes difficultés : la causalité implique la localité mais la localité fait surgir le problème d'une *singularité ponctuelle*, assez analogue à celle du big bang en cosmologie.

Causalité et antiparticules

Avant de discuter les méthodes qui permettent d'affronter ces difficultés, nous devons examiner d'autres implications de la causalité qui nécessitent des adaptations du cadre général de la théorie quantique des champs. (Pour cette partie nous nous sommes largement inspirés du livre de B. Hatfield, "Quantum Field Theory of Point Particles and Strings").

Les contraintes de la causalité s'expriment au moyen des règles de commutation des opérateurs champs. Un opérateur de création $\phi^*(x)$ d'une particule au point d'espace-temps x et l'opérateur d'annihilation de cette même particule $\phi(y)$ au point d'espace-temps y doivent commuter pour une séparation de x et y du genre espace et ne pas commuter pour une séparation du genre temps : ces règles empêchent une particule de se propager sur une ligne du genre espace (ce qui voudrait dire que la particule se propagerait plus vite que la lumière) et, pour la propagation sur une ligne du genre temps, que la création de la particule a précédé son annihilation. Ces règles ne peuvent pas être satisfaites si la décomposition en onde planes (analyse de Fourrier) des opérateurs champs ne comporte pas de *modes de fréquence négative.* Mais fréquence négative signifie, en mécanique quantique, énergie négative. Que faire alors de ces états d'énergie négative ? Si on considère une onde plane d'énergie négative, on remarque que par renversement du sens du temps ($t \rightarrow -t$), les états d'énergie négative se mettent à ressembler à des états d'énergie positive. On résout donc le problème des états d'énergie négative en supposant que ces états ne se propagent *qu'en remontant le temps,* et en ré interprétant une particule d'énergie négative qui remonte le temps comme *une antiparticule d'énergie positive qui le descend.* Particule et antiparticule doivent avoir la même masse, des charges opposées et de manière générale, tous les nombres quantiques opposés. Ainsi, pour que le formalisme de la théorie quantique des champs soit compatible avec la relativité et la causalité, il a fallu inventer un concept nouveau, celui d'antiparticule. De fait il apparaît bien que toute particule connue a un partenaire de même masse et de nombres quantiques opposés que l'on peut assimiler à son antiparticule. C'est déjà un succès considérable à mettre à l'actif de cette théorie.

Le concept d'antiparticule avait été inventé par Dirac lorsqu'il avait essayé de rendre relativiste la mécanique quantique de l'électron. Il avait aussi buté sur le problème des états d'énergie négative. La solution qu'il proposait consistait à redéfinir le vide, non plus comme espace à zéro particule, mais comme la configuration d'énergie minimale. Cette configuration est celle dans laquelle tous les états possibles d'énergie négative sont occupés chacun par un électron. En fait, l'énergie du vide n'est pas nulle, elle vaut plutôt - ∞. Mais le principe d'exclusion de Pauli auquel obéissent les électrons interdit d'ajouter à un tel vide aucun électron d'énergie négative, puisque tous les états possibles sont déjà occupés. Il devient alors possible de considérer le vide comme un espace à zéro particule et d'énergie nulle. Tout se passe donc comme si les états d'énergie négative n'existaient pas : ils ne sont que *virtuels*. Supposons alors qu'il manque au vide un électron d'énergie négative ; ce "trou" d'énergie négative représente un antiélectron ou *positon* d'énergie positive. Si un électron "tombe dans un trou", on dira qu'il y a eu annihilation d'une paire électron-positon. Si une certaine interaction ponctuelle éjecte du vide un des électrons d'énergie négative, en lui donnant une énergie positive et en laissant un "trou" à sa place, on dira qu'il y a eu création d'une paire électron-positon.

Le concept d'antiparticule permet de comprendre pourquoi lors des processus virtuels le nombre de particules n'est pas conservé. Considérons la propagation d'une particule depuis un point d'espace-temps *a* jusqu'à un point d'espace-temps *b* (voir la figure 3). Supposons que lors de sa propagation, la particule subisse des interactions avec un champ extérieur aux points d'espace-temps x et y.

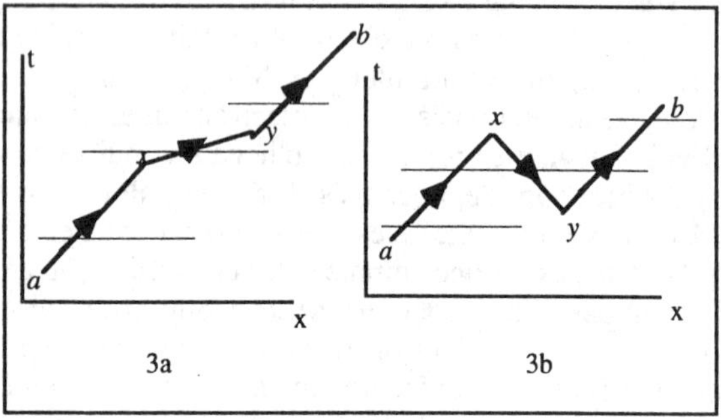

Figure 3

Les lignes horizontales figurent des "coupes à temps constant" qui permettent de déterminer le nombre de particules en propagation. Sur la figure 3a, à chaque instant, une seule particule se propage ; les interactions en *x* et *y* ne font que modifier la trajectoire de la particule. L'événement *x* a précédé l'événement *y*. Dans la figure 3b, on a d'abord une particule puis trois (deux particules et une antiparticule) puis une seule à nouveau. L'événement *y* (création d'une antiparticule se propageant de *y* à *x et* d'une particule se propageant de *y* à *b*) a précédé l'événement *x* (annihilation de la particule venant de *a* et de l'antiparticule venant de *y*). On voit donc que lors des interactions ponctuelles des particules et antiparticules peuvent être créées ou annihilées par paires[1].

Les symétries discrètes et leurs violations

On appelle *conjugaison de charge*, notée *C* l'opération qui consiste à transformer une particule en son antiparticule. A cette opération est associé un opérateur qui agit dans l'espace de Hilbert des états. De même *T* est l'opération (ou l'opérateur associé) de *renversement du sens du temps*. Pour être complète, la résolution du problème des états d'énergie négative, nécessite une troisième opération (ou opérateur), la *parité* d'espace, notée

---

[1] En réalité des particules qui, comme le photon, coïncident avec leur propre antiparticule peuvent être créées ou annihilées autrement que par paires.

P qui consiste à changer de signe les coordonnées spatiales. *C*, *P* et *T* sont ce que l'on appelle des *symétries discrètes*, parce qu'il s'agit d'opérations de symétries dont le carré vaut 1 (répéter l'opération ramène à l'état initial). En théorie quantique des champs, le *théorème CPT* stipule que toutes les interactions[1] sont invariantes par l'opération *CPT* qui consiste à remplacer chaque particule par son antiparticule, à changer de signe toues les coordonnées d'espace et à changer le sens du temps. Il s'agit d'une *prédiction* que la théorie quantique des champs est conduite à faire si elle veut prétendre à rendre compte de la relativité restreinte, de la mécanique quantique et de la causalité dans les processus élémentaires. Jusqu'à présent, ce théorème n'a subi aucune contradiction expérimentale. Encore un incontestable succès de la théorie quantique des champs.

A propos du problème de la flèche du temps qui nous préoccupe ici, le théorème *CPT* a deux implications particulièrement importantes.

i) La symétrie *CPT* correspond bien à l'idée que l'on se fait de la *réversibilité* microscopique, puisqu'il s'agit, pour chaque processus élémentaire de renverser le sens du déroulement temporel, (à condition de remplacer les particules par leurs antiparticules et de changer de signes toutes les coordonnées spatiales). Il est alors intéressant de remarquer que c'est pour prendre en compte la *flèche causale du temps* que la théorie quantique des champs est amenée à prédire la propriété de *micro réversibilité*. La découverte d'une éventuelle violation de la symétrie *CPT* ne signifierait pas que l'on aurait découvert une nouvelle flèche élémentaire du temps ou une violation du principe de causalité. Elle révélerait l'existence d'un défaut, jusque là ignoré, dans la théorie quantique des champs, un défaut l'empêchant de rendre compte correctement de la causalité.

ii) Le théorème *CPT* ne dit rien sur l'invariance par cha-

---

[1] En toute rigueur, la question de savoir si le théorème *CPT* s'applique à la gravitation quantique est encore ouverte car on ne sait pas si la théorie quantique des champs locale est valide dans ce domaine.

cune des opérations prise séparément : ce théorème autorise des violations de *P, C,* ou T dans telle ou telle interaction, dès lors que le produit *CPT* n'est pas violé. Alors que les interactions électromagnétique et nucléaire forte semblent invariantes par chacune des trois symétries discrètes, l'interaction nucléaire faible se montre complètement récalcitrante à l'égard de ces symétries. Lee et Yang avaient émis l'hypothèse que cette interaction n'est pas invariante par parité d'espace, et Mme Wu a observé expérimentalement cette violation de symétrie discrète. L'interaction faible viole aussi la conjugaison de charge. Dans la théorie moderne de l'interaction faible, la violation de la parité et celle de la conjugaison de charge s'interprètent comme une sensibilité de l'interaction à la *chiralité* des leptons, des quarks et de leurs antiparticules : seuls les leptons et quarks *gauches* ou *lévogyres* et les antileptons et antiquarks *droits* ou *dextrogyres* participent à l'interaction faible. Jusqu'cn 1964 on croyait, faute d'indication expérimentale contraire, que l'interaction faible était invariante par le produit *CP* et donc, d'après le théorème *CPT* aussi par *T*. Mais l'expérience de Christensen, Cronin, Fitch et Turlay a révélé une violation (certes très ténue mais incontestable) de la symétrie *CP* dans la désintégration par interaction faible de certaines particules (les "mésons K neutres"). Jusqu'à présent cet effet n'est pas compris et il n'a été observé dans aucune autre situation. Comme la violation de *CP* implique, si l'on admet le théorème *CPT*, la violation de *T*, cette brisure de symétrie discrète est peut-être l'indice d'une flèche microscopique du temps. De plus, dans le cadre des théories de grande unification, et avec le rapprochement de la physique des particules et de la cosmologie, il a été envisagé, en suivant une idée proposée par A. Sakharov, que la brisure de la symétrie *CP* fût à l'origine du léger déséquilibre matière-antimatière dans l'univers primordial, nécessaire à la dominance, dans l'univers actuel, de la matière sur l'antimatière. L'étude expérimentale des phénomènes de brisure de symétrie *CP* déjà observés et la recherche d'autres phénomènes de même nature relèvent donc d'enjeux fondamentaux que nous nous contentons d'évoquer ici car ils sont discutés plus en détail dans la contribution de M. Jacob dans le présent ouvrage.

La connexion spin-statistique

Pour terminer cette revue des implications de la causalité sur le cadre général de la théorie quantique des champs, nous mentionnons l'important théorème de la *connexion spin-statistique*. Selon ce théorème, dont les seules hypothèses sont la relativité, la mécanique quantique et la causalité, les fermions, les particules de matière qui obéissent au principe d'exclusion de Pauli, sont des particules de *spin demi-entier*, alors que les bosons, les particules d'interaction qui peuvent se trouver à plusieurs dans le même état quantique, sont des particules de *spin entier ou nul.* Comme le spin d'une particule est son *moment cinétique intrinsèque* (une notion purement quantique, puisque, classiquement on ne voit pas comment le moment cinétique intrinsèque d'une particule ponctuelle peut ne pas être identiquement nul), la conservation du moment cinétique interdit aux particules de matière (des fermions de spin demi-entier) d'être produites ou annihilées autrement qu'associées à leurs antiparticules (qui sont aussi des fermions de spin demi-entier), alors que les bosons peuvent être produits ou annihilés en nombre arbitraire.

L'INTÉGRALE DE CHEMINS ET LA RENORMALISATION

L'irréversibilité quantique

Jusqu'à présent nous avons vu comment, indépendamment de toute interaction particulière, la prise en compte de la flèche causale du temps implique l'introduction de nouveaux concepts et de nouvelles symétries dans le formalisme de la théorie quantique des champs. La description phénoménologique des processus élémentaires relevant des interactions fondamentales, va exiger de cette théorie la prise en compte d'une autre flèche du temps que nous pouvons appeler la *flèche informationnelle.*

Avec les concepts quantiques, le concept d'*information* partage la propriété que nous avons évoquée au début, de mêler de manière inséparable le subjectif et l'objectif. Du point de vue objectif, l'information reflète la réalité, en tant qu'existant objectivement, indépendamment de toute connaissance spécifique que l'on peut en avoir. Du point de vue subjectif, l'information est la matière de toute connaissance. Toute pratique scientifique produit, traite, gère, transforme des flux informationnels. Si d'un point de vue objectif, il n'y a aucune hiérarchie de valeurs entre les diverses informations, la connaissance subjective ne peut pas ne pas hiérarchiser les informations : il n'y a pas de "signal" sans un minimum de "bruit de fond" ; il n'y a pas d'interprétation des données expérimentales sans sélection ni réduction de ces données. Par cette hiérarchisation, *toute mesure est source d'irréversibilité.*

Cette irréversibilité introduite par la mesure est inscrite dans les fondements de la théorie quantique, qu'elle soit relativiste ou pas. Cette question a été longuement discutée par Landau et Lifshitz dans "Mécanique Quantique" (paragraphes 7 et 44). Ils localisent la prise en compte de cette irréversibilité dans la dualité du rôle de la mécanique classique vis-à-vis de la mécanique quantique : la mécanique classique n'est pas seulement la limite de la mécanique quantique lorsque le quantum d'action peut être négligé, elle se révèle aussi nécessaire au fondement même de la mécanique quantique, au travers de la prise en compte des conditions de l'observation. Cette prise en compte s'effectue au sein d'une théorie de la *mesure* conçue comme l'interaction d'un appareil obéissant à la mécanique classique et d'un système régi par la mécanique quantique. Or le temps de cette interaction comporte une flèche :

- du point de vue du passé, la mesure vérifie les probabilités des divers résultats possibles compte tenu de l'état créé par la mesure précédente,
- vis-à-vis de l'avenir, elle crée un nouvel état.

C'est d'ailleurs à propos de cette dissymétrie, que ces auteurs ont montré la différence de significations des deux inégalités de Heisenberg (1) et (2) en mécanique quantique non relativiste. L'inégalité (2) qui relie position et impulsion, signifie que ces deux observables ne peuvent être mesurées simultanément avec des précisons arbitrairement grandes, le produit des opérateurs qui représentent ces observables est non commutatif. L'inégalité temps-énergie n'a pas la même signification : elle signifie que si l'on veut vérifier expérimentalement la loi de conservation de l'énergie en faisant une première mesure, puis en répétant la mesure après un temps Δt, on trouvera lors de la seconde mesure des écarts par rapport à la loi de conservation, d'une valeur ΔE reliée à Δt par l'inégalité (1). Dans le cadre de la théorie quantique relativiste des champs, l'inégalité (2) acquiert elle aussi une signification analogue concernant la loi de conservation de l'impulsion.

L'intégrale de chemins, la mise en œuvre concrète de la théorie quantique des champs

Avec cette préoccupation concernant l'irréversibilité présente à l'esprit, nous pouvons aborder maintenant le programme de la théorie quantique des champs appliquée à l'étude des processus élémentaires. Ce programme que nous ne pouvons que résumer d'une manière extrêmement schématique est connu sous le nom de *méthode de l'intégrale de chemins de Feynman.*

Dans une première étape, avant seconde quantification, il s'agit, pour chaque interaction fondamentale, de déterminer

- quels sont les champs de matière participant à cette interaction (masses et nombres quantiques des particules associées à ces champs),
- quels sont les champs d'interaction qui la véhiculent, (masses et nombres quantiques des particules associées à ces champs),
- quels sont les caractéristiques des interactions élémen-

taires entre ces champs de matière et champs d'interaction (constantes de couplages, lois de conservations).

Toutes les informations concernant cette première étape sont consignées (on pourrait dire "encodées") dans le *lagrangien* de l'interaction fondamentale concernée. Le lagrangien est une fonctionnelle des champs de matière et d'interaction qui exprime toutes les symétries et lois de conservations supposées pour l'interaction considérée. Avant la seconde quantification, tous les champs intervenant dans le lagrangien sont des champs classiques, et le principe classique de moindre action permet de dériver à partir du lagrangien, les équations classiques du mouvement de ces champs.

La deuxième étape est celle de la seconde quantification dont l'intégrale de chemins de Feynman est une méthode particulière (il en existe d'autres que nous n'aborderons pas ici). Très sommairement décrite, cette méthode consiste, pour chaque processus élémentaire relevant de l'interaction fondamentale considérée, à déterminer l'ensemble des voies *quantiquement indiscernables*[1] que peut emprunter le processus considéré, et à déterminer l'amplitude de probabilité correspondant à chacune de ces voies. L'amplitude de probabilité totale du processus élémentaire considéré est alors l'intégrale fonctionnelle de toutes ces amplitudes de voies indiscernables. Le carré du module de cette amplitude totale est la probabilité du processus mesurable par des expériences répétables.

Une remarque s'impose ici à propos de la flèche du temps. Si un processus élémentaire est actualisé dans une expérience répétable, cela ne signifie pas qu'il emprunte *réellement* toutes les voies quantiquement indiscernables possibles : c'est *virtuellement* qu'il peut les emprunter. La micro réversibilité du théorème *CPT* évoquée plus haut concerne ces voies que le processus peut emprunter virtuellement ; mais l'actuali-

---

[1] Pour un processus élémentaire, deux voies sont dites quantiquement indiscernables si, pour les distinguer, il faut réaliser une expérience mettant en jeu au moins un quantum d'action.

sation mesurée lors d'une interaction avec un appareil régi par la mécanique classique est nécessairement irréversible : la virtualité est réversible, l'actualisation est irréversible.

Même sommairement décrit, le programme de l'intégrale de chemins semblera, à juste titre, d'une extraordinaire difficulté : les voies indiscernables forment une infinité continue, et les intégrales fonctionnelles ne sont jamais que des intégrales à une infinité continue de variables ! Bien que dans quelques cas, malheureusement trop rares, il soit possible d'effectuer analytiquement ces intégrales fonctionnelles, ou tout au moins de déduire à partir de raisonnements généraux certaines propriétés des amplitudes qui s'expriment à partir d'elles, il est en général nécessaire d'avoir recours à des méthodes d'approximation pour évaluer les amplitudes de probabilité des processus élémentaires.

La troisième étape est donc celle de la mise en œuvre d'une telle méthode d'approximation, *la méthode des perturbations*. Le langage dans lequel s'exprime cette méthode est celui des *diagrammes de Feynman.* Un diagramme de Feynman est une représentation diagrammatique de l'amplitude de probabilité associée à une voie indiscernable que peut emprunter virtuellement un processus élémentaire. Les éléments constitutifs des diagrammes de Feynman sont les *propagateurs* symbolisant la propagation des particules et des *vertex* symbolisant les interactions élémentaires. Le programme de l'intégrale de chemins conduit donc, pour chaque processus relevant d'une interaction fondamentale dont le lagrangien contient les règles de Feynman élémentaires (définitions de tous les propagateurs et vertex possibles), à dessiner tous les diagrammes de Feynman possibles[1], à calculer l'amplitude de probabilité associée à chaque diagramme et à sommer toutes ces amplitudes pour obtenir l'amplitude totale. Les règles de Feynman (voir la figure 4),

[1] Comme l'ensemble des diagrammes de Feynman possibles est infini, il ne peut être question de les dessiner tous. Il s'agit en fait de les caractériser topologiquement.

permettent de calculer l'amplitude de probabilité représentée par chaque diagramme. L'une de ces règles indique que l'amplitude de probabilité représentée par un diagramme comportant *n* vertex d'interactions élémentaires, est proportionnelle à la constante de couplage élevée à la puissance *n*. Supposons alors que la constante de couplage de l'interaction considérée soit petite. Il est clair que plus un diagramme est compliqué, plus il comporte de vertex d'interactions, plus la puissance de la constante de couplage en facteur de l'amplitude de probabilité est élevée, plus est négligeable sa contribution à l'amplitude totale. Telle est la signification de la méthode des perturbations : à l'aide des contributions des quelques diagrammes les plus simples, il est possible, pour peu que la constante de couplage soit petite, d'obtenir une bonne approximation des amplitudes de probabilité des processus élémentaires.

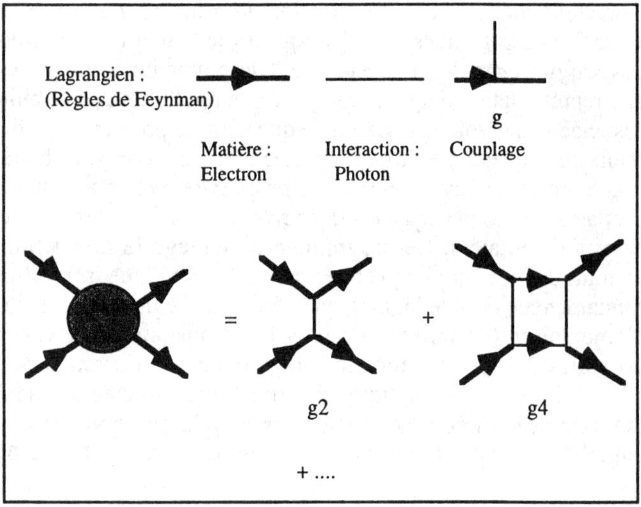

Figure 4

Une remarque s'impose d'emblée à propos de cette méthode : on ne comprend pas bien ce qu'elle peut signifier si la constante de couplage n'est pas un nombre sans dimension. Si en effet la constante de couplage est dimensionnée, on peut changer sa valeur par changement d'unités, et alors quelle fiabilité accorder à des calculs qui ne sont valables que pour certains choix d'unités ? Au moment où a été mise au point la méthode des perturbations, seule l'interaction électromagnétique semblait satisfaire les conditions permettant son application. La constante de couplage de l'interaction électromagnétique est le carré de la charge électrique de l'électron, qui a le contenu dimensionnel du produit d'une action par une vitesse. Comme en physique quantique et relativiste, le quantum d'action et la vitesse de la lumière sont des constantes universelles que l'on peut poser à 1, on peut considérer la constante de couplage de l'interaction électromagnétique comme un nombre sans dimension. De plus, il se trouve que cette constante est petite, elle vaut 1/137.

Comment se présente la situation des autres interactions fondamentales du point de vue de l'application de la méthode des perturbations ? Comme son nom l'indique, l'interaction forte a une grande constante de couplage, et elle semble donc peu disposée à se laisser traiter par la méthode des perturbations. L'interaction faible a bien une petite constante de couplage, mais ce n'est pas un nombre sans dimension.

La méthode de la renormalisation

En tout état de cause la méthode des perturbations s'est immédiatement trouvée confrontée à des difficultés qui ont paru rédhibitoires. En effet le calcul de la plupart des diagrammes de Feynman fait intervenir des intégrales qui ont le mauvais goût de diverger, c'est-à-dire de valoir l'infini. Rappelons que pour rendre compte de la causalité, la théorie quantique des champs a recours à la localité des interactions élémentaires. Mais cette localité est peu compatible avec la théorie quantique : quand Δx et

Δt tendent vers zéro, Δp et ΔE tendent vers l'infini. Quantiquement, les processus les plus invraisemblables peuvent intervenir virtuellement à l'intérieur d'un point d'espace-temps : l'information y diverge. Telle est la raison profonde des divergences dans les diagrammes de Feynman.

La méthode de la renormalisation permet de résoudre le problème suscité par ces divergences. Bien qu'il s'agisse d'une procédure mathématique très sophistiquée, nous allons essayer d'en dégager les principes essentiels, car ils sont importants pour les besoins de notre propos. Considérons un certain diagramme de Feynman contribuant à la description d'un certain processus relevant d'une certaine interaction. L'interaction est décrite par un lagrangien qui dépend des paramètres fondamentaux de la théorie, essentiellement les masses des particules et les constantes de couplage. Pour simplifier, nous considérerons le cas d'une seule masse m, et d'une seule constante de couplage g. Le processus considéré dépend de certaines énergies et impulsions qui décrivent sa cinématique ; nous les notons $\{p_i\}$. Le diagramme de Feynman est censé représenter une certaine amplitude de Feynman, qui est fonction des $\{p_i\}$, de m et de g. Or il est représenté par une intégrale multiple divergente. Les variables d'intégration sont en général des variables d'énergie, et les divergences proviennent en général des grandes valeurs des variables d'intégration. Il semble alors raisonnable de supposer que ces divergences ne devraient pas avoir beaucoup de conséquences physiques significatives puisqu'elles proviennent de processus sûrement virtuels car mettant en jeu des énergies hors d'atteinte. On se débarrasse donc de ces processus sûrement virtuels en coupant les intégrales, c'est-à-dire en supprimant purement et simplement leurs parties divergentes. Ce faisant on obtient un diagramme de Feynman "régularisé", c'est-à-dire une amplitude de probabilité finie, dépendant des $\{p_i\}$, de m et de g, mais aussi d'un paramètre totalement non physique, le paramètre de coupure de l'intégrale Λ :

$$F_{reg}(\{p_i\}, m, g, \Lambda) \tag{4}$$

Le problème est de se débarrasser de la dépendance dans ce paramètre non physique qu'on ne peut pas envoyer à l'infini car l'intégrale se remettrait à diverger. L'idée de la renormalisation est d'échanger ce paramètre non physique contre des paramètres physiques. Pour comprendre en quoi consiste ce troc, il nous faut revenir au niveau le plus fondamental, celui du lagrangien. Ce lagrangien dépend des champs de matière et d'interaction de l'interaction considérée, que nous notons $\{\phi(x)\}$, de la masse et de la constante de couplage. Avant la seconde quantification, le lagrangien, les champs, la masse, la constante de couplage sont classiques. Cela signifie qu'ils sont censés décrire une réalité microphysique sans faire la moindre référence aux conditions de l'observation, ne serait-ce qu'à la résolution expérimentalement accessible. Mais on sait bien que quantiquement, une telle tentative est vouée à l'échec. On peut donc penser que les défauts rencontrés lors de la seconde quantification sont dus au fait que des champs classiques (qui ne sont pas des opérateurs mais des fonctions ordinaires) ne sont pas fiables à résolution infinie. On va donc introduire un nouveau type de champs, qui ne sont pas quantiques car ils ne sont pas des opérateurs, mais des champs classiques *renormalisés*, c'est-à-dire redéfinis en fonction de la résolution. A partir de ces champs renormalisés, de la masse et de la constante de couplage elles aussi renormalisées on va donc définir un lagrangien renormalisé :

$$L_{ren}\{\phi_{ren}(x,\mu), m_{ren}(\mu), g_{ren}(\mu)\} \qquad (5)$$

où μ est l'échelle d'énergie (ou de masse) qui définit la résolution. Ce lagrangien renormalisé contient toute l'information quantiquement fiable relative à l'interaction considérée, à la résolution μ.

Il est maintenant possible de comprendre comment s'opère l'échange du paramètre non physique Λ qui apparaît dans l'équation (4), contre des paramètres physiques. Si l'on retranche de l'expression (4) la même expression évaluée à l'aide du lagrangien renormalisé (5) on peut espérer obtenir une limite finie si on envoie à l'infini le paramètre de coupure Λ :

$$F_{ren}(\{p_i\}, m_{ren}(\mu), g_{ren}(\mu)) = \lim_{\Lambda \to \infty} \{F_{reg}(\{p_i\}, m, g, \Lambda) - F_{reg}(\{p_i\}, m, g, \Lambda; \mu)\} \quad (6)$$

Si c'est le cas, comme la masse et la constante de couplage, renormalisées à la résolution μ, sont des paramètres physiques expérimentalement mesurables, on aura rempli le contrat. On dira d'une théorie qu'elle est *renormalisable* s'il est possible d'appliquer la procédure de renormailsation à *tous* les diagrammes de Feynman et de remplacer tous les paramètres non physiques de coupure par un nombre fini de paramètres physiques expérimentalement mesurables. Une théorie non renormalisable nécessiterait un nombre infini de paramètres, elle serait inutilisable. Une théorie renormalisable est en revanche une théorie prédictive ; c'est pourquoi le critère de renormalisabilité est devenu le critère décisif de toute la physique des processus élémentaires.

Résumons la signification de cette procédure de renormalisation qui, à cause de sa sophistication technique, peut ressembler à un tour de passe-passe. Entre les champs et paramètres fondamentaux non renormalisés, que l'on qualifie de "nus", et les observables physiques, nous avons intercalé des champs et paramètres "fondamentaux" renormalisés. Nous avons mis des guillemets à l'adjectif "fondamentaux" car, au travers de la renormalisation, les paramètres "fondamentaux" sont plutôt devenus des *paramètres effectifs dépendant de la résolution.* En fonction de ces champs et paramètres renormalisés, les observables physiques s'expriment sans infinis. Les seuls infinis que l'on rencontre interviennent dans la relation entre les champs et paramètres nus et les champs et paramètres renormalisés. Mais ces infinis ne sont pas dommageables puisque, de toutes façons, les champs et paramètres nus ne sont pas physiques.

Le groupe de renormalisation

La remarque que nous avons faite à propos des guillemets apposés à l'adjectif fondamental signifierait-elle que la théorie quantique des champs aurait renoncé à une description "fondamentale" des interactions "fondamentales "? Il n'en est rien en réalité. La soustraction qui fait passer de l'équation (4) à l'équation (5) peut être faite pour n'importe quelle valeur de μ . C'est pourquoi, si la théorie est bien renormalisable, les amplitudes de Feynman renormalisées *ne doivent pas dépendre de la résolution* μ. Pour qu'il en soit ainsi, la dépendance dans la résolution de la masse et de la constante de couplage renormalisées ne peut pas être quelconque. Cette dépendance est contrainte par les équations du *groupe de renormalisation* qui expriment l'indépendance des amplitudes de Feynman par rapport à cette résolution. Pour une théorie renormalisable, les équations du groupe de renormalisation expriment le contenu intrinsèque et fondamental de la théorie : les observables physiques s'expriment sans infinis au moyen de masses et de constantes de couplages qui dépendent de la résolution mais d'une manière théoriquement prédictible.

On est tenté d'assimiler l'indépendance par rapport à la résolution à une *invariance d'échelle*. De fait il se trouve que sont renormalisables les théories dans lesquelles la constante de couplage est sans dimension, c'est-à-dire *invariante d'échelle*. Ainsi une théorie dans laquelle la constante de couplage est sans dimension[1], et dans laquelle les masses nues sont nulles, est invariante d'échelle puisqu'elle ne dépend d'aucun paramètre dimensionné. Or il faut briser cette invariance pour régulariser les intégrales intervenant dans les diagrammes de Feynman. Le groupe de renormalisation rétablit l'invariance d'échelle qui a été ainsi brisée.

---

[1] Cette circonstance est encore un bonus à mettre à l'actif de la renormalisation car, comme nous l'avions remarqué plus haut, on ne comprend pas très bien la signification de la méthode des perturbations, lorsque la constante de couplage n'est pas sans dimension.

Les théories renormalisables du modèle standard

La première interaction fondamentale à laquelle il a été possible d'appliquer la méthode des perturbations avec une théorie renormalisable, l'*électrodynamique quantique* (désignée par l'acronyme anglais QED), est l'interaction électromagnétique. Les succès obtenus à l'aide de QED sont spectaculaires : au niveau classique, la théorie de l'interaction électromagnétique est déjà très efficace ; les corrections sont des effets très fins (car la constante de couplage est très petite) : on a pourtant réussi à découvrir des quantités physiques qui soient à la fois mesurables expérimentalement avec une très grande précision, et calculables théoriquement à l'aide de la méthode des perturbations. C'est ainsi que le moment magnétique de l'électron, mesuré expérimentalement vaut :

$$2{,}00231930482 \pm 40$$

alors que la valeur prédite par la théoric cst :

$$2{,}00231930476 \pm 52$$

(les erreurs expérimentales et théoriques portent sur les deux derniers chiffres significatifs). Classiquement, cette quantité vaudrait exactement 1. Dans la théorie de Dirac de l'électron, avant la seconde quantification, elle vaudrait exactement 2. Tous les chiffres non nuls après la virgule proviennent des corrections spécifiques de la théorie quantique des champs. Ce succès a fait de QED la théorie de référence, sur le modèle de laquelle on s'est efforcé de construire des théories pour les autres interactions fondamentales.

L'autre interaction fondamentale pour laquelle on peut espérer a priori pouvoir appliquer la méthode des perturbations, est l'interaction faible puisque sa constante de couplage est petite. Mais la première théorie appliquée (avec de grands succès phénoménologiques) à cette interaction, la théorie de Fermi, n'est pas renormalisable (comme nous l'avons dit plus haut, sa constante de couplage n'est pas sans dimension). En s'inspirant des propriétés de symétrie de QED, on a réussi à bâtir une théorie renormalisable, (la théorie *électrofaible* de Glashow,

Salam et Weinberg), dont le modèle de Fermi est l'approximation de basse énergie. Le qualificatif "électrofaible" signifie que cette théorie est susceptible de s'intégrer à un schéma d'unification des interactions électromagnétique et faible. La mise au point de cette théorie et sa vérification expérimentale ont été jalonnées de très grands succès : découverte des courants neutres ; découverte des interférences électrofaibles en physique atomique ; découverte du "charme" et de la "beauté" ; découverte, à l'aide du collisionneur proton-antiproton réalisé pour permettre leur recherche, des bosons intermédiaires de l'interaction faible, des particules plus de 90 fois plus lourdes que le proton ; tests systématiques *et tous positifs* de la théorie électrofaible effectués auprès du collisionneur LEP, véritable "usine à bosons Z" ; lancement du programme LHC qui doit nous permettre d'explorer l'au-delà de cette extraordinaire théorie.

Aussi bien pour l'interaction faible que pour l'interaction électromagnétique, la renormalisabilité a seulement pour conséquence de permettre des calculs fiables des corrections quantiques. La dépendance dans la résolution des constantes de couplages et des masses y a peu de conséquences, d'une part parce qu'elle est extrêmement lente, et d'autre part parce qu'il est possible, l'interaction électromagnétique ayant une limite macroscopique, de se borner à la résolution nulle (μ=0). Les effets les plus spectaculaires de la dépendance de la constante de couplage en fonction de la résolution ont été découverts dans la théorie de l'interaction forte. La *chromodynamique quantique* (désignée par l'acronyme anglais QCD) est la théorie renormalisable, elle aussi directement inspirée de QED, de l'interaction des quarks et des gluons. Cette théorie a un comportement catastrophique à grande distance (c'est-à-dire à basse résolution). On pense, sans qu'on n'ait jamais pu le prouver, que ce comportement est responsable du *confinement* des quarks et des gluons à l'intérieur des hadrons. Comme les quarks et les gluons ne se propagent pas à l'état libre, il est impossible de renormaliser QCD à résolution nulle.

Pour mettre en évidence les effets de la chromodynamique quantique, il faut sonder l'intérieur des hadrons avec une sonde électromagnétique (des électrons) ou faible (des neutrinos), et avec une certaine résolution $\mu = Q$, où Q est l'énergie transférée au hadron par la sonde. Dans ce cas, la renormalisabilité se révèle particulièrement utile : on renormalise QCD à la résolution égale à Q. Or d'après les équations du groupe de renormalisation de QCD, la constante de couplage renormalisée est une fonction logarithmiquement décroissante de la résolution. On appelle *liberté asymptotique* cette propriété. Ainsi l'interaction forte n'est forte qu'à basse résolution ; à haute résolution, l'interaction forte est ...faible, et la méthode des perturbations est applicable. L'image des hadrons qui émerge de cette théorie est surprenante : avec une résolution suffisante, le hadron nous apparaît comme une structure de constituants quasi ponctuels, et faiblement liés, qu'on désigne sous le nom générique de *partons*, mais qui ne sont autres que les quarks et les gluons. La distribution des partons dans le hadron est ce que l'on appelle la *fonction de structure*. Si les partons étaient ponctuels, la fonction de structure serait invariante d'échelle. En réalité lorsque l'on augmente la résolution, il apparaît expérimentalement que la fonction de structure dépend de la résolution. La dépendance observée est en remarquable accord avec les prédictions du groupe de renormalisation de QCD. Dans le cadre d'une théorie renormalisable, la structure en partons du hadron est *fractale* : à une certaine résolution, apparaissent les partons de la première génération ; lorsque l'on augmente la résolution, ces partons de la première génération se révèlent être des structures de partons de la deuxième génération, eux-mêmes structures de partons de la troisième génération révélée à une résolution encore plus haute, etc.

Le rapprochement de la physique des particules et de la cosmologie

Ainsi, le modèle standard de la physique des particules fournit-il, avec les théories renormalisables que sont QED, QCD et la théorie électrofaible, une description quantitative et prédictive, qui n'a été contredite par aucune donnée expérimentale, des trois interactions fondamentales non gravitationnelles.

Comme cela a été évoqué lors des exposés précédents, la théorie de la relativité générale, théorie non quantique de la gravitation, fournit la base du modèle standard de la cosmologie contemporaine, le modèle du "big bang". Ce modèle comporte une relation temps-énergie : après la singularité du "big bang" où la température et la densité de l'univers étaient infinies, l'univers est en expansion, et en refroidissement ; sa température qui n'est rien d'autre que l'énergie cinétique moyenne des particules qui le compose décroît à raison inverse de la racine carrée du temps écoulé depuis le "big bang".

Dans sa phase primordiale, à très haute température, l'univers est le siège des interactions fondamentales auxquelles participent ses constituants, les particules élémentaires. Comme les constantes de couplages de ces interactions fondamentales dépendent de la résolution, donc de l'énergie des particules constitutives de l'univers primordial, on peut dire que les intensités des interactions *dépendent du temps écoulé depuis le "big bang"*. En se rapprochant, la cosmologie et la physique des particules acquièrent une fascinante dimension temporelle : explorer le monde de l'infiniment petit avec une sonde de haute énergie revient à simuler, en laboratoire, les conditions de l'univers primordial, au temps après le "big bang", où la température correspondait à l'énergie de la sonde (un milliardième de seconde, pour l'énergie du LEP). Si des constantes de couplages sont égales à une certaine énergie, cela veut dire qu'au temps correspondant à cette énergie, ces constantes étaient égales, donc que les interactions en question étaient *unifiées*.

La représentation de l'univers que les modèles standards

de la cosmologie et de la physique des particules concourent à nous offrir est celle d'un univers *en évolution, en devenir*, depuis une phase primordiale où toutes les interactions et particules étaient unifiées, jusqu'à l'état dans lequel il se laisse observer aujourd'hui, en passant par toute une série de *transitions de phases* où les interactions se différencient, les symétries se brisent, les structures se forment, de nouveaux états de la matière émergent. Les recherches théoriques et expérimentales se concentrent sur quelques étapes repérées par des énergies correspondant chacune à un temps écoulé depuis le "big bang" :

• $E=10^{19}$ GeV : c'est l'échelle de Planck qui représente l'horizon de la gravitation quantique ; à cette énergie, les effets quantiques ne peuvent plus être négligés dans la théorie de la gravitation ; la relativité générale est en défaut ; on ne connaît pas encore de théorie quantique renormalisable pour cette interaction ; on ne sait même pas si la théorie quantique locale des champs est encore possible. Les recherches dans ce domaine sont purement théoriques, puisqu'une telle énergie (par particule, l'énergie cinétique d'un avion de transport...) est certainement hors de toute portée. Selon la théorie des supercordes (la plus populaire), la gravitation se différencie des trois autres interactions qui restent unifiées.

• $E=10^{15}$ à 10^{16} GeV : la chromodynamique se différencie des interactions électromagnétique et faible qui restent unifiées. On pense généralement que c'est à cette énergie que s'est produite la brisure de la symétrie matière-antimatière qui se retrouve dans la prédominance de la matière sur l'antimatière dans l'univers actuel. On pense aussi que c'est à cette énergie qu'ont fonctionné les mécanismes qui ont donné leur masse aux particules de matière, les fermions. Tout comme la précédente, cette énergie est complètement hors de portée, et les théories la concernant peuvent sembler purement spéculatives. Pourtant, on a pu espérer en trouver une implication vérifiable expérimentalement : une éventuelle instabilité du proton ; malheureusement, jusqu'à présent, les recherches pour la mettre en évidence se sont toutes révélées infructueuses.

• E = 10^3 à 10^4 GeV : les interactions électromagnétique et faible se différencient, la symétrie électrofaible est brisée. L'objet du programme LHC est d'explorer ce domaine qui sera sans doute très fertile en découvertes nouvelles.

• E = 200 MeV : les quarks et les gluons se confinent à l'intérieur des hadrons. On essaye d'étudier en laboratoire cette transition de phase (en sens inverse de la chronologie cosmique) : en provoquant des collisions d'ions lourds ultra-relativistes, on tente de créer les conditions de température et de densité d'énergie nécessaires à la transition de phases transformant un gaz de hadrons en un plasma de quarks et gluons.

• E = quelques MeV, avec la nucléosynthèse, l'astrophysique nucléaire prend le relais de la cosmologie particulaire.

Le rapprochement de la physique des particules et de la physique des phénomènes critiques

Dès sa création, la théorie quantique des champs s'est inspirée des méthodes de la physique statistique. Il y a plus qu'une simple analogie entre la méthode de l'intégrale de chemins que nous avons décrite plus haut et la méthode de la *fonction de partition de Boltzmann* en thermodynamique statistique. On peut établir une correspondance mathématique entre les deux méthodes : les moyennes thermodynamiques sur les configurations microscopiques du système correspondent à l'intégrale fonctionnelle sur les voies quantiquement indiscernables ; la constante de Boltzmann correspond à la constante de Planck ; l'inverse de la température correspond à un temps imaginaire ; l'équilibre thermodynamique correspond à l'état d'énergie minimum ; les développements à basse ou haute température pour des états proches de l'équilibre correspondent à la méthode des perturbations.

Lors d'une transition de phase du second ordre, deux phases (liquide et vapeur par exemple) s'interpénètrent à toutes échelles : à toutes les échelles d'observation on voit des bulles de vapeur qui contiennent des gouttes de liquide qui contiennent des bulles de vapeur qui contiennent des gouttes etc... On dit que l'on a affaire à un *phénomène critique*. Toutes les méthodes équivalentes à la méthode des perturbations sont en échec pour la description de ces phénomènes critiques, parce que le système est le siège, à toutes les échelles, de fluctuations (de densité par exemple dans le cas du mélange critique liquide/vapeur), qui interdisent toute description simple. L'idée de *la méthode du groupe de renormalisation* consiste à effectuer des moyennes de ces fluctuations échelle après échelle. Déterminer les opérations du groupe de renormalisation qui laissent invariant le système critique permet de complètement caractériser les propriétés intrinsèques de ce système. Ce n'est pas par inadvertance que nous avons utilisé l'expression de groupe de renormalisation pour qualifier cette méthode, l'expression même que nous avions utilisée plus haut à propos de physique des particules : il s'agit, dans le cadre de la correspondance mathématique indiquée plus haut, de la même méthode. Il est tout à fait remarquable qu'au cours des années soixante-dix, deux grandes synthèses soient ainsi intervenues dans des domaines de la physique en apparence très éloignés : la physique des particules et la physique des phénomènes critiques. La théorie de la renormalisation qui est commune à ces deux synthèses a certainement une *portée universelle*. De fait, pour caractériser cette portée universelle, on définit comme appartenant à une même *classe d'universalité*, des systèmes, relevant soit de la théorie quantique des champs soit de la physique des phénomènes critiques, qui sont invariants par le même groupe de renormalisation. C'est ainsi qu'avec une "théorie de jauge sur réseau", on peut modéliser la chromodynamique quantique, théorie renormalisable, au moyen d'une transition de phase du second ordre, obéissant aux équations du même groupe de renormalisation, affectant un système de "spins" répartis sur un réseau. Comme on peut étudier la théorie de jauge sur réseau à l'aide de méthodes numériques utilisant des ordinateurs, on peut dire qu'avec une telle modélisation, on réalise des "expériences informatiques en chromodynamique quantique".

De même qu'en se rapprochant de la cosmologie, la physique des particules acquiert une dimension temporelle, en se rapprochant de la physique des phénomènes critiques, elle rencontre à nouveau la flèche du temps : lors d'une transition de phase du second ordre, un *temps interne* apparaît ; les fluctuations ont un *âge* qui est mesuré par le nombre d'opérations du groupe de renormalisation nécessaires à les absorber dans des moyennes ; de même, en QCD, les partons de *générations* de plus en plus élevées sont successivement révélés lorsque l'on accroît la résolution. Ce temps interne, cet âge du système comporte une flèche : le "groupe" de renormalisation n'est pas, au sens mathématique un vrai "groupe", c'est ce que l'on appelle un "semi-groupe", car les *opérations du groupe de renormalisation n'ont pas d'inverse* ; lorsque l'on fait une moyenne on perd irréversiblement de l'information.

CONCLUSION : MATIÈRE ET FLÈCHE DU TEMPS

Au début de cet exposé nous avions annoncé que nous recherchions, au sein de la théorie quantique une matière-espace-temps, analogue à celle de la relativité générale. Nous pensons l'avoir trouvée dans le *vide quantique d'une théorie renormalisable* qui a les mêmes propriétés fractales qu'un système subissant une transition de phase du second ordre. En utilisant la terminologie de Laurent Nottale, nous dirons que la propriété de relativité qui relie la matière à l'espace-temps au sein de cette matière-espace-temps est la *relativité d'échelle*, la relativité de la matière par rapport à l'échelle spatio-temporelle d'observation. Pour la matière-espace-temps, l'invariance (ou la covariance) par le (semi) groupe de renormalisation est analogue à l'invariance (ou la covariance) de Lorentz pour l'espace-temps.

En conclusion, nous nous risquerons, à titre de "réflexion à haute voix", à formuler quelques hypothèses à propos de la flèche du temps :

• L'existence objective de la matière implique l'existence d'une flèche du temps.

• La flèche du temps n'est pas une propriété de l'espace-temps, c'est une propriété de la matière-espace-temps.

• C'est la matière qui, par son existence objective donne sa flèche au temps.

• La matière, c'est tout ce qui donne sa flèche au temps.

LE TEMPS DES PROCESSUS ÉLÉMENTAIRES -II-

Maurice Jacob*

Le sujet est très vaste et cet exposé n'aborde tour à tour que quelques thèmes.

(i) Le temps tel qu'il est défini par les équations de la dynamique.
(ii) Le temps dans le cadre de la description quantique, relativiste et causale, qu'il faut donner aux processus élémentaires. L'invariance des équations de la dynamique selon la transformation PCT.
(iii) L'invariance par renversement du sens du temps en physique quantique.
(iv) La chute des invariances par P, C et T dans l'étude des processus élémentaires.
(v) Relativité et antiparticules.
(vi) Temps et histoires au niveau des processus élémentaires.

LE TEMPS ET LA DYNAMIQUE

Les processus élémentaires nous dévoilent par essence les bases de la dynamique. Ils représentent donc ce qui devrait en principe suffire pour tout comprendre, même si plusieurs sciences, avec les nombreux concepts spécifiques qui les caractérisent, sont bien nécessaires entre une "élémentarité" devenue familière pour certains et la complexité souvent encore bien mal comprise du monde qui nous entoure. Mais c'est certes avec les processus élémentaires que nous pouvons tester avec la plus grande précision possible la validité des équations fondamentales du mouvement qui nous servent à décrire la dynamique.

---

* CERN, Genève

Cette description s'étend, en principe, des systèmes les plus simples aux systèmes les plus compliqués.

Nous associons intuitivement le temps, cette succession d'instants qui séparent ce que nous distinguons comme le passé et le futur, aux multiples mouvements qui animent le monde. C'est donc la description du mouvement à l'aide de lois qui nous permet de parler du temps de façon précise et quantitative. Ces lois, ou plutôt les équations du mouvement qui les résument, précisent en effet la nature évolutive des choses à l'aide d'un paramètre que nous appelons le temps. Ce sont elles qui lui donnent donc tout le sens que nous pouvons lui attribuer en physique.

Nous avons même appris que les propriétés des équations du mouvement et, en particulier, leurs propriétés d'invariance selon différentes transformations, impliquent des propriétés que nous devons attribuer au temps. Il perd même ainsi la valeur absolue et universelle que l'expérience courante a été longtemps prête à lui accorder.

Cependant, n'est il pas remarquable que ce soit la formulation des équations de la dynamique qui ait une valeur universelle et non pas certains des paramètres que ces équations mettent en jeu , et en particulier le temps ? Le temps ne s'écoule pas de façon immuable et universelle mais c'est l'expression des lois physiques qui, elle, a une valeur immuable et universelle !

Mieux nous connaissons la dynamique mieux nous pouvons parler des propriétés du temps. Et comment mieux connaître la dynamique que de la comprendre au niveau des phénomènes les plus élémentaires accessibles ? Nous voulons mieux connaître le "Temps", mais tout ce dont nous pouvons parler de façon précise en tant que physiciens, c'est de ce paramètre qui donne un sens aux équations de la dynamique. Pour cela testons la validité et les propriétés de ces équations des confins de l'Univers au plus profond de la matière et, en particulier, au niveau des processus qui nous apparaissent comme élémentaires.

LES PROCESSUS ÉLÉMENTAIRES ET LE TEMPS

Quand nous parlons aujourd'hui de processus élémentaires, nous décrivons la structure de la matière à un niveau de résolution de l'ordre de 10^{-18} m. C'est là que nous sommes au niveau expérimental. Le Modèle Standard, avec ses quarks et ses leptons et les interactions qu'ils manifestent entre eux, y rencontre un succès remarquable. Même avec la puissance expérimentale du LEP, tout s'avère pour l'instant, conforme aux prédictions. Nous pouvons donc dire que nous connaissons bien les lois de la dynamique jusqu'à ce niveau de petitesse, même si la forme et la structure du Modèle Standard nous pousse à rechercher des phénomènes nouveaux, qui devraient apparaître clairement à des distances dix fois plus faibles encore. Ils pourront seuls nous éclairer sur les questions que soulève encore le Modèle Standard.

A ce niveau de résolution la formulation que prend la dynamique se doit d'être quantique, relativiste et causale.

Dès que nous atteignons, puis dépassons, le niveau de l'atome, la formulation quantique de la physique s'impose avec toute sa force. Nous sommes aujourd'hui près de un milliard de fois en deçà des dimensions atomiques. Nous sommes donc à fond dans le monde quantique.

Les lois du monde quantique sont telles que la résolution spatiale atteinte dans la position relative de deux objets est d'autant plus grande que l'énergie de choc entre ces objets est grande. Par exemple, la résolution atteinte aujourd'hui avec le LEP (10^{-18} m.) impose une énergie de choc de 100 GeV entre des particules dont l'énergie de masse n'est que de 0.5 MeV. Nous sommes donc dans un domaine où les énergies cinétiques sont en général très supérieures aux énergies de masse. Nous sommes donc à fond dans le monde relativiste.

La description que nous donnons à la dynamique se doit cependant de rester causale, un effet ne pouvant que suivre sa cause. Le but de la dynamique n'est il pas de décrire cette relation de cause à effet ? En physique relativiste ceci se traduit par le fait qu'un événement ne peut en influencer un autre que si un signal, voyageant à une vitesse au plus égale à celle de la lumière, a pu passer de l'un à l'autre. Pour chaque événement, caractérisé par un point de l'espace-temps, on définit ainsi un "cône de lumière", englobant toute la région d'espace-temps où un signal physique issu du premier événement peut en influencer un autre. La distance spatiale y est inférieure à la distance temporelle multipliée par la vitesse de la lumière.

Une formulation quantique, relativiste et causale repose sur des principes qu'il faudra peut être savoir dépasser le cas échéant. Ces principes n'ont cependant jamais été mis en défaut et ils représentent de ce fait l'ossature de la description actuelle de la dynamique.

Il se trouve que la structure d'une théorie qui est à la fois quantique, relativiste et causale est assez restrictive. On est en pratique conduit à une formulation correspondant à ce qu'on appelle une théorie quantique des champs avec couplages locaux. Ceci englobe la dualité onde-corpuscule propre à la physique quantique mais va bien au delà.

La formulation d'une dynamique relativiste et causale dans le cadre d'une théorie quantique des champs implique une symétrie, ou une propriété d'invariance, tout à fait remarquable. Les équations de la dynamique sont en effet invariantes par l'opération PCT. T représente l'inversion du sens du temps. C représente l'échange entre particule et antiparticule (opération aussi appelée Conjugaison de charges) et P représente l'inversion des coordonnées d'espace (opération aussi appelée Parité). Le monde obtenu en appliquant PCT à notre monde est certes bien différent. Par exemple chaque proton y devient un antiproton d'hélicité opposée. Les équations de la dynamique y sont cependant identiques à ce qu'elles sont dans notre monde ! La propriété d'invariance ne s'applique pas au monde mais aux équations qui décrivent la dynamique qui s'y produit.

C'est en général ce qu'on entend par propriété d'invariance ou de symétrie en physique. La description des phénomènes ne permet pas de préciser si l'on parle de ce qui se passe dans un monde où dans un autre monde, obtenu par la combinaison des opérations P, C et T, où le temps s'écoule à l'envers, où les particules sont devenues des antiparticules et où la droite et la gauche ont été échangées, comme c'est le cas dans un miroir.

Cette invariance des propriétés de la dynamique par PCT, tout comme le lien entre spin et statistique (statistique de Fermi pour les particules de spin demi-entier et statistique de base pour les particules de spin entier) sont des propriétés remarquables dont la violation mettrait en doute les fondements même et non pas simplement la formulation particulière de la dynamique. L'invariance par CPT implique l'existence d'antiparticules correspondant aux particules. Particule et antiparticule ont des masses rigoureusement égales et des charges rigoureusement opposées. Nous n'avons aucune raison de mettre cela en doute. Bien au contraire ! La prédiction de l'antimatière, comme conséquence d'une description quantique, relativise et causale du monde, peut être considérée comme un succès tout à fait remarquable.

Tout ce qui vient d'être dit sur l'invariance PCT peut apparaître comme un succès trop fortement exprimé dans la mesure où toutes les équations de la dynamique traditionnelle sont séparément invariantes par P et par C (dans la mesure où C correspond dans ce cas au changement du signe de toutes les charges), et même aussi par T (dans la mesure où l'on considère des systèmes simples, mettant en jeu un petit nombre de degrés de liberté). Elles sont donc a fortiori invariantes par PCT.

On sait que pour les systèmes complexes, le second principe de la thermodynamique permet de distinguer deux évolutions selon le sens choisi pour le temps et donc de préciser le sens du temps par le choix de la bonne dynamique. Mais, si nous nous limitons à des systèmes simples, les opérations P, C et T traduisent chacune une propriété d'invariance bien reconnues des équations du mouvement. Comme on le dit souvent, la droite et la gauche, le signe positif ou négatif de la charge, tout comme le sens du temps, ne sont que des conventions que l'énoncé des lois de la dynamique ne permet pas de préciser de façon intrinsèque. Nous nous sommes intuitivement habitués à ces propriétés d'invariance.

L'invariance par T est une des propriétés remarquables des équations de la dynamique traditionnelle. Avec la propriété d'invariance par translation de temps et la propriété d'invariance par transformation de Lorentz, elle nous permet de préciser les propriétés du temps dans le rôle que lui donne la physique : temps sans origine, temps relatif, temps sans sens défini mais pourtant que de beauté de généralité et de simplicité dans la formulation et les propriétés d'invariance des loi de la dynamique.

Plongeant dans la structure de la matière à la recherche de processus élémentaires, nous pouvons soumettre ces propriétés d'invariance à des tests nouveaux, en les confrontant à des phénomènes qui peuvent être très importants au niveau des particules fondamentales tout en étant sans influence directement visible sur la vie de tous les jours, comme par exemple la désintégration d'une des multiples particules éphémères produites à l'aide d'un accélérateur. Il se trouve que les propriétés d'invariance par P, C et T se trouvent ainsi toutes trois mises en défaut. Seule reste l'invariance globale par PCT. Même si les trois premières propriétés d'invariance ne peuvent plus être considérées comme exactes, elles gardent cependant beaucoup d'intérêt pour l'étude de nombreux phénomènes, et cela même au niveau des particules fondamentales. On sait en effet comment préciser les conditions ou les approximations sous lesquelles elles restent valables.

Nous allons donc d'abord considérer l'invariance par

renversement du sens du temps en physique quantique, soit telle qu'elle se présente au niveau des processus élémentaires. Nous considérerons ensuite brièvement la violation de l'invariance par P et par C pour étudier quelques conséquences de la violation de l'invariance par T. Les propriétés associées à l'invariance par translation de temps et par transformations de Lorentz sont couvertes dans d'autres exposés.

LE RENVERSEMENT DU SENS DU TEMPS EN PHYSIQUE QUANTIQUE

En physique traditionnelle, il s'agit d'une des propriété d'invariance des équations de la dynamique. Elle nous permet d'affirmer que si l'on change le sens du temps (et si l'on inverse donc les vitesses et les courants) le mouvement devient l'inverse de ce que l'on venait juste d'observer, comme si le temps s'écoulait maintenant à l'envers. C'est intuitivement et manifestement le cas pour un système dynamique simple comme une balle qui rebondit sur un plan ou un pendule qui oscille. Il faut être sensible à des phénomènes complexes mais en général modestes, comme les frottements, pour pouvoir distinguer à coup sur le film du mouvement passé à l'endroit du film passé à l'envers. Un film passé à l'envers ne manque pas de faire rire chaque fois qu'il montre un événement d'une complexité typique comme celui d'une goutte d'encre tombant dans un verre d'eau.

En physique quantique on ne décrit pas l'évolution avec le temps des positions et des vitesses d'objets particuliers, mais celle d'états quantiques. Ces états sont précisés par les valeurs d'un certains nombre de variables, comme par exemple la valeur de l'impulsion et de l'orientation du spin (la polarisation) pour le cas d'un état à un proton. Mais ces états peuvent s'ajouter. Un proton peut tout aussi bien se trouver simultanément dans plusieurs états d'impulsions et de polarisations différentes. Les équations de la dynamique permettent de préciser comment chaque état, ou chaque superposition d'états, change avec le temps.

Partant d'un état particulier, on peut définir un état obtenu après renversement du sens du temps. L'impulsion et l'orientation du spin y prendront manifestement des valeurs opposées. Si la dynamique (l'Hamiltonien du système en terme technique) est invariante par renversement du sens du temps, soit selon l'opération T, ce nouvel état va évoluer comme si le temps s'écoulait en sens inverse. Ceci représente une nouvelle solution aux équations du mouvement où le temps est maintenant inversé. Les lois du mouvement quantique peuvent être invariantes par renversement du sens du temps tout comme celles que l'on a en physique traditionnelle. On peut donc tester l'invariance par T au niveau des processus élémentaires.

Il y a cependant trois complications qui méritent d'être soulignées.

En physique quantique les états peuvent s'ajouter comme on ajoute des ondes. La dynamique va en général décrire une superposition d'états où chaque état a un certain coefficient et les termes d'interférence entre états vont souvent jouer un grand rôle dans la prédiction des résultats. Pour obtenir cette superposition d'état après renversement du sens du temps il faut non seulement inverser chaque fois, entre autres, impulsions et polarisations, mais il faut aussi changer le signe de la phase du coefficient de chaque état. Ces coefficients sont en général des nombres complexes. Ceci peut sembler un "détail technique" mais ce détail est important par ses conséquences car l'invariance par renversement du sens du temps implique souvent des relations entre les phases des amplitudes de réaction.

La seconde complication est plus profonde. Le mouvement quantique inverse n'est en général pas réalisable en pratique, et cela même pour des systèmes très simples.

Nous pouvons certes suivre de façon prédictive l'évolution d'un état quantique, et nous pouvons même définir une autre solution mettant en jeu un état "inversé", avec un temps qui s'écoule dans le sens opposé. Cependant ce que l'on peut décrire en termes pratiques, soit ce qui résulte de l'observation du système, ne va en général ne faire ressortir qu'une des composantes de l'état quantique, celle qui se trouve choisie au moment de l'observation, avec une probabilité correspondant au module au carré de cette composante.

Si l'on peut donc définir une solution où le sens du temps est inversé au niveau des états quantiques, il va devenir en pratique impossible de le faire au niveau des observations. Or c'est là qu'on aimerait le faire en pratique. Quand nous observons un système pour mesurer la valeur des paramètres qui le caractérise en désirant éventuellement les changer par celles obtenues par inversion du sens du temps, nous ne disposons que d'une petite partie de l'information contenue dans l'état quantique. Si nous considérons l'état qui s'avère avoir été observé et si nous y renversons le sens du temps, en inversant, entre autres, impulsions et polarisations, nous n'avons que bien peu de chance de retrouver notre système évoluant en sens inverse. Il aurait fallu appliquer le renversement du sens du temps à l'état quantique dans son ensemble, et non pas seulement à l'état (une des composantes) issu de notre observation !

Cela peut sembler un peu abstrait. Illustrons cette complication avec un exemple, en considérant pourtant un système particulièrement simple.

Prenons un méson ρ supposé au repos pour simplifier les choses. Ce méson ρ a un spin 1. Choisissons donc une polarisation particulière avec un moment angulaire 1 le long de l'axe Oz. Ce méson ρ a une certaine probabilité pour se désintégrer en un électron et un positon. Dans ce cas, les deux particules vont toujours être observées dos à dos mais dans une direction par rapport à l'axe Oz dont on ne peut que prédire la probabilité. L'état final de désintégration est en fait une superposition de paires électron-positon partant dans toutes les directions possibles avec des pondérations particulières différentes.

Une observation va en singulariser une selon la réponse enregistrée par un détecteur. Ce sera l'état final observé, mais c'est loin d'être l'état final dans son ensemble.

Prenons un état final expérimental ainsi défini par la réponse d'un détecteur, en précisant dans ce cas la ligne de vol de la paire électron-positon. On peut mieux préciser l'état en mesurant aussi les hélicités des deux particules, soit la composante de leur spin le long de leur impulsion. Supposons, pour fixer les idées, qu'elles soient l'une positive et l'autre négative. La composante de la somme des deux spins le long de la ligne de vol de l'électron et du positon sera de ce fait égale à 1. Impulsions et polarisations sont dans ce cas tout ce qui nous permet de caractériser l'état obtenu. On ne peut en savoir plus.

De même que le ρ peut se désintégrer en électron et positon, un électron et un positon peuvent fusionner en un ρ. Le terme de l'Hamiltonien qui permet ces deux transitions opposées est d'ailleurs connu pour être invariant par T. Vérifions donc s'il y a bien invariance par renversement du sens du temps pour l'ensemble du phénomène. Nous avons observé un état final. Renversons les impulsions et les polarisations. C'est notre nouvel état initial. Nous avions un état initial, un méson ρ polarisé. Inversons donc aussi sa polarisation comme il se doit en inversant le sens du temps. Le spin est maintenant -1 le long de l'axe Oz. Ce devrait être notre nouvel état final. Il n'est est rien ! La polarisation du ρ vaut 1 le long de la ligne de vol de l'électron et du positon, comme l'implique la conservation du moment angulaire. Nous avons dû arranger le système électron-positon comme cela. Il n'y a qu'une probabilité, en général bien inférieure à 1, pour qu'une mesure la trouve effectivement égale à -1 le long de l'axe Oz.

Ou se trouve l'erreur ? Pour appliquer correctement l'invariance par renversement du sens du temps, il aurait fallu superposer des états avec des lignes de vol différentes, et avec les bonnes phases relatives, pour obtenir un nouvel état initial qui soit vraiment l'état final après renversement du temps, avant que la mesure ne retienne qu'une composante particulière. On voit que le mouvement avec renversement du sens du temps est de ce fait pratiquement impossible à réaliser alors que cela est si facile pour un système simple en physique traditionnelle.

Bien que la dynamique soit ici toujours bien invariante par renversement du sens du temps, un passage par des états tels qu'ils sont observables en pratique fausse le jeu. La réduction du système quantique qui s'effectue au moins au moment de l'observation introduit manifestement un élément irréversible. Il faut donc faire attention et rester au niveau des états quantiques pour pouvoir exploiter les conséquences de l'invariance par renversement du sens du temps.

En pratique on considérera donc des sommes sur tous les états accessibles qui sont beaucoup plus proches de l'état quantique que ne peut l'être une configuration particulière. On peut ainsi relier la probabilité d'observation d'un processus A+B donnant A'+B' à celle du processus inverse A'+B' donnant A+B. Le coefficient qui s'introduit dans la relation entre les deux probabilités fait intervenir les variables cinématique et en particulier le nombre d'états de spin. C'est par exemple comme cela qu'on a déterminé pour la première fois le spin du méson π en comparant la probabilité de la réaction π+*deuton* donnant *proton+proton* à celle de la réaction *proton+proton* donnant π+*deuton*. C'est un résultat pratique remarquable de l'invariance par renversement du sens du temps.

On doit se limiter souvent à des relations entre amplitudes de réaction. L'invariance de la dynamique par renversement du sens du temps implique en fait de nombreuses relations de ce type ainsi que des contraintes entre phases. La première complications rencontrée est ici bien importante.

Prenons un exemple. La désintégration du W en électron et antineutrino fait intervenir deux termes correspondant respectivement à un couplage vectoriel pur et un couplage vectoriel axial. L'amplitude de réaction est la somme de deux termes. Leur interférence donne un terme qui change de signe selon P (quand on échange droite et gauche un vrai vecteur change de sens et un vecteur axial garde le même sens). La présence de ce terme d'interférence montre à elle seule que le phénomène n'est pas invariant par P. Est il invariant par T ? Il l'est à une très bonne approximation. L'invariance par T implique en effet que les deux termes de l'amplitude associés respectivement aux couplages vecteur pur et vectoriel axial doivent être relativement réels. C'est ce qu'on vérifie et c'est d'ailleurs cela qui permet au phénomène associé à la violation de l'invariance par P de se manifester à fond. Si les deux termes étaient relativement imaginaires, il n'y aurait pas d'interférence visible.

Nous voyons donc que l'on peut quand même tirer beaucoup de choses de l'invariance par T et cela sans avoir à considérer le mouvement inverse ! En physique traditionnelle la propriété d'invariance est au niveau des équations du mouvement mais aussi au niveau de l'observation de l'inversion de mouvements simples, ce qui la rend intuitive. Il faut renoncer à cette vision directe en physique quantique mais on peut par contre exploiter à fond, ou tester, l'invariance par T des lois de la dynamique.

La troisième complication nous ramène à l'exemple du W montrant si clairement la violation de l'invariance par P dans le mécanisme de désintégration. Une quantité observable, impaire par P, suffit à montrer qu'il n'y a pas d'invariance par P. Comme on le dit souvent une symétrie implique que certaines quantités sont inobservables. Si le W est polarisé, avec par exemple son spin 1 le long de l'axe Oz, comme c'était le cas pour notre rho, la probabilité d'observer un électron vers les z négatifs est plus grande que celle de l'observer vers les z positifs. Il existe ainsi une corrélation négative entre la direction de l'électron et le spin du W. Changeons droite en gauche, polarisation et impulsion se transforment différemment. la corrélation s'inverse. L'observation d'une corrélation non nulle entre spin et impulsion suffit donc à montrer qu'il n'y a pas d'invariance par P.

Peut-on faire la même chose avec T ? On peut certes définir des corrélations impaires par T. Prenons par exemple une corrélation entre une polarisation (soit l'orientation d'un spin) et maintenant le produit vectoriel de deux impulsions. On peut par exemple envisager une telle mesure pour une désintégration à trois corps impliquant deux leptons, comme la désintégration du méson K en muon antineutrino et méson π. On considère dans ce cas l'orientation du spin du muon le long de la normale au plan défini par les impulsions du muon et du méson π. Appliquons T. La polarisation change de signe et les deux impulsions s'inversent, laissant leur produit vectoriel inchangé. La corrélation entre ces deux vecteurs axiaux change donc de signe ! Son observation implique t-elle une violation de T ?

En général pas ! Et cela encore à cause des changements de phase associés au renversement du sens du temps, et qu'on ne rencontre pas pour P. Quelques mots techniques sont cependant nécessaires pour expliquer cela. L'invariance par renversement du sens du temps implique que l'Hamiltonien qui décrit la dynamique du système est invariant par T. L'apparition d'un terme particulier dans un amplitude de réaction correspond lui à ce qui se passe au niveau de la matrice S, qui nous sert à relier l'état initial à l'état final. Or, si l'Hamiltonien reste invariant par T, la matrice S change quand même et se transforme en son adjointe. En termes plus pratiques et concrets on est renvoyé au processus inverse sans avoir une contrainte par oui ou par non sur le processus direct. Cela ne marche que lorsque l'interaction est assez faible pour justifier un calcul à l'ordre le plus bas (la matrice S est alors approximée par un terme proportionnel à l'Hamiltonien) et lorsque les particules finales n'ont pas d'interactions appréciables entre elles. Si ces deux conditions sont simultanément remplies, ce qui est vrai pour l'Hamiltonien l'est aussi pour l'approximation suffisante que l'on obtient ainsi pour la matrice S. C'est le cas pour la désintégration du méson K en muon, antineutrino et méson π. La présence d'un moment électrique dipolaire du neutron impliquerait aussi directement une violation de l'invariance par T et P.

LA CHUTE DE P, C ET T

En physique traditionnelle les équations du mouvement sont séparément invariantes par P, C et T. Ces symétries, que l'on appelle discrètes par opposition à celles associées aux transformations continues du groupe de Poincaré, ont joué un rôle très important en physique quantique.

Ce fut donc une grande surprise, en 56-57, de voir que l'invariance par parité n'était pas satisfaite par les interactions faibles. La prédiction formulé par Lee et Yang était vérifiée par plusieurs expériences dont la première fut celle réalisée par Mme Wu et ses collaborateurs, avec l'observation d'une asymétrie dans la distribution des électrons par rapport à l'orientation du spin des atomes de cobalt dont on observait la désintégration. Comme nous l'avons déjà vu pour le W, une telle asymétrie suffit à infirmer l'invariance par P.

Les interactions faibles sont les seules à pouvoir changer la nature d'un quark ou d'un lepton, transformant par exemple un quark u en un quark d et un électron en un neutrino. Leurs manifestations correspondent à l'échange de W très massifs. Ceci rend leurs manifestations très modestes tant que les énergies en jeu sont faibles par rapport à l'énergie de masse du W (de l'ordre de 80 GeV). On peut donc négliger leur présence dans de très nombreux phénomènes en oubliant ainsi souvent qu'elles ne satisfont pas à l'invariance par P. Certes cette propriété d'invariance n'est plus un des grands principes généraux de la physique, comme on l'a pensé par le passé. Néanmoins, les conséquences de l'invariance par parité gardent de nombreuses applications pratiques car la présence des interactions faibles est souvent négligeable.

Le premier effet troublant fut la découverte que la désintégration du méson K, soit en deux mésons π, soit en trois mésons π, débouchait ainsi sur deux systèmes se transformant respectivement de façon paire et impaire par parité. Selon l'invariance par P une seule solution doit prévaloir car dans les deux cas on part du même méson K. Les effets associés à la violation de l'invariance P sont particulièrement spectaculaires dans les réactions impliquant des neutrinos. Le neutrino a un spin qui pointe toujours dans la direction opposée à son impulsion. Il a une hélicité négative. Appliquant P, polarisation et impulsion se transforment différemment. On obtiendrait ainsi un neutrino d'hélicité positive qui n'existe pas. Il faut donc admettre que la physique que l'on voit dans un miroir (où le neutrino tourne dans le mauvais sens) ne correspond pas à une physique qui puisse être réalisable dans le monde réel. On ne peut pas produire l'image d'un neutrino. Son existence même, avec une hélicité négative, viole l'invariance par P.

On découvrit cependant très vite que l'invariance par P était violée au maximum par les interactions faibles. Les couplages vecteur pur et vecteur axial que nous avons mentionnés à propos du W ont en effet des valeurs juste opposées. Comme ils sont tous deux présents l'invariance par P est violée mais comme il y a autant de l'un que de l'autre, elle est violée au maximum. C'est aussi en quelque sorte une certaine symétrie ! Les neutrinos produits ont ainsi toujours cette hélicité négative. Il se trouve que l'invariance par C est aussi violée au maximum, l'invariance par PC restant elle valable. Même pour les interactions faibles on retombe donc sur une véritable symétrie. Le neutrino vu dans le miroir peut ainsi être "mimé" par un antineutrino, qui a lui une hélicité positive. La physique des interactions faibles observée dans un miroir se trouve identique à la physique des interactions faibles réalisée avec de l'antimatière.

Avec l'invariance PCT une invariance selon PC implique une invariance selon T. L'invariance par T reste ainsi valable. Cela ne dura cependant que quelques années. En 1964, Cronin, Christenson, Fitch et Turlay montraient que la désintégration d'un méson K neutre à qui on attribuait la propriété d'être impair selon CP se désintégrait quand même en deux mésons π (système pair selon CP) même s'il le faisait certes bien moins souvent qu'en trois mésons π (système impair selon CP). Ce méson K neutre s'appelle le "K long" pour traduire son temps de vie relativement long par rapport à celui de l'autre méson K neutre, le K court, qui lui se désintègre principalement en deux mésons π.

Cette violation de l'invariance par CP n'a été encore vue que dans la désintégration des mésons K neutres et on en ignore encore l'origine profonde près de trente ans plus tard ! Tout ce qu'on peut dire aujourd'hui c'est qu'une telle violation de CP, et donc de T, apparaît de façon naturelle dans une théorie avec au moins trois familles de quarks, comme c'est le cas pour notre Modèle Standard. Qu'entend on par "naturelle" ? Disons qu'une phase relative qui n'a pas de raison d'être nulle se trouve ne pas être nulle. Dans ce cas cette violation très modeste de l'invariance par PC (un effet relatif de l'ordre du millième) fait "naturellement" partie des interactions faibles. Il n'est pas nécessaire, comme on l'a longtemps pensé nécessaire, d'introduire une interaction supplémentaire, dite superfaible, juste pour ça. Les expériences sur les mésons K neutres se poursuivent en augmentant de précision. D'ici quelques années on pourra peut être étudier un phénomène analogue sur les mésons B neutres, où un quark b remplace le quark s du méson K. On saura, espérons le, plus de chose sur la violation de l'invariance par CP qui garde encore beaucoup de mystères.

Mais, malgré le terrain très spécial où il faut chercher ces effets particuliers, en étudiant ces mésons K neutres, le point essentiel est qu'une grande symétrie, qui apparaissait comme un des principes généraux de la physique, est tombée. Il existe dans la dynamique quelque chose qui n'est pas invariant par PC et aussi par T. Cela par déduction, si l'on croit en l'invariance par PCT ou directement, si on le désire, certains effets mettant directement en évidence la violation de l'invariance par T. L'étude des différents modes de désintégration des mésons K neutres permet de conclure.

Certains processus élémentaires, tout modestes qu'ils soient à notre échelle se trouvent ainsi être en désaccord avec l'invariance par T. Ils nous permettent donc d'orienter le temps au niveau microscopique. Cela peut cependant sembler superflu comparé au sens du temps tel qu'il est défini par l'évolution des systèmes complexes. Il est plus intéressant d'exploiter la violation de l'invariance par PC, ou T, pour définir de façon intrinsèque le signe de la charge, ou ce qui est matière par rapport à ce qui est antimatière. Prenons par exemple la probabilité de désintégration du méson K long en $\pi^- e^+$ *neutrino*. Elle est supérieure de 6 pour mille à celle de la désintégration du même méson K long en $\pi^+ e^-$ *antineutrino*. On peut parler de la particule plus lourde et de la particule plus légère dans la désintégration de ce méson que l'on peut définir par sa masse et son temps de vie. On peut ainsi définir la charge de l'électron comme étant celle de la particule légère du mode le moins fréquent. C'est elle que l'on appellera lepton par opposition à un antilepton. On peut donc définir de façon absolue le signe de la charge de l'électron. Le rapport entre les probabilité de désintégration des deux modes est déterminé par un paramètre dont la valeur est de l'ordre du millième. Il précise la façon dont l'invariance par T se trouve violée.

Ces phénomènes encore limités aux mésons K neutres peuvent sembler des spécimens pour experts. Néanmoins la portée des conclusions est remarquable. Nous parlons de symétries et de principe d'invariance qui s'appliquent à toute la physique. Que sont donc ces phénomènes qui permettent seuls de préciser le sens du temps et le signe de la charge ? Nous aimerions en savoir plus sur ces phénomènes que cette phase non nulle dans le Modèle Standard dont nous ne pouvons que constater la valeur.

Ils ont en tous cas joué un grand rôle au début de l'univers pour créer l'excèdent de matière dont tout est fait aujourd'hui. Cet excèdent existait par rapport à une antimatière qui s'est annihilée contre le gros de la matière par carnages de quarks et d'antiquarks, puis de leptons et d'antileptons. Ces carnages se sont produits quand l'univers avait entre dix microsecondes et une seconde. Il n'est resté qu'un milliardième de survivants, quarks et électrons, avec, en fin de compte, autant de protons que d'électrons. Comment cet excédent s'était il créé ? Une interaction mélangeant quarks et leptons, comme une théorie de grande unification, peut faire cela si l'invariance par CP (et T) est violée, comme c'est bien le cas. Encore faut il être dans une situation explosive pour que l'invariance par CPT n'impose pas quand même l'équilibre entre matière et antimatière. Ce sont les conditions qui prévalaient au début de l'univers, comme l'a souligné le premier, il y a longtemps déjà, Zakharov. C'est cette idée directrice qui prévaut aujourd'hui même si nous ne connaissons pas encore la forme que prend la théorie de grande unification dont la preuve expérimentale accessible, la désintégration du proton, manque encore.

LE TEMPS DES PROCESSUS ÉLÉMENTAIRES ET L'ANTIMATIÈRE

Nous avons souligné que la description quantique relativiste et causale des phénomènes conduisait à l'invariance par CPT et donc à l'existence de l'antimatière. C'est une question très importante qu'il est bon d'aborder d'une façon plus directe et je voudrais essayer de suivre ici ce qu'en dit Feynman dans sa "1986 Dirac Memorial Lecture" dans le style clair incisif et direct qu'il apporte à son exposé.

Nous avons déjà parlé du cône de lumière. Deux événements connectés l'un à l'autre sont tels que l'un est dans le cône de lumière de l'autre selon une relation causale. Les transformations de Lorentz respectent cette causalité. L'intervalle entre les temps associés aux deux événements change d'un système à l'autre mais l'ordre des temps est préservé. La relativité respecte pleinement la causalité même si elle ne respecte pas la simultanéité. Si par contre deux événements sont tels que l'un d'eux est hors du cône de lumière de l'autre des transformations de Lorentz peuvent ne plus respecter l'ordre des temps. L'ordre des temps peut dépendre de l'observateur !

En physique quantique nous faisons appel à des mécanismes au cours desquelles nous allons d'un état initial à un état final par une suite de transitions impliquant entre elles des états virtuels avec tout un spectre d'énergie. Considérons les deux événements précédents comme associés aux deux transitions successives d'un calcul de ce type sans oublier que le calcul d'une quantité physique va impliquer une intégrale sur la position des événements dans tout l'espace. Nous allons par exemple considérer une particule que deux transitions successives ramènent au même état.

Prenons comme règle que l'énergie intermédiaire doit toujours être positive vu les difficultés claires et nettes issues de l'introduction d'énergies négatives. On élimine le problème des énergies négatives mais on n'échappe pas à un autre problème. Si l'énergie intermédiaire est toujours positive, le second événement peut parfois se présenter hors du cône de lumière du premier. La somme sur tous les états virtuels intermédiaires nous fait donc ainsi parfois sortir (provisoirement) du cône de lumière. Il faut en effet un spectre de Fourier avec des fréquences positives et négatives pour que l'amplitude puisse s'annuler pour tout événement hors du cône de lumière. Or nous n'avons par construction que des fréquences positives.

Dans un système particulier le calcul permet de suivre les événements. La particule initiale subit une transition. Elle évolue avec une certaine énergie. Elle retrouve son état initial à la suite de l'autre transition. C'est la particule finale.

Regardons cette succession d'événements dans un autre système. L'ordre des temps peut s'y être inversé ! Il peut du coup sembler se passer des choses très curieuses. La particule finale peur sembler apparaître plus tôt que ne semble disparaître la particule initiale. Son apparition est certes accompagnée de celle d'une autre particule qui semble remonter le cours du temps pour aller semble-t-il détruire la particule initiale. Ce phénomène curieux prend cependant clairement un sens si on donne une charge à la particule pour suivre plus facilement le mouvement en suivant celui de la charge. Il faut admettre qu'il y a création et annihilation de paires mais la particule qui semble remonter le cours du temps n'est autre qu'une antiparticule suivant le cours du temps, avec une charge opposée à celle de la particule. Comme le dit Feynman "La particule virtuelle de quelqu'un peut être l'antiparticule virtuelle de quelqu'un d'autre". La relativité appliquée au calcul du processus virtuel mettant en jeu une particule implique l'existence de son antiparticule.

Comme nous l'avons souligné au début de cet exposé, on peut parfaitement réconcilier mécanique quantique, relativité et causalité. Il est cependant nécessaire d'introduire des antiparticules à coté des particules. On peut aussi s'émerveiller de la symétrie entre matière et antimatière (plus précisément l'invariance par CPT) qui doit s'imposer.

TEMPS ET HISTOIRE POUR LES PROCESSUS ÉLÉMENTAIRES

Le calcul précédent montre que l'étape intermédiaire d'un processus élémentaire correspond en réalité à plusieurs histoires, souvent bien différentes, dont la somme seule donne le résultat physique. Cela est devenu familier dans tout calcul quantique. On sait très bien qu'on ne peut souvent pas dire qu'une particule est passée par ici ou par là. Elle est passée au deux endroits, et en beaucoup d'autres, à la fois.

Nous nous sommes habitués à cette vision qui découle de la dualité onde-corpuscule. Nous nous sommes habitués à sommer sur de nombreux états virtuels différents. Ceci peut cependant encore paraître surprenant quand cette somme sur les histoires intermédiaires n'affecte pas un processus microscopique, dont nous savons renoncer à connaître l'évolution détaillée, mais à un processus étalé sur des distances macroscopiques.

En pratique nous pouvons calculer des amplitudes de réaction qui donnent la façon dont un système préparé d'une certaine façon donne, en fin de compte, un autre système, aux propriétés particulières. On passe ainsi du passé lointain au futur lointain du point de vue du processus microscopique. On obtient tous les résultats qui peuvent résulter de l'expérience, ce qui est le point important. Que demander de plus ? Mais voilà. Quelque chose qui nous semble intuitif nous est caché. Il est en effet illusoire de vouloir suivre pas à pas l'histoire intermédiaire. Cela n'a même pas de sens. Il y a en général plusieurs histoires et certaines peuvent être très compliquées.

Je voudrais illustrer cela avec un exemple tiré de calculs récents que j'ai faits en collaboration avec T. T. Wu, de Harvard, sur le "Beamstrahlung". Il s'agit dans ce cas d'une des "retombées" de ces recherches (Phys. Lett. A 162, 304 (92)). Ce nom de beamstrahlung à la consonance curieuse traduit le rayonnement qui se produit quand un paquet d'électrons traverse un paquet de positons. Quand on envisage un collisionneur linéaire d'électrons et de positons de très haute énergie, qui pourrait être une machine très intéressante dans le futur, on est amené à considérer les conditions très particulières associées à la traversée de paquets chargés très denses par des particules chargées de très grande énergie. Ces particules, accélérées par leur interaction électromagnétique avec le paquet traversé, rayonnent et les conditions relativistes et quantiques du phénomène donnent des effets tout particuliers. Ceci entraîne d'ailleurs des contraintes importantes dans la conception de ces machines du futur.

Prenons un électron traversant un paquet de positons. La contraction (ou dilatation) de Lorentz a des effets énormes à ces énergies (de l'ordre du TeV pour être intéressantes). Le paquet dans son système propre s'étale donc sur plusieurs mètres. Les effets quantiques sont très importants car on ne peut plus ignorer les fluctuations quantiques par lesquelles l'électron émet et absorbe des photons dans le calcul de la courbure de la trajectoire qui l'amène à rayonner les photons observés. Bref c'est un calcul d'ingénierie quantique, où l'on fait face à un problème de machine par des graphes de Feynman.

Le calcul du flux rayonné par l'électron s'obtient à partir d'une amplitude de rayonnement. Elle prend une valeur particulière en chaque point de l'espace. Pour simplifier les choses nous nous limiterons à sa position z le long de l'axe du paquet traversé. Pour avoir le flux rayonné nous devons prendre l'amplitude au point z, la multiplier par le complexe conjugué de l'amplitude au point z' et intégrer sur tous les z et z'. Tout cela est de la physique quantique traditionnelle. Mais voilà ! On peut calculer la contribution (dominante) du flux de photons, qui est émise quand z et z' sont tous les deux à l'intérieur du paquet. Le point d'émission du photon peut être relativement bien localisé à l'intérieur d'une zone de cohérence bien plus petite en pratique que la longueur du paquet. On peut ainsi presque suivre l'histoire de l'électron qui rayonne et savoir assez bien où a été émis le photon. On peut cependant aussi calculer la contribution correspondant à z (z') à l'intérieur (extérieur) du paquet ou inversement. Elle est relativement plus faible mais, aux énergies envisagées (de l'ordre du TeV), elle devient aussi importante et sa distribution en énergie est différente de la précédente. On peut donc la séparer expérimentalement.

Qu'en dire ? On a des photons qui sortent mais ils ne viennent pas de l'intérieur du paquet ou de l'extérieur du paquet. Ils viennent des deux régions à la fois, des régions qui sont très distantes l'une de l'autre. Ils correspondent à deux histoires différentes et clairement différenciées, et cela de façon macroscopique. Ils sont là mais savoir où ils ont été émis n'a pas de sens.

On calcule bien l'effet observable. On peut calculer en fait tout ce qui peut être mesuré. Il devient par contre illusoire de vouloir suivre l'histoire du phénomène. C'est un peu comme si deux temps différents s'étaient écoulés en parallèle le photon ayant été émis avant ou pendant la traversée du paquet. Les particules vont à la vitesse de la lumière, ou presque, et les positions z (z') peuvent, si on le désire, être aussi utilisées pour repérer des temps.

Cet exemple particulier illustre en termes macroscopiques un effet tout à fait général au niveau des processus élémentaires. Les amplitudes de réaction entre états bien définis ont un sens. Elles nous permettent de prédire ce qui se passe entre le passé lointain et le futur lointain à l'échelle du phénomène. C'est l'information que contient cette matrice S dont nous avons parlé. Il est par contre illusoire de vouloir suivre en détail l'histoire du phénomène. Nous pouvons certes essayer de le faire mais alors la structure des états intermédiaires à considérer se complique à l'infini.

C'est un autre éclairage sur la notion de temps que nous apporte l'étude des processus élémentaires. Ceci est très bien illustré par cette citation de J.R. Oppenheimer :

" Ces deux façons de penser, celle qui se fonde sur le temps et l'histoire, et celle qui se fonde sur l'éternité et l'absence de temps, sont deux composantes de l'effort de l'homme pour comprendre le monde dans lequel il vit. Ni l'une ni l'autre ne peut être considérée comme englobant l'autre ou réductible à l'autre, chacune d'elle complétant l'autre, ni l'une ni l'autre ne permettant de tout décrire."

LE TEMPS MACROSCOPIQUE

Roger Balian*

Dans le texte ci-dessous, nous nous attachons à replacer dans un cadre plus large les idées que nous avons exposées lors du Colloque. A l'inverse des conférenciers précédents, nous n'avons considéré ni les très petites échelles de la physique des particules ni les grandes échelles de la gravitation et de la cosmologie. Pour nous, l'échelle dite microscopique est l'échelle atomique, avec des distances de l'ordre de l'angström ; nous regardons comme macroscopiques les phénomènes à notre échelle, ou plus généralement à des échelles d'au moins 100 fois les dimensions atomiques. Aux distances beaucoup plus courtes que l'angström, en jeu dans la physique des particules, il existe une flèche du temps qui se manifeste dans les interactions faibles ; aux très grandes échelles, une autre flèche du temps est associée à l'histoire de l'Univers. Ces sources d'orientation du temps n'ont rien à voir avec celles qui jouent aux échelles auxquelles nous nous plaçons. De plus, nous laisserons de côté les causes d'irréversibilité qui se manifestent pour des systèmes non isolés, en raison par exemple d'un couplage avec une source de bruit, ou bien d'une émission de rayonnement allant se perdre à l'infini. Nous ne parlerons pas non plus des phénomènes dits de chaos, selon lesquels la moindre incertitude sur les données initiales rend l'évolution à long terme imprévisible, même pour des systèmes ne comportant qu'un petit nombre de degrés de liberté. Nous nous concentrerons sur l'irréversibilité ou la dissipation observées à notre échelle macroscopique dans des circonstances où les phénomènes à l'échelle microscopique sont réversibles.

Etant donné notre but, partir de constatations d'apparence banale pour introduire le problème scientifique majeur de l'irréversibilité, nous avons cherché à employer un langage aussi imagé et élémentaire que possible, au prix de quelque schématisation. Nous avons incorporé au texte les réponses aux questions posées lors du colloque. Il en résulte notamment

---

* Directeur de Recherches au CEA, Professeur à l'Ecole Polytechnique.

CEA Service de Physique Théorique, CE-Saclay
F-91191 Gif-sur-Yvette Cedex

que le premier tiers présente des rappels sur la thermodynamique peut être superflus en première lecture. La rédaction qui suit a bénéficié de nombreuses améliorations proposées par Marcel Vénéroni, que je remercie ici. Pour plus de précision, on pourra se reporter au livre : R. Balian, *From Microphysics to Macrophysics, Methods and Applications of Statistical Physics*, volumes 1 et 2 (Springer-Verlag, 1991, 1992), notamment aux section 3.4, 14.2 et 15.4.

"Remonter" le Temps ?

Les jours qui précédèrent mon dîner avec Mme de Stermaria me furent, non pas délicieux, mais insupportables. C'est qu'en général, plus le temps qui nous sépare de ce que nous nous proposons est court, plus il nous semble long, parce que nous lui appliquons des mesures plus brèves ou simplement parce que nous songeons à le mesurer.

Proust, *Le côté de Guermantes*

Passent les jours et passent les semaines
Ni temps passé
Ni les amours reviennent
Sous le pont Mirabeau coule la Seine

Vienne la nuit sonne l'heure
Les jours s'en vont je demeure

Apollinaire, *Alcools*

Le temps est perçu dans notre vie quotidienne sous deux aspects, qui se retrouvent dans les théories physiques sous des formes élaborées, mathématisées, et parfois difficilement reconnaissables. En tant que *durée* séparant deux événements, chacun de nous, chercheur ou pas, conçoit le temps à peu près de la même façon. Les préoccupations du chronométreur d'une compétition d'athlétisme sont voisines de celles de l'ingénieur en métrologie, et le navigateur se repère à l'aide du Temps Universel élaboré par des physiciens du Bureau International de l'Heure.

Les différences d'appréhension sont plus grandes en ce qui concerne le second caractère du temps, son *orientation*, souvent ressentie comme une fuite inexorable. Nous percevons intuitivement le temps comme une entité se déroulant toujours dans le même sens ; son écoulement, son vol, sa marche sont des thèmes rebattus mais toujours vivants de la littérature, de l'art, de la chanson. Pourtant, si le physicien ressent ce passage du temps avec la même acuité et la même nostalgie que tous ses congénères, il a été amené à se poser à ce sujet des questions plus techniques, et certaines réponses sont encore controversées. Nous allons ci-dessous examiner l'imbrication entre l'orientation du temps et les processus thermodynamiques qui régissent l'évolution de la matière à notre échelle. Ainsi, la signification physique du "sens du temps" sera précisée. Pourtant, comme nous le verrons, l'analyse des phénomènes à l'échelle atomique révèle une symétrie entre temps croissants et temps décroissants. Cette apparente contradiction a constitué un problème majeur de la science depuis plus d'un siècle ; nous verrons plus loin comment elle est actuellement surmontée.

LE TEMPS, GRANDEUR ORIENTÉE

Comparés à d'autres grandeurs telles que courant électrique, masse ou intensité lumineuse, le temps et la longueur ont en commun le fait qu'ils mesurent un *intervalle* soit entre deux instants, soit entre deux points.

Cette ressemblance n'est pas fortuite. Comme l'expliquent d'autres textes de cet ouvrage, l'une des idées maîtresses de la relativité est l'interdépendance des concepts d'espace et de temps. Nous en donnons ici un bref aperçu sur l'exemple de la désintégration du muon, particule instable dont la durée de vie moyenne vaut τ=2 microsecondes. On ne peut vraiment comprendre la signification de cette durée qu'en analysant les processus à la fois dans l'espace et dans le temps. Le premier événement dans la vie du muon est sa production à la suite d'une collision entre particules ; nous l'observons en un point et à un instant donnés. Le second événement majeur est la réaction de désintégration du muon, qui se produit à un autre instant et généralement en un autre point. Or, la théorie de la relativité implique, et l'expérience établit, que l'intervalle de temps t observé entre ces deux événements ne coïncide avec le temps de vie τ=2 µs du muon que si celui-ci naît et meurt en un même point de l'espace. Si le muon est mobile, le temps *t* que nous mesurons entre sa création et sa désintégration diffère de sa durée de vie propre τ=2 µs. Plus précisément, en désignant par *d* la distance qu'il a parcourue entre ces deux événements, le temps propre τ et le temps de vie observé *t* satisfont à la relation

$$\tau^2 = t^2 - d^2 / c^2, \quad (1)$$

où la constante *c* est la vitesse de la lumière. Ainsi, un muon se déplaçant à une vitesse *d/t* voisine de *c* peut se manifester pendant un temps *t* considérablement supérieur à sa durée de vie propre τ=2 µs, seule grandeur intrinsèque.

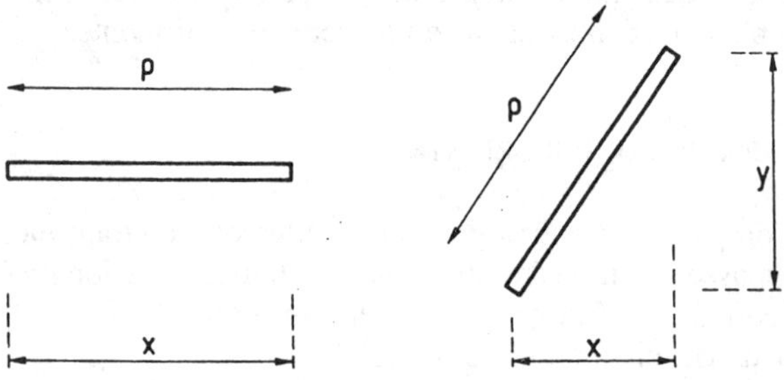

Figure 1
La combinaison de l'espace et du temps comme effet de perspective.

Ce phénomène ressemble à un effet de perspective. Considérons une règle de longueur ρ. C'est seulement si nous la regardons sous un angle droit que ses extrémités nous apparaissent distantes de $x=\rho$. Placée obliquement, comme le montre la figure 1, nous la voyons plus courte qu'elle n'est en réalité, puisque la relation

$$\rho^2 = x^2 + y^2 \tag{2}$$

implique $x<\rho$. Le temps de vie propre τ du muon est l'analogue de la longueur propre ρ de la règle, les grandeurs observées sont le temps t dans un cas, la longueur x dans l'autre, et la vitesse d/t du muon joue le même rôle que l'inclinaison y/x de la règle ; l'effet de perspective dans l'espace-temps conduit à un allongement apparent du temps, à comparer au raccourcissement apparent de la distance pour la perspective ordinaire (conformément à la différence de signe entre les formules 1 et 2).

Cet exemple illustre la ressemblance, voire la parenté, existant entre temps et longueur. Cependant, des effets comme celui que nous venons de décrire, où une délocalisation dans l'espace influe sur un intervalle de temps, ne se manifestent que pour des vitesses comparables à celle de la lumière. Nous nous limiterons dans la suite à des situations non-relativistes où toutes les vitesses en jeu seront faibles devant c, de sorte qu'il sera légitime de considérer le temps comme une grandeur indépendante de la position.

Toutefois, si longueur et temps ont en commun la propriété de mesurer des écarts entre événements, le temps, contrairement à la longueur, est une grandeur *orientée*. Le temps t_{AB} écoulé depuis l'événement A jusqu'à l'événement B doit être considéré comme positif si A précède B, comme négatif si A succède à B. Un intervalle de temps est ainsi une grandeur *algébrique, asymétrique*, satisfaisant à $t_{AB} = -t_{BA}$, alors que la distance d_{AB} entre deux points A et B est toujours positive et symétrique ($d_{AB} = d_{BA}$). Certes, on peut distinguer lequel des points se trouve à gauche de l'autre, de même qu'on peut distinguer parmi deux événements celui qui est antérieur.

Mais dans le cas des distances cette distinction n'est qu'une convention, puisqu'en tournant autour de la paire de points on inverse droite et gauche. Au contraire, le signe de t_{AB} décrit une réalité, parce qu'il n'existe aucune opération permettant d'échanger passé et avenir.

Pour cette même raison, l'expression "remonter le temps", prise au sens des romans de science-fiction, n'a pas vraiment de signification aux yeux du physicien. Une telle idée attribue au temps une matérialité propre : il s'écoulerait comme un fleuve dont on pourrait renverser le cours ou sur lequel on pourrait naviguer vers l'amont. Une vision analogue prévalait au siècle dernier également pour l'espace, milieu matériel (baptisé "éther") dans lequel on imaginait que les objets étaient plongés. Les conceptions modernes, plus empiriques, moins absolues, ne dissocient plus l'espace-temps des événements qui s'y déroulent. Le temps apparaît seulement comme la possibilité de repérer les événements les uns par rapport aux autres dans leur succession ; sa mesure n'est qu'un balisage de ces événements par une suite régulière, choisie comme étalon de durée, d'autres événements (rotation de la terre, oscillation d'un pendule, vibration du quartz de nos montres). Non seulement le temps a été dépouillé de son antique statut de divinité, il a aussi perdu son autonomie. Tout en demeurant une grandeur fondamentale, il doit être conçu non comme entité en soi, qui s'écoulerait en dehors des choses, mais comme une simple relation entre événements. Son orientation s'identifie à l'existence d'un ordre dans leur succession, et "remonter le temps" n'a pour nous d'autre signification que reproduire dans l'ordre inverse une suite d'événements déjà survenus dans le passé. L'intuition scientifique de **Ronsard**, écrivant

Le temps s'en va, le temps s'en va, Madame,
Las le temps non, mais nous nous en allons

serait-elle meilleure que celle d'Apollinaire ?

CAFÉ, CHAMPAGNE ET CINÉMA : L'IRRÉVERSIBILITÉ

Parmi les deux aspects du temps qui interviennent dans les processus naturels, durée et orientation, nous fixons désormais notre attention sur le second. Discutons d'abord un exemple. La réaction chimique

$$H_2 + Cl_2 \rightarrow 2HCl$$

se produit dans l'obscurité à une vitesse imperceptible, plus rapidement (en fait, de façon explosive) lorsqu'on éclaire le mélange à la lumière du soleil. Considérons alors un mélange gazeux *A* composé de 2 litres d'hydrogène et 1 litre de chlore. L'évolution qu'il subit dépend des circonstances ; mais à condition d'attendre assez longtemps, l'état final *B* auquel on aboutit est toujours le même : 1 litre d'hydrogène et 2 litres de gaz chlorhydrique. A l'inverse, si l'on mélange à température ordinaire 1 litre d'hydrogène avec 2 litres de gaz chlorhydrique, l'expérience montre qu'en aucun cas il ne se forme spontanément de chlore. Le processus considéré est irréversible: l'état *A* du mélange peut précéder dans le temps l'état *B*, mais l'inverse est impossible. *L'irréversibilité des phénomènes* va donc s'identifier pour nous à *l'orientation du temps.*

Il est facile dans la vie courante d'observer des phénomènes irréversibles. Un morceau de sucre se dissout dans une tasse à café, mais ne se reconstitue jamais à partir de café sucré (même si l'on tourne la cuiller à l'envers !). Les températures d'une bouteille de champagne et de l'eau du seau à glace s'égalisent ; mais si deux objets initialement à la même température sont mis en contact, l'un ne peut se refroidir aux dépens de l'autre. La vie même n'est-elle pas un processus irréversible ?

On notera que, pour reconnaître sans ambiguïté une irréversibilité, il convient de considérer un *système isolé*, n'échangeant rien avec l'extérieur, par exemple la bouteille *et* le seau à glace. Une intervention extérieure peut en effet renverser l'ordre naturel de succession des choses, et donner ainsi l'apparence de remonter le temps. Ainsi, le mouvement d'une horloge est irréversible en raison des frottements qui tendent à freiner le balancier ; ce mouvement est entretenu par exemple grâce à un ressort, tendu dans la situation initiale *A*, détendu dans la situation finale *B*. Si l'horloge est livrée à elle-même, *B* ne peut précéder *A*. Pourtant, lorsque nous "remontons" le ressort (ou lorsque nous "remontons" le poids d'une horloge ancienne), nous forçons l'horloge à passer de *B* en A, processus que la nature interdit à un système isolé : pour l'horloge (mais pas pour le monde extérieur), tout s'est passé comme si on avait "remonté" le temps. De même, l'eau de mer ne peut *spontanément* se dessaler, mais un apport de chaleur extérieure permet de séparer ses constituants dans une saline.

Toute irréversibilité traduit une dissymétrie des lois de la nature par rapport au temps. Lorsque (pour un système isolé) l'événement *B* peut succéder à *A* mais non le devancer, cela signifie que les équations d'évolution de ce système ont la propriété suivante : elles admettent des solutions telles que l'intervalle de temps t_{AB} depuis *A* vers *B* soit positif, mais pas de solutions telles que t_{AB} soit négatif (ou t_{BA} positif). Plus généralement, la plupart des équations d'évolution macroscopiques ne sont pas invariantes par renversement du temps, c'est-à-dire par changement formel de la variable t en son opposé $-t$. Comme nous l'avons discuté plus haut, cette dissymétrie n'est pas une propriété du temps en soi, mais doit être attribuée aux processus physiques régissant l'enchaînement des événements. Il existe d'ailleurs des phénomènes macroscopiques *réversibles*. Ainsi, un pendule (avec un support graissé et placé dans le vide pour éviter l'amortissement dû aux frottements mécaniques et au freinage par l'air) revient à son point de départ après une oscillation ; la loi de son mouvement est symétrique par rapport au renversement du temps.

Le cinéma aiguise notre intuition de l'irréversibilité. Lorsque la caméra a enregistré un mouvement réversible, la projection du film est tout aussi vraisemblable dans un sens que dans l'autre. Le sentiment d'absurdité ou d'émerveillement que nous pouvons ressentir en regardant passer certains films à l'envers tient à l'irréalité introduite dans l'ordre de succession des faits. Les cinéphiles connaissent la séquence du *Testament d'Orphée* où Jean Cocteau crée dans ses mains une fleur d'hibiscus à partir des lambeaux de pétales. Le jeu est plus subtil dans *La Belle et la Bête*, où nous voyons les chandeliers s'enflammer spontanément l'un après l'autre au fur et à mesure que Jean Marais avance dans la galerie du château : la scène a été tournée à l'envers, l'acteur marchait à reculons, et des machinistes hors champ soufflaient au moment voulu les bougies de chaque candélabre.

LE PRINCIPE DE CARNOT

L'irréversibilité est devenue sujet d'étude scientifique au XIXème siècle avec la création de la *thermodynamique*. Cette branche de la physique repose sur quelques principes, dont l'élaboration a nécessité une centaine d'années, et qui expriment l'existence de barrières érigées par la nature. De fait, les principes les plus féconds et les plus profonds de la science reflètent assez souvent des *interdictions*. Le postulat d'Euclide énonce l'impossibilité de mener par un point plus d'une parallèle à une droite donnée. La relativité affirme l'impossibilité de dépasser la vitesse de la lumière, la mécanique quantique l'impossibilité de mesurer simultanément avec précision la position et la vitesse d'une particule. Le premier principe de la thermodynamique, exprimant la conservation de l'énergie, interdit la construction d'un mécanisme réalisant le mouvement perpétuel, et plus généralement la création d'énergie ou de matière à partir de rien. Le troisième principe interdit d'atteindre la température de -273,15° C, appelée aussi zéro absolu. Nous allons discuter plus en détail le deuxième principe, autre prohibition imposée par la nature. Il peut s'énoncer sous diverses formes, qui toutes traduisent de façon plus ou moins indirecte l'existence à notre échelle d'une flèche du temps.

L'énoncé le plus ancien du deuxième principe est dû à Sadi Carnot ; la parution en 1824 de ses *Réflexions sur la puis-*

sance motrice du feu a constitué une étape décisive de la science. (C'est le nom de son petit-neveu, président de la République assassiné, que portent les plaques de nos rues, alors que ni le génial physicien ni son père Lazare, grande figure de la Révolution, ne sont dignement célébrés). Cet ouvrage, dont l'édition originale constitue un trésor de bibliophilie, est rédigé dans un style devenu un peu désuet, mais remarquablement lucide et précis, comme en témoigne cet échantillon : "La puissance motrice de la chaleur est indépendante des agents mis en œuvre pour la réaliser ; sa quantité est fixée uniquement par les températures des corps entre lesquels se fait en dernier résultat le transport du calorique". Ces idées, que nous commentons plus bas, fournissent la première analyse scientifique d'un phénomène irréversible. Elles fondaient une nouvelle science, la thermodynamique, mais il fallut plus de vingt ans pour qu'on en prît conscience. C'est vers 1850 que le principe de Carnot fut baptisé "second principe de la thermodynamique", en dépit de son antériorité sur le "premier", énoncé vers 1842 par Mayer et Joule. En fait, l'équivalence entre chaleur et travail avait déjà été reconnue par Carnot lui-même. On peut lire dans ses notes posthumes des phrases telles que celles-ci : "Partout où il y a destruction de puissance motrice dans les particules des corps, il y a en même temps production de chaleur en quantité précisément proportionnelle à la quantité de puissance détruite... On peut donc poser en thèse générale que la puissance motrice est en quantité invariable dans la nature, qu'elle n'est jamais à proprement parler ni produite ni détruite. A la vérité elle change de forme". Malheureusement, Carnot mourut au cours de l'épidémie de choléra de 1832, la majeure partie de ses meubles et papiers fut détruite par mesure d'hygiène (en fait on s'interroge aujourd'hui sur la nature de la maladie ayant causé son décès) ; quelques écrits, retrouvés bien des années plus tard, furent publiés en 1878.

Le point de départ de Carnot est l'analyse du fonctionnement des machines à vapeur, alors en plein développement technique. Plus généralement, il s'intéresse à tout *moteur thermique*, dispositif destiné à créer du travail mécanique à partir de la chaleur ; ses considérations s'appliquent donc aussi bien aux machines à vapeur de son époque qu'à nos moteurs de voitures, réacteurs d'avions ou turbines de centrales électriques. Un moteur thermique fonctionne en *cycle fermé*, c'est-à-dire qu'il revient périodiquement à son état initial en fournissant un certain travail au cours de chaque cycle. (Dans un moteur d'automobile, chaque piston fait deux allers et retours au cours du cycle à quatre temps).

Une idée préliminaire essentielle, sous-jacente aux réflexions de Carnot, a été explicitée plus tard (en 1854) par William Thomson, futur lord Kelvin, à savoir l'interdiction du "mouvement perpétuel de deuxième espèce". Alors que l'on peut toujours transformer de l'énergie mécanique en chaleur (c'est le principe même des freins de voiture), il est *impossible* de construire un engin qui transformerait en travail de l'énergie calorifique fournie par *une seule source* à température uniforme. Ainsi, alors que la fusion de la glace absorbe de l'énergie, on ne saurait inversement concevoir un navire qui avancerait en puisant dans la mer son énergie motrice sous forme de chaleur et en laissant dans son sillage de l'eau plus froide (ou des glaçons). En réalité, il est indispensable de disposer non seulement d'une source chaude, mais aussi d'une *source froide* vers laquelle une partie de la chaleur est évacuée. Pour une voiture ou un avion, cc rôle est joué par l'air ambiant vers lequel les gaz brûlés sont rejetés. Pour une centrale électrique, la source chaude qui alimente les turbines en énergie est un réacteur nucléaire, une chaudière au fuel ou au charbon, produisant de la vapeur sous pression ; mais cette vapeur doit ressortir des turbines à plus basse pression, donc refroidie. C'est pourquoi les centrales sont installées si possible près d'une rivière ou de la mer ; leurs parties les plus visibles de loin sont souvent de grandes tours abritant les circuits de refroidissement.

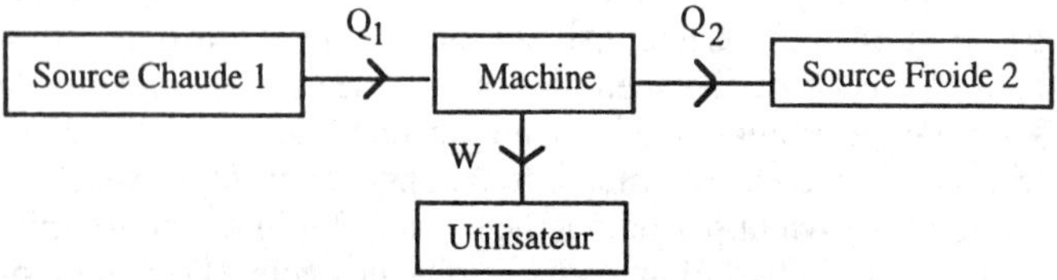

Figure 2
Bilan d'énergie d'un moteur thermique.

Le principe de Carnot fixe une limite supérieure au rendement de toute machine thermique, c'est-à-dire au rapport W/Q_1 entre le travail W fourni et la chaleur Q_1 puisée à la source chaude 1 (Fig.2). Cette borne théorique ne dépend que des températures des deux sources : elle est faible lorsque ces températures sont voisines et ne peut être améliorée qu'en augmentant leur écart. Le résultat s'écrit simplement lorsque les températures sont exprimées en kelvins ou degrés absolus (la température absolue est égale à la température en degrés centigrades plus 273,15) : en désignant par T_1 et T_2 les températures absolues des deux sources, le rendement maximal est donné par :

$$\frac{W}{Q_1} \leq \frac{T_1 - T_2}{T_1} \tag{3}$$

Ainsi, si la source froide est à la température ordinaire (20°C), le rendement du moteur ne peut dépasser 80/373 soit 20% pour une source chaude à 100°C, ou 280/573 soit 50% pour une source chaude à 300°C. La chaleur $Q2$ cédée à la source froide 2, et satisfaisant au bilan global $Q1 = Q2 + W$, est perdue. La relation (3) montre qu'elle vaut au moins

$$Q_2 \geq \frac{T_2}{T_1} Q_1 \geq \frac{T_2}{T_1 - T_2} W. \tag{4}$$

La production de travail s'accompagne donc d'une inévitable "pollution thermique". Pour une valeur donnée de l'énergie mécanique W que l'on souhaite obtenir, on ne peut réduire $Q2$

qu'en augmentant la température T_1.

La chaleur apparaît ainsi comme une forme dégradée de l'énergie : il est possible de transformer intégralement en chaleur du travail mécanique (dans un frein) ou de l'énergie électrique (dans un radiateur), mais en sens inverse les rendements sont limités. Par contre, les alternateurs et les moteurs électriques ont des rendements pratiquement égaux à l'unité : la transformation du travail en électricité (et vice-versa) se fait presque sans perte.

LE RÉFRIGÉRATEUR, MACHINE À REMONTER LE TEMPS ?

Parmi les diverses formulations du deuxième principe, celle de Clausius (1850) projette sur la question de l'irréversibilité un éclairage plus simple que celle de Carnot. Considérons un système isolé constitué de deux parties initialement à des températures différentes, comme notre exemple de la bouteille de champagne dans un seau à glace. Selon l'énoncé de Clausius, lorsque ces deux parties sont mises en présence l'une de l'autre, il est impossible que la plus froide cède (sans intervention extérieure) de la chaleur à la plus chaude. Sous cette forme, l'irréversibilité des échanges de chaleur entre matériaux à des températures différentes est posée comme principe : si deux corps (isolés du monde extérieur) initialement dans un état A où leurs températures sont différentes ont abouti à un état B où ces températures se sont rapprochées l'une de l'autre, aucune évolution ultérieure ne pourra inversement les mener de B vers A.

Revenons au moteur thermique dans le schéma de Carnot (Fig.2). Nous pouvons maintenant interpréter comme suit son fonctionnement. La source chaude 1 tend spontanément à céder de la chaleur à la source froide 2. Le dispositif mis en place entre ces sources détourne à notre profit une partie de ce flux d'énergie, partie qui est transformée en travail. Plus l'écart de températures est grand, plus la tendance naturelle au transfert de chaleur augmente, ce qui facilite la récupération de travail et permet d'accroître le rendement selon la relation (3). Ainsi, c'est l'existence même de l'irréversibilité des échanges de chaleur qui conditionne l'obtention de travail à partir de chaleur.

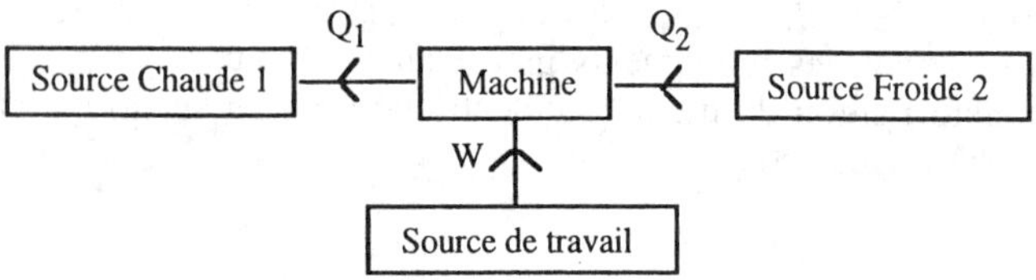

Figure 3
Bilan d'énergie d'un réfrigérateur ou d'une pompe à chaleur.

Examinons s'il est possible de renverser le cours des choses dans une machine thermique (Fig.3). L'inversion du sens des échanges dans le schéma de Carnot conduit à un dispositif qui cède une quantité de chaleur Q_1 à une source chaude 1, tandis qu'il reçoit d'une part une quantité de chaleur Q_2 d'une source froide 2, d'autre part un travail

$$W = Q_1 - Q_2,$$

mécanique ou électrique. Un tel système transfère de la chaleur d'un point froid vers un point chaud, en sens inverse du flux spontané, au prix d'une consommation de travail ou d'électricité. Les réfrigérateurs fonctionnent sur ce principe, la source froide 2 représentant l'intérieur de l'armoire frigorifique, la source chaude 1 l'extérieur. Le deuxième principe fournit alors l'inégalité

$$Q_2 \leq \frac{T_2}{T_1 - T_2} W, \qquad (5)$$

qui fixe une limite à l'efficacité du réfrigérateur. Le même schéma s'applique à une pompe à chaleur, à condition de considérer 2 comme l'atmosphère extérieure et 1 comme la pièce à réchauffer. Celle-ci reçoit une quantité de chaleur

$$Q_1 \leq \frac{T_1}{T_1 - T_2} W, \tag{6}$$

qui peut être très supérieure à W, alors qu'un radiateur aurait seulement fourni

$$Q_1 = W.$$

En admettant que le même dispositif puisse fonctionner dans les deux sens, comme moteur thermique ou comme réfrigérateur, permet-il de "remonter le temps" ? Autrement dit, pouvons-nous réaliser deux processus dont l'état initial et l'état final soient simplement intervertis ? Il faut pour cela que les quantités de chaleur Q_1 et Q_2 et de travail W mises en jeu soient les mêmes dans les deux cas. Or, la comparaison des relations (4) et (5) montre que ce n'est possible que si les bornes imposées par les inégalités sont atteintes, c'est-à-dire si

$$\frac{Q_1}{T_1} = \frac{W}{T_1 - T_2} = \frac{Q_2}{T_2}. \tag{7}$$

Lorsque cette condition est satisfaite, la machine est *réversible* : la faire fonctionner à l'envers ramène les deux sources à leur état initial (en consommant le travail précédemment produit). De plus, le *meilleur rendement* possible autorisé par le second principe est atteint dans l'un et l'autre sens.

Cette situation idéale est un cas limite, jamais réalisé en pratique. Elle montre que l'amélioration des rendements est subordonnée à la réduction des causes d'irréversibilité. Il faut pour cela s'efforcer d'approcher de conditions qui permettraient de "remonter le temps". Ainsi, la lubrification a pour objet de diminuer les frottements, processus irréversibles qui transforment en pure perte du travail en chaleur. De même convient-il d'éviter un transfert spontané de chaleur d'un point chaud vers un point froid, ou une modification brutale de la pression et de la température des fluides dans la machine. Pourtant, en pratique, toutes ces causes d'irréversibilité ne peuvent être éliminées : les réduire exagérément serait incompatible tant avec une taille raisonnable de l'engin qu'avec une rapidité de fonctionnement adaptée à nos besoins. On améliore par exemple le rendement des moteurs de voiture en récupérant une partie de la chaleur des gaz brûlés, qui sert à réchauffer le mélange effectué dans le carburateur. Toutefois, aller trop loin dans cette voie conduirait à encombrer le moteur par des échangeurs volumineux ; en outre, de sérieuses limitations sont imposées par la durée des échanges thermiques, facteur ignoré par le deuxième principe. L'ingénieur doit ruser avec l'irréversibilité : la combattre pour améliorer le rendement, mais s'en accommoder voire en tirer parti pour assurer un fonctionnement convenable.

LA CROISSANCE DE L'ENTROPIE

Nous nous sommes attardés sur les problèmes d'échanges de chaleur et de travail parce qu'ils ont joué un rôle historique essentiel dans l'élaboration de la thermodynamique et parce qu'ils illustrent bien l'existence d'une orientation du temps dans les processus physiques à notre échelle. L'irréversibilité est en fait un phénomène très général, ce que l'appellation "thermodynamique" ne laisse pas transparaître. Car si à l'origine cette science traitait de la chaleur et de son écoulement, elle a progressivement étendu son emprise à bien d'autres phénomènes, depuis la plasticité des solides jusqu'aux équilibres chimiques, en passant par le magnétisme ou la diffusion d'une substance dans un solvant. Et les propriétés générales qu'elle énonce sont communes à tous les matériaux, observés à notre échelle.

Une première série de propriétés entrent dans le cadre du premier principe ou de ses généralisations. Il s'agit des *lois de conservation,* conservation de l'énergie, mais aussi de la charge électrique, de la quantité de matière, ou (de manière plus détaillée) du nombre de tel ou tel type de particules constitutives, par exemple les atomes de chlore et d'hydrogène d'un mélange de molécules Cl_2, H_2 ou HCl. Toutes ces grandeurs restent inchangées, et ne permettent donc pas de distinguer un sens d'écoulement du temps.

Au contraire, la différence entre instant initial et instant final est à la racine même du deuxième principe sous sa forme moderne. Ce principe permet de prédire quelles sont les évolutions permises, et lesquelles sont interdites par l'irréversibilité. Son énoncé général fait intervenir une grandeur fondamentale, *l'entropie S*. Les systèmes que l'on considère sont en général constitués de diverses parties (par exemple dans une machine thermique les éléments du moteur et les sources de chaleur). L'état de chaque partie est caractérisé par divers paramètres comme la température (ou l'énergie), la masse des constituants, le volume. L'entropie S est une grandeur associée à chaque état du système, c'est-à-dire une certaine fonction, plus ou moins directement accessible à l'expérience, de ces paramètres. Pour un système isolé, *le deuxième principe affirme que l'entropie S ne peut que croître* avec le temps ou rester constante : temps et entropie croissent de concert.

Par exemple, l'entropie totale d'un morceau de sucre et d'une tasse de café est inférieure à l'entropie du café sucré, de sorte que l'évolution implique la dissolution du sucre. Au contraire, l'insolubilité d'une cuiller correspond au fait que l'entropie d'un mélange café-métal serait inférieure à celle des deux matériaux séparés. De même, l'évolution d'une machine thermique est gouvernée par la croissance de l'entropie. On montre en effet que si un matériau à la température T reçoit la quantité de chaleur Q son entropie croît de Q/T. Au cours d'un cycle du fonctionnement, l'entropie de l'ensemble isolé constitué par le moteur thermique plus les sources chaude et froide augmente donc de $Q_2/T_2 - Q_1/T_1$. La positivité de cette quantité implique, compte tenu de la conservation

$$Q_1 = Q_2 + W$$

de l'énergie, que les échanges satisfont aux inégalités (3) et (4) qui limitent le rendement. De même, pour un réfrigérateur ou une pompe à chaleur, la croissance de l'entropie signifie que $Q_1/T_1 - Q_2/T_2$ est positive, ce qui entraîne les inégalités (5) et (6).

Lorsqu'on laisse un système isolé évoluer spontanément,

il finit par atteindre un *état d'équilibre* caractérisé par le maximum de l'entropie. Considérons par exemple deux liquides comme l'eau et le chloroforme, partiellement miscibles l'un dans l'autre. Ils se séparent spontanément en deux phases superposées, dont on peut déterminer les compositions, différentes, en exprimant que l'entropie atteint sa plus grande valeur possible. Selon la formule célèbre de Clausius, "die Energie der Welt ist konstant. Die Entropie der Welt strebt einem Maximum zu".

Ainsi, le concept d'entropie exprime de façon quantitative les préceptes de la thermodynamique grâce à l'étude de son sens de variation. L'ordre dans lequel les événements sont autorisés à se succéder devient prévisible, et l'état d'équilibre vers lequel un système finit par aboutir devient calculable. L'entropie apparaît comme *indicateur du sens d'évolution* et sa croissance dans le temps *mesure le degré d'irréversibilité* d'un processus. En particulier, une transformation réversible ne peut se produire que si l'entropie totale reste constante : si elle croissait, la transformation inverse serait interdite.

Pourtant, dans ce cadre, la signification physique de l'entropie aussi bien que la raison de sa croissance restent quelque peu mystérieuses. Pourquoi existe-t-il une telle fonction de l'état du système, liée à l'orientation des événements dans le temps ? Pourquoi cette grandeur augmente-t-elle, contrastant ainsi avec les quantités conservées comme l'énergie ? Pour répondre à ces questions et comprendre la nature de l'entropie, il faut recourir à une théorie plus fondamentale, donc analyser les phénomènes à l'échelle microscopique.

LA PLONGÉE VERS LE MICROSCOPIQUE : DE CHARYBDE EN SCYLLA

Nous avons appris depuis un siècle que tous les matériaux sont constitués de particules élémentaires. Parmi celles-ci, quatre seulement jouent un rôle dans la plupart des phénomènes aux échelles nucléaire, atomique et macroscopique, le proton (chargé positivement), le neutron, l'électron (léger et chargé négativement), et le photon. Quelques protons (un seul pour l'hydrogène et jusqu'à 92 pour l'uranium), et un nombre comparable de neutrons, se lient fortement entre eux pour former des noyaux atomiques difficilement dissociables. Ces noyaux s'entourent d'un nuage d'électrons, en nombre égal à celui des protons, l'ensemble étant lié par les forces électriques de Coulomb. Les atomes ainsi constitués s'assemblent à leur tour en édifices plus complexes, depuis les molécules comportant quelques atomes jusqu'aux solides qui en comptent un très grand nombre. Les liaisons chimiques qui maintiennent ces édifices sont elles aussi le résultat des seules forces électromagnétiques. Toute cette organisation ne peut se comprendre sans les principes de la mécanique quantique. Mais celle-ci ne jouera guère de rôle visible dans la suite, si ce n'est qu'elle nous autorisera à traiter les configurations microscopiques d'un système comme des états dénombrables et non comme un continuum, contrairement à ce qui se produirait en mécanique classique. Quant aux photons, ils interviennent uniquement dans les phénomènes optiques et électromagnétiques. Pour simplifier, nous laisserons ceux-ci de côté, ainsi que les interactions magnétiques. En définitive, nous pouvons décrire toute matière à l'échelle atomique comme une assemblée de noyaux et d'électrons, obéissant à la mécanique quantique et s'attirant ou se repoussant selon leurs interactions coulombiennes.

La simplicité de cette structure microscopique contraste avec la variété et la complexité du monde tel que nous l'observons à notre échelle macroscopique, depuis les minéraux jusqu'aux êtres vivants. On peut ainsi concevoir tout objet comme le résultat d'un jeu de construction. Les types de pièces sont peu nombreux, la règle d'assemblage est simple ; mais si grande est la quantité des pièces que les agencements peuvent varier à l'infini et que leurs propriétés sont imprévisibles. La simplicité sous-jacente est tout à fait cachée. Pour donner une idée du gigantisme du nombre d'éléments en jeu, considérons une tête d'épingle pesant 1 milligramme. Elle contient 10^{19} atomes de fer, empilés à des distances mutuelles de $2{,}3.10^{-10}$m. Si au lieu de les empiler on alignait ces atomes à la queue leu leu en conservant entre eux cette même distance, on dépasserait de loin la lune !

Le physicien doit être capable d'appréhender un système simultanément à l'échelle de l'angström et à l'échelle macroscopique, c'est-à-dire lorsque sa taille dépasse le dixième ou le centième de micron. A ce rapport de longueurs, d'au moins 100 à 1000, correspond également une différence dans les échelles de durées. Les temps caractéristiques microscopiques, périodes d'oscillations électroniques ou atomiques, durées de collisions, se mesurent en picosecondes (10^{-12} s) ou même en femtosecondes (10^{-15} s), alors que l'on peut faire commencer l'échelle des temps macroscopiques à la nanoseconde (10^{-9} s) période typique des ondes radio ou temps mis par une molécule d'un gaz à parcourir entre deux collisions successives une distance de l'ordre de 1 micron. Passer d'une échelle à l'autre, dans l'espace et dans le temps, en expliquant les propriétés macroscopiques des corps à partir de leur structure microscopique, fait l'objet de la physique statistique. La tâche, difficile en raison de l'immensité du nombre de constituants, est cependant réalisable dans bien des cas grâce à l'emploi de la méthode statistique. L'impossibilité, et l'absence d'intérêt, de décrire complètement un système particulier à l'échelle atomique conduisent à ne retenir qu'un certain nombre de propriétés moyennes pertinentes, telles, dans un gaz, que la densité et l'énergie cinétique moyenne des molécules, et à introduire un ensemble d'objets ayant tous ces mêmes propriétés mais pouvant différer quant aux détails. Le but est alors d'expliquer, par l'utilisation du calcul des probabilités, les propriétés génériques d'un tel ensemble. Cette démarche permettra de faire des prédictions raisonnables sur le comportement de l'objet étudié, voire, comme nous le verrons plus loin, d'acquérir sur lui des quasi-certitudes en s'appuyant sur la loi des grands nombres.

Dans ce cadre, comment les principes généraux de la thermodynamique se comprennent-ils ? En ce qui concerne le premier principe, les choses sont assez simples. A l'échelle microscopique, l'énergie n'est autre que la somme de l'énergie cinétique des particules et de leurs énergies mutuelles d'interaction électrique. La conservation de cette énergie microscopique se traduit à l'échelle macroscopique par l'équivalence entre les diverses formes que revêt pour nous l'énergie : chaleur, décrivant des mouvements désordonnés des atomes, énergie mécanique, correspondant à des déplacements collectifs des constituants, énergie électrique, associée à une séparation partielle des charges dans l'espace, énergie chimique, provenant du réarrangement des atomes en molécules différentes, etc. Cette origine microscopique commune de la chaleur et du travail avait déjà été pressentie par Carnot : "la chaleur n'est autre que la puissance motrice ou plutôt que le mouvement qui a changé de forme, c'est un mouvement". De même, la conservation de la matière et de la charge traduisent directement la conservation des particules constitutives.

L'explication du deuxième principe et l'interprétation microscopique de la grandeur qui l'exprime, l'entropie, sont beaucoup moins évidentes. Examinons en effet comment évolue au cours du temps un ensemble de particules. Les lois de leur mouvement sous l'effet des forces de Coulomb ont une propriété remarquable : elles sont *réversibles*. On dit aussi qu'elles sont "invariantes par renversement du temps", c'est-à-dire que le changement de signe du temps dans les équations d'évolution ne les modifie pas. Par suite, si un mouvement depuis une configuration *a* vers une configuration *b* est possible, le mouvement inverse de *b* vers *a* est également possible. S'il nous était loisible de filmer ce mouvement, la projection du film à l'envers serait tout aussi plausible que sa projection à l'endroit.

Ce comportement diffère radicalement de l'évolution des systèmes à l'échelle macroscopique, évolution qui, nous l'avons vu, est presque toujours *irréversible* en vertu du deuxième principe : le changement de signe du temps dans les équations macroscopiques du mouvement ne les laisse pas invariantes. Dans la seconde moitié du XIXème siècle, époque de l'éclosion de la physique statistique, l'irréversibilité, la dissipation étaient des faits d'évidence. Introduire, comme Maxwell ou Boltzmann, d'hypothétiques atomes afin de fournir des explications théoriques à des phénomènes établis empiriquement soulevait les objections de la majorité des savants et philosophes. En particulier, ces premiers travaux de mécanique statistique postulaient la réversibilité du mouvement des atomes (non encore observés), ce qui heurtait le sens commun des physiciens puisque tous les phénomènes connus à l'échelle humaine étaient peu ou prou irréversibles. C'est dans ce contexte que fut énoncé en 1874 par W. Thomson et en 1876 par Loschmidt le *paradoxe de l'irréversibilité* ; d'abord machine de guerre des thermodynamiciens contre les tenants de la physique statistique, il est devenu très vite source de stimulation pour ces derniers. Comment expliquer qu'une dynamique microscopique réversible engendre à l'échelle macroscopique des processus irréversibles ? Comment comprendre *l'existence même de l'entropie,* fonction *dissymétrique* par rapport au temps de l'état macroscopique du système, alors que l'on sait que l'évolution microscopique du matériau est *symétrique ?* Toute fonction des variables caractérisant l'état microscopique du système doit refléter cette symétrie, donc doit être autorisée aussi bien à croître qu'à décroître (sauf si elle reste constante dans le temps). Or, c'est un fait d'expérience macroscopique, l'entropie ne peut que croître ! Peut-il donc s'agir d'une véritable grandeur physique ? Nous escomptions mieux appréhender les choses en nous appuyant sur les lois simples et fondamentales de la physique microscopique, et voilà que l'irréversibilité, phénomène pourtant quotidien, semble nous échapper !

CHANGEMENT D'ÉCHELLE ET INVARIANCES BRISÉES

Le développement de la physique (ainsi d'ailleurs que celui de la biologie) nous a habitués à voir coexister des descriptions *radicalement différentes* d'un même objet, selon les échelles auxquelles il est observé. Ainsi, un fluide est à notre échelle l'image même de l'homogénéité et de la continuité, alors que son étude microscopique révèle qu'il est constitué de molécules discrètes, animées de mouvements erratiques. D'autre part, le développement de la science nous a amenés à croire en la possibilité théorique de *déduire*, au moins en principe, les propriétés observées à une échelle donnée de celles qui régissent le niveau inférieur. Certes de telles déductions sont partielles, laborieuses, et le plus souvent obtenues a posteriori. Mais jusqu'ici cette démarche réductionniste n'a jamais été démentie par l'expérience, et elle s'est révélée fructueuse. Même lorsqu'ils n'en ont nul besoin dans leurs travaux quotidiens, les chercheurs, en sciences de la matière comme désormais en biologie, ont pour la plupart été amenés à adhérer à la doctrine selon laquelle des lois élémentaires simples mais cachées doivent sous-tendre la diversité et la complexité du réel. La physique s'avère ainsi plus fondamentale et plus simple dans ses principes lorsqu'on se place au niveau microscopique : ses lois macroscopiques se réduisent à des conséquences des lois microscopiques, et les différences qualitatives entre les deux échelles sont engendrées par le grand nombre de constituants des objets macroscopiques. Ainsi, le caractère continu d'un fluide à notre échelle émerge du très grand nombre de ses molécules constitutives. Par exemple, dans l'eau, les molécules sont distantes de 3.10^{-10} m : une gouttelette de brouillard de 1/100 mm de diamètre apparaît comme aussi continue qu'un mètre cube de sable fin.

De même, les transitions de phase, telles que la vaporisation ou la cristallisation des liquides, où l'on observe des discontinuités de certaines propriétés comme la densité en fonction de la température, ne se manifestent qu'à l'échelle macroscopique. En cherchant à expliquer ce phénomène à partir de la structure microscopique du matériau, on a longtemps débattu de l'existence d'une modification brutale qui se produirait à la température de transition dans les interactions entre atomes, et dont le changement de phase serait le reflet. La question n'a été définitivement tranchée qu'en 1944, lorsque Lars Onsager a présenté la solution exacte d'un modèle dans lequel des forces élémentaires, indépendantes de la température, produisent cependant une discontinuité des propriétés macroscopiques à une certaine température que rien ne signalait à l'échelle microscopique. C'est ici encore le grand nombre des constituants qui permet l'apparition de la transition de phase. Rien à l'échelle atomique ne distingue l'eau de sa vapeur ni de la glace ; leurs transformations mutuelles ne traduisent qu'un changement d'organisation de l'édifice global, contrôlé seulement par deux paramètres macroscopiques, la température et la pression. L'explication de l'existence et des propriétés des transitions de phase à partir des seules interactions microscopiques a constitué l'une des avancées importantes de la physique théorique de notre siècle.

Le fait que le temps acquière une flèche lors du passage des lois microscopiques aux lois macroscopiques est, lui aussi, une conséquence du changement d'échelle. Il présente une caractéristique commune avec bon nombre de transitions de phase, celle d'entrer dans la catégorie des phénomènes dits de *brisure de symétrie* ou d'invariance. Ainsi, les lois de la nature restent inchangées sous l'effet d'une rotation, ce que reflète l'isotropie d'une phase liquide. Pourtant, en phase cristalline, cette invariance par rotation est spontanément brisée : même si un cristal est formé en apesanteur dans un environnement parfaitement isotrope, il possède des directions privilégiées. De même, la symétrie des lois microscopiques par renversement du sens du temps, ou leur invariance lorsqu'on y remplace t par $-t$, est spontanément violée à plus grande échelle. Cependant, l'apparition de l'irréversibilité présente un caractère singulier, que nous allons dégager à l'aide d'une comparaison avec un autre exemple de brisure d'invariance. A l'échelle atomique, les lois sont invariantes non seulement par changement de signe de *t*, mais aussi par parité, c'est-à-dire par changement de signe des coordonnées spatiales : une assemblée de noyaux et d'électrons en interaction se comporte exactement comme le ferait son image dans un miroir. Toutefois, si l'on passe à plus grande échelle, on constate que les grosses molécules que sont les protéines manifestent toutes une profonde dissymétrie, qui se traduit en particulier par l'absence systématique d'hélices à gauche. Ainsi, la myoglobine, protéine de masse atomique 17 800 constituée de 153 acides aminés et dont le rôle est de stocker et transporter l'oxygène dans les muscles, comporte 8 hélices, toutes à droite, notées A à H sur la figure 4. C'est une molécule *"chirale"*, c'est-à-dire non superposable à son image dans un miroir. Il a suffi de considérer des objets 10 fois plus grands pour briser la symétrie d'espace.

Cet exemple, parmi d'autres, semble attribuer un statut analogue aux brisures des symétries d'espace et de temps. En réalité, ces brisures diffèrent radicalement par un point essentiel. Le mécanisme de la première résulte ici de la structure tétraédrique du carbone : étant donné un atome de carbone lié chimiquement à quatre radicaux différents, il existe deux manières de disposer ces liaisons, images l'une de l'autre dans un miroir. Ceci permet d'envisager des structures en hélice s'enroulant à gauche aussi bien qu'à droite. Plus généralement, il est permis à un objet macroscopique (ici une molécule) de ne pas manifester la symétrie des lois microscopiques ; mais alors, la présence même de cette symétrie sous-jacente implique l'existence d'un autre objet qui s'en déduit par symétrie. Rien ne s'oppose donc en principe à l'élaboration d'une molécule d'"anti-myoglobine" qui serait représentée par l'image de la figure 4 dans un miroir. Si l'une seule des deux chiralités possibles est observée chez les êtres vivants, c'est uniquement en raison d'une longue évolution historique qui a abouti à sélectionner un mode de synthèse biologique très particulier. Une

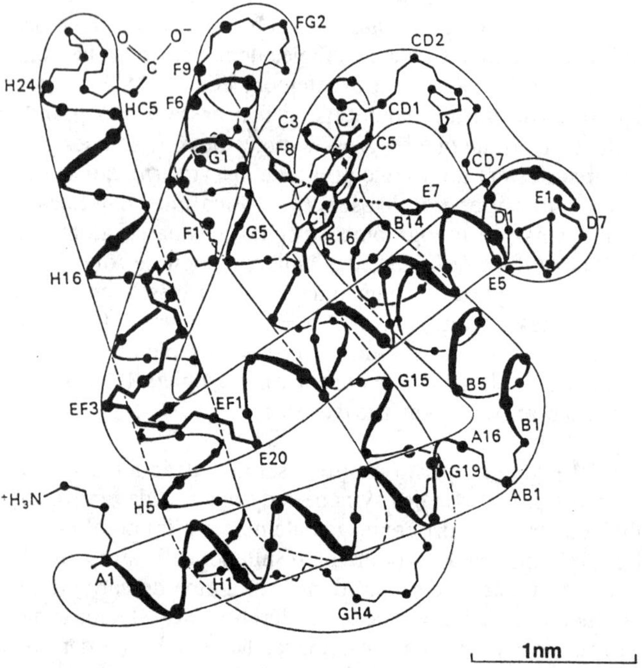

Figure 4
La myoglobine. Chaque point indique la position d'un acide aminé

synthèse purement chimique, si elle était réalisable en pratique, devrait permettre de produire ces molécules avec la même efficacité sous leurs deux formes chirales ; c'est d'ailleurs le cas pour des molécules chirales moins grosses, tel l'acide tartrique, célèbre par les études de Pasteur. De même, l'invariance des lois microscopiques par rotation se reflète directement dans l'isotropie des liquides, mais est brisée lors du phénomène de cristallisation ; aucune orientation privilégiée n'apparaît dans cette brisure d'invariance par rotation.

Au contraire, en ce qui concerne la brisure d'invariance par renversement du temps, il apparaît impensable, si un système isolé est l'objet d'un processus irréversible, de réaliser le processus inverse. Ainsi, un "anti-frein", qui accélérerait une roue par contact sur sa jante, est inconcevable. Cette dissymétrie absolue rend le paradoxe de l'irréversibilité d'autant plus redoutable.

PROBABILITÉS, INCERTITUDE ET INFORMATION

Afin de surmonter la difficulté, souvenons-nous d'abord qu'un morceau de matière, même petit, comprend un si grand nombre de particules élémentaires qu'on ne saurait le décrire à l'échelle microscopique autrement que de manière statistique. Reprenons l'exemple de notre tête d'épingle en acier. Elle est constituée principalement d'atomes de fer, avec une faible proportion de carbone, disons 1%. Nous pouvons essayer de nous la représenter en imaginant les 10^{19} atomes de fer rangés sous forme d'un empilement ; les 10^{17} atomes de carbone, plus petits, s'intercalent en se plaçant dans certains des interstices. L'empilement n'est pas tout à fait régulier, de sorte que la configuration de l'édifice est caractérisée par la nature et la position des défauts, ainsi que par les emplacements des atomes de carbone. Le nombre de ces configurations défie tout entendement. Déjà le nombre d'états distincts obtenus en disposant les atomes de carbone de toutes les façons possibles dans un réseau régulier d'atomes de fer nécessiterait pour être écrit 100 000 000 000 000 000 chiffres ! Envisager de connaître la configuration précise de notre tête d'épingle est donc hors de question. D'ailleurs, si la physique s'intéresse aux propriétés mécaniques, thermiques, électriques, magnétiques, optiques ou chimiques de l'acier, c'est pour rendre compte non pas d'un objet *spécifique*, mais d'échantillons *génériques*. Ce ne sont pas les particularités d'une certaine tête d'épingle qu'il s'agit de décrire, mais les propriétés communes à toutes les têtes d'épingle fabriquées dans des conditions identiques. Même lorsque l'on parle d'un objet individuel, nous avons vu qu'il convient de l'imaginer faisant partie d'un ensemble statistique.

Dans un tel ensemble, tous les objets ont les mêmes caractéristiques macroscopiques, par exemple volume, composition, masse, température, mais la configuration microscopique de chaque objet reste inconnue. De même, le joueur de bridge possède des informations partielles sur la répartition des cartes, mais ignore laquelle est réalisée. Plus ou moins consciemment, il attribue une probabilité à chacune des configurations compatibles avec ce qu'il croit savoir. Le physicien, lui aussi, attribue une *probabilité* p_n à chacune des (très nombreuses) configurations $n =1, 2,...$ compatibles avec les données. En particulier, si rien dans ces données ne lui permet de préférer une configuration à une autre, il attribue à toutes les configurations n des probabilités p_n égales entre elles, de même que le joueur de cartes affecte la même probabilité à chacune des donnes possibles. Une fois choisie cette loi de probabilité, il devient possible de répondre à des questions statistiques comme celles-ci : comment les distances entre atomes de carbone dans l'acier sont-elles distribuées ? quel est le nombre moyen de micro fissures ayant une dimension donnée ? Il arrive même que la loi des grands nombres fournisse des réponses quasi-certaines (on observe presque autant de côtés pile que de côtés face en lançant un très grand nombre de pièces de monnaie). Ainsi, la petitesse des fluctuations statistiques de la densité d'un matériau comportant un grand nombre de particules explique, nous l'avons vu, l'apparence continue de la matière. De même, la pression d'un gaz apparaît comme uniforme, alors qu'elle résulte des chocs individuels des molécules contre la paroi ; mais ces chocs sont si nombreux que les fluctuations de la force qu'ils exercent ne sont pas plus décelables que le bruit individuel des gouttes de pluie sur une toiture.

Ainsi notre description microscopique des objets ne peut-elle être qu'incomplète et probabiliste. Du caractère partiel de cette connaissance résulte une certaine incertitude que l'on peut se proposer de chiffrer. Elle doit évidemment être nulle si une seule configuration microscopique est permise, et elle doit croître avec le nombre des configurations possibles. Mais comment rendre cette idée quantitative, et considérer *l'incertitude* comme une *grandeur mesurable* ?

La réponse a été fournie en 1948 dans un contexte tout différent par Shannon et Weaver. Ingénieurs en télécommunications, ces derniers se préoccupaient d'améliorer les capacités de transmission des lignes télégraphiques, téléphoniques ou autres. Afin de pouvoir procéder à des comparaisons, ils eurent besoin de chiffrer la quantité d'information contenue dans un message. S'il est clair que deux pages de texte comprennent deux fois plus d'information qu'une (à condition qu'il n'y ait pas de redites), comment comparer les quantités d'information contenues respectivement dans la valeur de l'indice des prix en Octobre 1993 et dans le nom du cheval ayant gagné la troisième course du 9 Octobre 1993 à Longchamp ? Le raisonnement suivant a permis d'y parvenir. Lorsqu'un message est transmis, il annonce la réalisation d'un événement choisi parmi une famille d'événements n=1, 2, ... chacun étant affecté d'une certaine probabilité p_n . Dans notre dernier exemple, cette famille est la liste des chevaux engagés, dont les probabilités p_n d'arriver en tête dépendent des performances antérieures. En apprenant que c'est l'éventualité n qui s'est réalisée, nous acquérons une quantité d'information I_n qui dépend de la probabilité p_n. Si celle-ci est grande, presque égale à 1, la quantité d'information reçue est très faible : si le cheval n avait 99 chances sur 100 de gagner, nous n'apprenons pas grand-chose en lisant qu'il a effectivement gagné. Au contraire, la nouvelle de la réalisation d'un événement peu probable transporte une grande quantité d'information (ce qui motive les journalistes à rechercher des faits divers extravagants). Mathématiquement, ceci se traduit par le fait que I_n doit être une fonction décroissante de p_n . Une seconde propriété naturelle de I_n est l'additivité : la quantité d'information contenue dans le tableau complet des résultats des courses du 9 Octobre 1993 doit être la somme des quantités d'information relatives à chaque course. Shannon et Weaver ont montré que ces conditions suffisent à déterminer la forme de la *quantité d'information* I_n. Ils sont parvenus à l'expression

$$I_n = k \log(1 / p_n), \qquad (8)$$

où la constante multiplicative *k* arbitraire, définit l'unité d'information. Si par exemple on convient que l'information acquise par lecture d'un tirage à pile ou face est égale à 1, on doit avoir I_n=1 pour p_n =1/2 ; ce choix d'unité, le "bit", courant en informatique, revient à poser $k = 1 / \log 2$.

Cette digression vers la théorie de l'information est moins éloignée de notre propos qu'il n'y paraît. Considérons les diverses configurations possibles *n* de notre matériau comme des "messages" que nous adresse la nature. Si toutes ces configurations, en nombre *W*, sont également probables, la probabilité p_n de chacune vaut p_n=1/*W*. Recevoir un message équivaudrait à déterminer complètement la configuration de l'un de nos échantillons. La quantité d'information acquise grâce à cette opération serait, en vertu de l'expression (8), égale à $k \log W$.

Cependant, nous avons déjà souligné qu'en raison de la valeur énorme de *W* l'observation de la configuration *n* était tout à fait hypothétique. Renversons donc notre point de vue: au lieu de considérer des gains d'information, examinons la situation avant toute observation. La quantité

$$I = k \log W, \qquad (9)$$

information qui serait acquise par détermination complète de l'état microscopique d'un échantillon, s'interprète alors comme *l'information qui manque* parce que nous ne savons pas dans quelle configuration précise (parmi les *W* possibles) se trouve cet échantillon. Elle représente la *mesure de notre incertitude,* due au caractère probabiliste de notre description à l'échelle microscopique.

OÙ L'ON A RECOURS À LA PRESTIDIGITATION

Nous disposons désormais d'une nouvelle grandeur qui va nous aider à élucider le problème de l'irréversibilité. Notons d'abord que l'incertitude introduite par (9) n'est pas attachée seulement au système physique, mais aussi à l'observateur. Elle caractérise la qualité de la connaissance que nous avons de ce système, et présente donc un caractère anthropocentrique. Il en est d'ailleurs de même du concept de probabilité dont elle est issue, qui n'est rien d'autre qu'un outil mathématique pour faire des prévisions. Probabilité ou incertitude ne sont cependant pas des notions subjectives, car la théorie de l'inférence statistique impose à des observateurs différents placés dans les mêmes conditions de leur attribuer une valeur bien définie.

On peut donner à l'expression (9) de l'incertitude une interprétation jouissant d'une connotation plus objective, celle de *mesure du désordre.* Qu'entendons-nous lorsque nous estimons qu'un état est plus désordonné qu'un autre ? Prenons un paquet de 52 cartes battues. Nous le considérons comme totalement désordonné parce que rien ne distingue pour nous cette succession particulière de cartes parmi les 52 ! possibles. Pourquoi au contraire un jeu rangé dans l'ordre naturel du bridge, depuis l'as de pique jusqu'au deux de trèfle, nous apparaît-il comme parfaitement ordonné ? Simplement parce que cette configuration est aisément reconnaissable par quiconque. Dans les cas intermédiaires, une séquence est considérée comme d'autant plus ordonnée qu'elle est choisie parmi une famille plus étroite définie par des règles simples. On est ainsi conduit à identifier le degré de désordre à la mesure de l'incertitude. Cette idée était déjà formulée par Maxwell : "Confusion, like the correlative term order, is not a property of material things in themselves, but only in relation to the mind which perceives them". Si dans notre exemple le jeu initial avait été préparé par un manipulateur habile connaissant exactement la position des cartes, celui-ci estimerait que l'ordre est aussi parfait dans ce jeu que dans la séquence naturelle. Il serait capable par un brassage inverse de restaurer cette dernière. *Pour lui,* la probabilité de la configuration qu'il a faussement mêlée vaut 1 et l'incertitude ou le désordre (9) sont nuls, alors que *pour nous* la probabilité vaut 1/52! et le désordre est maximal.

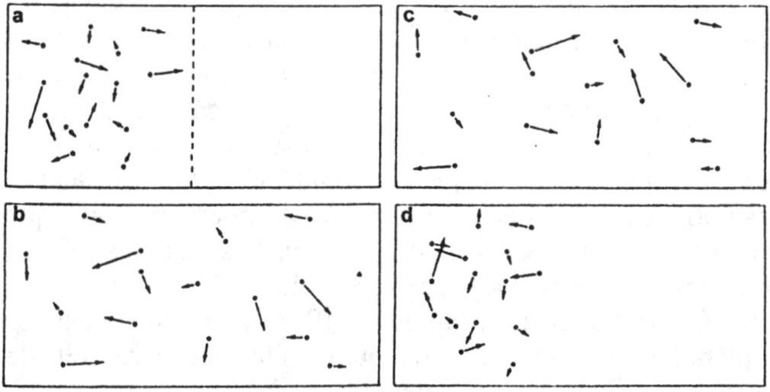

Figure 5
Expansion (*a* a *b*) d'un gaz et sa contraction (*c* a *d*).

Une certaine analogie existe entre le brassage des cartes et l'évolution, irréversible à l'échelle macroscopique, d'un système physique isolé. Pour fixer les idées, analysons le processus d'*expansion d'un gaz,* initialement confiné dans un volume V_A vers un volume $V_B = 2V_A$ deux fois plus grand qui lui est offert (Fig.5). L'expérience montre qu'une telle expansion spontanée aboutit toujours à un état où le gaz occupe uniformément tout le volume V_B. Ce résultat est confirmé par des calculs numériques de simulation où le gaz est représenté par un modèle de billes s'entrechoquant de façon élastique. La situation initiale A à l'instant t_A et la situation finale B à l'instant t_B sont caractérisées à l'échelle macroscopique par la donnée du nombre des molécules, de la température du gaz, et du volume. En fait, seul le volume intervient, car la détente s'effectue de manière isotherme : la température du gaz est directement liée à l'énergie cinétique moyenne des molécules, qui reste inchangée au cours de l'évolution. Cependant, à l'échelle microscopique, l'état du système devrait être à chaque instant caractérisé par la donnée des positions et des vitesses des molécules ; il reste donc mal connu. En particulier, l'état macroscopique initial A peut être réalisé microscopiquement de toutes sortes de façons $a, a', a'',...$, qui diffèrent entre elles par les positions individuelles des molécules à l'intérieur du volume V_A et par leurs vitesses (pour une énergie cinétique totale fixée). La mécanique quantique nous apprend que le nombre W_A des configurations distinctes $a, a', a'',...$, est fini, quoique très grand, de sorte que nous n'avons pas à nous soucier du fait que positions et vitesses constituent un continuum. Se donner l'état macroscopique A du gaz revient ainsi à attribuer, à l'échelle microscopique, des probabilités égales $1/W_A$ à chacune des configurations $a, a', a'',...$ Cette description est entachée de l'incertitude (9), soit $I_A = k \log W_A$. De même, la situation finale B à l'instant t_B correspond à l'une des configurations $b, b', b'',...$, où le gaz peut occuper tout le volume disponible V_B. Le nombre W_B de ces configurations est beaucoup plus grand que W_A, car il y a d'autant plus de façons de disposer les molécules que le volume est plus grand. (Les configurations $b, b', b'',...$, incluent d'ailleurs les configurations $a, a', a'',...$, dont le nombre est si faible en proportion que l'on n'a aucune chance de les observer en pratique dans la situation B). L'incertitude $I_B = k \log W_B$ est donc supérieure à I_A de sorte que l'évolution a fait croître le désordre. Dans notre comparaison avec le brassage des cartes, la situation initiale correspond à un paquet dans la première moitié duquel seraient confinés tous les piques ; un brassage fait diffuser ceux-ci dans tout l'ensemble du paquet, et celui-ci perd l'ordrè partiel qu'il présentait à l'origine.

Le *caractère statistique de l'irréversibilité* commence ainsi à se dégager. Si nous suivons l'évolution d'un système *particulier,* il passe d'une certaine configuration initiale *a* à une configuration *b,* qui lui est associée de manière déterministe et biunivoque. Dans notre analogie, cette évolution correspond à un brassage des cartes réalisé selon une procédure bien définie par une machine ou par un prestidigitateur. La configuration *b* conserve toute la mémoire de la configuration *a* dont elle est issue, et cette correspondance biunivoque interdit de concevoir qu'un système particulier puisse faire montre d'irréversibilité. Pourtant, dans le cas du gaz comme dans celui du jeu de cartes vu par un profane, *b* nous apparaît comme *l'une quelconque des W_B configurations* envisageables. En dépit du caractère réversible de l'évolution microscopique du gaz, son état final individuel *b* est si compliqué, si difficile à caractériser qu'il nous est impossible de le discerner des autres configurations où le gaz occuperait tout le volume V_B (De même, le spectateur non averti estime que le jeu présenté par le manipulateur est tiré au hasard et qu'il est parfaitement désordonné ; mais un "manipulateur de gaz" est inconcevable). La taille macroscopique du système et la complexité de son évolution (en dépit de l'existence de lois élémentaires simples) nous empêchent de connaître la disposition exacte des molécules au temps t_B. (De plus, la moindre perturbation modifie cette disposition de façon incontrôlable). La seule issue, pour caractériser l'état final *B,* est d'admettre comme possibles toutes les configurations *b, b', b'',...,* dont le nombre W_B est gigantesque. Comme rien ne permet de les distinguer, nous leur attribuons des probabilités égales $1/W_B$. Une dissymétrie entre le temps initial et le temps final est ainsi introduite par le fait que le nombre W_B des configurations analogues à *b* à l'échelle macroscopique est très supérieur au nombre W_A des configurations analogues à *a.* Ceci fait croître l'incertitude (9) de la valeur I_A à la valeur I_B.

Deux idées essentielles émergent de notre analyse. La première concerne la description du système *à chaque instant* : notre inaptitude à préciser *exactement* quelle est la configuration microscopique du système ne permet de caractériser celui-ci qu'avec un certain *flou*. Pour une marge d'erreur donnée, nous ne sommes pas capables de faire la distinction entre une configuration a et un nombre W_A immense de configurations voisines a, a', a'',... Un état macroscopique s'identifie pour nous à ce *voisinage*. Cette idée est couramment désignée en anglais par "coarse-graining" : l'espace des configurations est structuré en granules, dont chacun comprend un grand nombre de configurations pratiquement indiscernables. On peut certes arguer qu'en améliorant le pouvoir de résolution, ou en réduisant la taille des granules, on fait décroître le nombre W_A et donc l'incertitude $I_A = k \log W_A$. Pourtant, des erreurs d'observation même minimes sont inéluctables. Dans ces conditions, la valeur gigantesque de W_A ainsi que la présence du logarithme rendent I_A pratiquement insensible à la résolution dès lors qu'elle n'est pas parfaite : diviser $W_A = 10^{10^{15}}$ par 1000 ne change strictement rien à I_A. Ainsi, quoique d'origine humaine, l'incertitude se mesure par un nombre I_A qui est défini sans ambiguïté. La seconde idée qui s'est dégagée est, comme la première, une conséquence du grand nombre des constituants élémentaires d'un système macroscopique, mais elle se réfère au comportement d'un système particulier lorsqu'on le suit au cours du temps. Cette *évolution est d'une complexité extrême*. Bien qu'elle fasse correspondre à chaque configuration initiale a au temps t_A une configuration bien définie b au temps t_B, elle est si compliquée qu'il est impensable de reconnaître parmi les caractéristiques individuelles de b celles qui gardent le souvenir de a : la *mémoire s'est perdue* de la configuration particulière a. Une telle complexité peut déjà se manifester pour des systèmes n'ayant qu'un petit nombre de degrés de liberté, dits chaotiques, dont la dynamique, bien que déterministe, est difficilement prédictive sur de grands laps de temps. Mais, pour les systèmes macroscopiques auxquels nous nous intéressons, la complexité de l'évolution prend sa source dans le nombre gigantesque de particules et dans le fait qu'elles interagissent entre elles. Ces interactions créent au cours du temps des corrélations faisant intervenir un nombre très grand, et croissant, de particules ; l'information initiale va se perdre dans ces corrélations subtiles, qu'il est impossible en pratique de détecter ou d'exploiter.

C'est la *conjonction de ces deux facteurs,* flou dans notre appréhension du système, complexité de sa dynamique, qui conditionne l'émergence de l'irréversibilité à notre échelle. En l'absence d'interaction, il serait concevable que des particules initialement groupées dans le volume V_A ne se dispersent pas plus tard, irrémédiablement, dans tout le volume offert V_B. En l'absence de flou, la correspondance biunivoque entre configurations initiale *a* et finale *b* préserverait la symétrie entre les temps t_A et t_B. Pour une résolution imparfaite donnée, une dissymétrie est créée par l'inégalité des nombres de configurations W_A et W_B, inégalité qui résulte elle-même de la différence entre les structures macroscopiques de l'état initial et de l'état final.

En définitive, nous avons *perdu de l'information* entre le temps t_A et le temps t_B parce qu'il est hors de question de contrôler les positions et la dynamique des molécules individuelles. C'est la nécessité de décrire statistiquement le phénomène qui entraîne la dissymétrie du processus observé à l'échelle macroscopique, ici l'expansion du gaz, malgré la symétrie par rapport au temps des lois du mouvement des molécules. Le nombre des configurations microscopiques dans lesquelles le système est susceptible de se trouver *croît* depuis la valeur initiale W_A jusqu'à une valeur finale W_B très supérieure. Corrélativement, l'incertitude augmente, et son accroissement est mesuré par la valeur $I_B - I_A = k \log W_B / W_A$ fournie par la théorie de l'information. Pourtant, malgré cette perte d'information, nous sommes en mesure de faire sur l'état final B de nombreuses prédictions avec une quasi-certitude, les fluctuations statistiques étant négligeables. En particulier, pour l'immense majorité des configurations *b, b', b''*,..., toutes également probables, les molécules du gaz sont distribuées uniformément à travers le volume disponible. De même, la probabilité pour qu'une gorgée de café sucré soit plus amère qu'une autre est presque nulle en dépit de la structure moléculaire du mélange, explication savante d'une observation banale. L'irréversibilité se présente ainsi comme la manifestation à notre échelle d'une perte d'information ou (ce qui par définition revient au même) d'une croissance du désordre moléculaire ; la grande taille du système masque ce désordre et fait apparaître l'état macroscopique comme bien défini, obéissant à des lois d'apparence déterministe mais irréversibles.

L'ENTROPIE, MESURE DU DÉSORDRE

Une analyse semblable pourrait être faite pour n'importe lequel des processus macroscopiques irréversibles évoqués plus haut, des transferts de chaleur aux réactions chimiques. Les données macroscopiques sur l'état initial *A* caractérisent un ensemble de configurations microscopiques *a, a', a''*,..., en nombre W_A. La dynamique des particules constitutives est réversible pour un système isolé, mais trop complexe pour être contrôlée; elle est susceptible de mener vers des configurations *b, b', b''*,..., dont le nombre W_B n'est limité que par quelques contraintes imposées par les lois de conservation (en particulier du nombre et de l'énergie des particules). La distribution de probabilité dans l'état final *B* est plus étalée que dans l'état initial *A* : W_B est très supérieur à W_A de sorte que le désordre croît.

La quantité *I* définie par la relation (9) mesure le désordre, et augmente avec le temps. Or la physique macroscopique avait déjà introduit une grandeur dotée de la même propriété, l'entropie *S*, et il est naturel de comparer *I* et *S*. De fait, on a pu démontrer, tout au moins pour des états d'équilibre ou voisins de l'équilibre thermodynamique, que ces grandeurs étaient simplement proportionnelles. Moyennant un choix adéquat de la constante k dite de Boltzmann qui figure dans l'expression (9) $k \approx 1{,}38.10^{-23}$joule par kelvin pour des logarithmes népériens), on identifie ainsi l'entropie S à la mesure du désordre :

$$S = k \log W . \qquad (10)$$

La valeur de k est une simple conséquence de notre système d'unités : outre le choix du mètre, du kilogramme et de la seconde, on attribue au point triple de l'eau la température de 273,16 kelvin. Le choix k = 1, plus naturel à l'échelle microscopique, conduirait à mesurer la température en unité d'énergie ; l'entropie serait une grandeur sans dimension, mais prendrait des valeurs numériques très grandes. De même, prendre k =1/log 2 ferait mesurer l'entropie en bits, unité courante d'information. La grande valeur du nombre d'Avogadro rend énorme les quantités d'information mises en jeu en thermodynamique. Faire fondre 1g de glace fait croître l'entropie de 1,2 JK^{-1}ce qui correspond à 1,3 10^{23} bits, alors que l'information stockée dans les chromosomes humains est de 10^{10} bits.

Sous ce nouvel angle, le deuxième principe de la thermodynamique devient plus intuitif. La croissance de l'entropie d'un système isolé signifie simplement que *le désordre*, tel que nous l'avons défini à partir de l'analyse théorique microscopique, et qui n'est pas directement perceptible à notre échelle, *augmente inéluctablement,* jusqu'à atteindre la valeur maximale permise. Il en résulte qu'une création d'ordre quelque part doit toujours être payée par un accroissement au moins égal de désordre autre part. Ainsi peut-on interpréter l'irréversibilité des transferts de chaleur. Lorsqu'un corps à la température T_1 cède une quantité de chaleur Q à un autre corps à la température T_2, son entropie décroît de Q/T_1 car son énergie décroît de Q. Mais le désordre total des deux corps doit augmenter. De fait, la positivité de la variation $Q/T_2 - Q/T_1$ de l'entropie totale implique que T_1 doit être supérieur à T_2, conformément à l'énoncé de Clausius du deuxième principe.

Un double bilan intervient aussi dans les machines thermiques : l'énergie doit être conservée, et le désordre ne peut que croître. C'est à ces deux bilans que répondent les deux sources nécessaires au fonctionnement d'un moteur thermique. Le rôle de la source chaude, qui fournit de l'énergie, est évident. Nous voyons désormais que la source froide est en fait une *source d'ordre*, qui est indispensable pour permettre l'inéluctable augmentation du désordre total. De même, les organismes vivants, plus ordonnés que la matière inerte dont ils sont issus, ne peuvent se développer que grâce à des mécanismes physico-chimiques subtils faisant croître le désordre de leur environnement.

La formule (10), issue de travaux de Boltzmann datant de 1877, a été considérée comme un apport théorique si capital qu'elle a été gravée sur sa tombe à Vienne. Elle symbolise en effet une équivalence qui est loin d'être évidente entre entropie et désordre ou incertitude. L'entropie, grandeur plus ou moins directement mesurable par des expériences macroscopiques, semble a priori une propriété intrinsèque au système, caractérisant son irréversibilité. Il est remarquable que la mécanique statistique ait précisé sa signification en l'identifiant avec le désordre, grandeur de nature microscopique, associée à la fois au système et à la connaissance statistique qu'en ont ses observateurs.

Cet aspect partiellement anthropocentrique de l'entropie n'est pas manifeste pour les systèmes macroscopiques usuels. Nous avons vu en effet qu'en raison de l'énormité de W la valeur de (10) est en général insensible à un changement, même considérable, du pouvoir de résolution avec lequel l'état du système est défini. Notons au passage qu'il peut être utile, pour décrire certains systèmes, d'introduire plusieurs niveaux macroscopiques, plus ou moins détaillés. En pareil cas, il s'introduit plusieurs entropies différentes associées à une plus ou moins grande finesse de la description. Nous nous contenterons de signaler ici cette extension du concept d'entropie, et nous nous limiterons dans la suite à discuter du rôle de l'observateur dans la définition de l'entropie sur trois exemples simples pour lesquels il n'existe que deux niveaux de description, l'un microscopique, l'autre macroscopique.

UN GAZ POURRAIT-IL SE CONTRACTER SPONTANÉMENT ?

Bien que nous ayons trouvé une interprétation microscopique de l'entropie, nous ne sommes pas au bout de nos peines, car le paradoxe de l'irréversibilité demeure presque entier. La difficulté resurgit en effet lorsqu'on essaie d'étudier la variation au cours du temps de l'entropie statistique, définie par une relation du type (10), au lieu de se contenter comme nous l'avons fait de comparer l'état initial et l'état final. En utilisant les équations microscopiques du mouvement, on trouve que l'entropie de la physique statistique reste constante, et c'est seulement à l'équilibre que cette dernière peut s'identifier avec l'entropie de la thermodynamique. Pour mieux comprendre ce point, revenons à l'exemple de l'expansion d'un gaz depuis le volume initial V_A jusqu'au volume complet V_B (Fig.5). Notre raisonnement reposait sur le caractère inexorable, démontré par l'expérience, de cette expansion. Pourtant, la réversibilité de cette évolution microscopique permet d'imaginer le processus suivant. Partant de la configuration a, le gaz est parvenu au bout du temps $t \equiv t_B - t_A$ à la configuration b. Il existe une configuration c, que l'on obtient à partir de b en renversant les vitesses de toutes les molécules (Fig.5). Prenons-la comme nouvel état initial, et laissons évoluer le système. Il balaiera en sens inverse toutes les configurations intermédiaires entre a et b, avec des vitesses inversées, et se retrouvera au bout du temps t dans la configuration d, identique à a au renversement des vitesses près. Le gaz se sera ainsi *spontanément* contracté, en violation du deuxième principe de la thermodynamique puisque l'entropie est une fonction croissante du volume. (Le mode de production normal d'un état macroscopique A à partir de B consiste à effectuer une compression isotherme, ce qui nécessite un couplage avec une source de travail et un thermostat dont l'entropie augmente à mesure que diminue celle du gaz).

Ce raisonnement met en évidence la possibilité théorique d'évolutions aberrantes, au cours desquelles le gaz se contracterait spontanément depuis le volume V_B jusqu'au volume moitié V_A, en l'absence de toute intervention extérieure. Or, de telles évolutions n'ont jamais été observées. Pourquoi ?

La question cruciale à élucider concerne la possibilité d'obtenir dans la réalité, autrement que sur le papier, un état tel que c. Si l'on savait effectivement, par une manipulation globale, renverser instantanément les vitesses de toutes les molécules, une méthode évidente consisterait à effectuer cette opération sur un état B, lui-même produit par expansion du gaz à partir d'un état A. Mais une telle opération est tout à fait irréalisable. On est donc amené à se demander si une configuration de type c, qui donnerait lieu au bout du temps t à une contraction spontanée paradoxale, pourrait être produite fortuitement, parmi un très grand nombre d'expériences pour lesquelles le gaz occupe à l'instant initial tout le volume disponible V_B. Nous avons appelé W_B le nombre total des configurations de ce dernier type. En réalité, *seules certaines* d'entre elles, en correspondance biunivoque avec les W_A configurations initiales a, *pouvaient être produites* par l'expansion du gaz. L'augmentation d'entropie thermodynamique $\Delta S = k \log W_B / W_A$ provenait du fait qu'à l'échelle macroscopique ces configurations particulières b ne se distinguent pas de toutes les autres, beaucoup plus nombreuses, où le volume entier V_B est occupé. Nous leur associons maintenant, par renversement des vitesses, les configurations c susceptibles de se contracter en un temps t vers des configurations d (Fig.5) ; étant donné qu'elles sont, elles aussi, en correspondance biunivoque avec les configurations a (ou d) où le gaz occupe le demi-volume V_A leur nombre est encore égal à W_A. Estimons leur proportion W_A / W_B. On peut l'évaluer par un décompte de mécanique statistique, qui fournit

$$\frac{W_A}{W_B} = \left(\frac{V_A}{V_B}\right)^N, \tag{11}$$

où N est le nombre de molécules en jeu. En fait, ce résultat est intuitif puisqu'un doublement du volume multiplie par deux le nombre des configurations accessibles à chacune des N molécules. Une autre méthode de calcul, plus indirecte mais plus générale, consiste à passer par la relation (10), qui fournit

$$\frac{W_A}{W_B} = e^{-(S_B - S_A)/k}, \tag{12}$$

et à utiliser les données empiriques ou expérimentales de la thermodynamique sur l'augmentation d'entropie S_B - S_A. Pour un gaz parfait dont les molécules ont la masse m, la formule de Sackur-Tetrode pour l'entropie,

$$S = kN\left(\log\frac{V}{N\text{h}^3} + \frac{3}{2}\log\frac{mkT}{2\pi} + \frac{5}{2}\right), \tag{13}$$

redonne alors le résultat (11). Numériquement, pour $V_A = V_B / 2 = 1\,\text{cm}^3$de gaz dans les conditions normales, on trouve

$$\frac{W_A}{W_B} \approx 10^{-10^{15}}, \tag{14}$$

Ce nombre, qui caractérise la probabilité pour qu'une configuration des molécules dans le volume, prise au hasard, donne spontanément naissance au bout du temps

$$t = t_B - t_A$$

à une contraction vers le volume V_A, est d'une petitesse qui défie l'imagination. Même si l'on inclut d'autres durées de processus que t et d'autres formes du volume final, cette probabilité d'observer une évolution violant le deuxième principe reste pratiquement *nulle* puisque multiplier par exemple le rapport (14) par 10^{20} le laisse à peu près inchangé !

Plus généralement, (12) représente la *probabilité pour que l'entropie* d'un système pris au hasard *décroisse* fortuitement de

S_B - S_A. La petitesse de $k \approx 1{,}38.10^{-23}\,\mathrm{JK}^{-1}$ figurant au dénominateur dans l'exponentielle montre que cette probabilité est toujours négligeable dès lors que l'écart d'entropie, mesuré en JK^{-1}, unité adaptée aux phénomènes macroscopiques, est appréciable. La valeur de W_A/W_B est aussi une mesure de la difficulté qu'il y aurait à produire des états du type *c* par une manipulation expérimentale : parmi toutes les W_B configurations possibles, il faudrait arriver à sélectionner l'une des rares W_A configurations du type *c*. Certes, les configurations originelles *a* sont elles aussi en nombre W_A petit devant W_B, mais une opération macroscopique simple, la compression isotherme, suffit pour produire l'une d'elles ; la croissance d'ordre ou la réduction d'entropie correspondante se fait aux dépens du thermostat qui encaisse de la chaleur lors de la compression. Au contraire, l'obtention de l'une des configurations *c* suppose un contrôle détaillé des positions et vitesses des molécules, et elle nécessiterait une manipulation totalement impraticable. Une nouvelle comparaison nous aidera à en appréhender la difficulté. Le mouvement des billes sur un billard est presque réversible, et un bon joueur est capable de faire parcourir à une bille unique le trajet exactement inverse de celui qu'elle vient d'accomplir. Si les trois billes du jeu se sont entrechoquées, il devrait encore être possible de revenir à la position initiale en les renvoyant en sens inverse ; mais ceci suppose une coordination quasiment impossible entre les trois joueurs qui le tenteraient. La moindre erreur de visée serait amplifiée par les chocs. Or, notre gaz est constitué, non de 3, mais de 10^{19} molécules !

Il s'avère ainsi que l'apparition d'une flèche du temps entre les deux échelles atomique et macroscopique, phénomène de nature *statistique,* est associée à la préparation de l'*état initial*. En principe, il n'est pas formellement exclu qu'un système macroscopique évolue de manière aberrante et semble remonter le temps. Mais la probabilité d'un tel événement est toujours extraordinairement faible, si faible qu'il est parfaitement hors de question pour nous d'observer pareil processus même en attendant des durées de l'ordre de l'âge de l'Univers. Quant à la croissance systématique de l'entropie, elle exprime que l'ordre macroscopique exhibé par *a* est allé se cacher, lors du passage à la configuration *b*, dans des degrés de liberté microscopiques inaccessibles, associés aux corrélations entre un grand nombre de particules. Sauf dans certaines circonstances artificielles, exceptionnelles mais instructives, dont nous allons ci-dessous donner un exemple, cet *ordre caché est irrémédiablement perdu.* C'est pourquoi notre définition de l'entropie ne le prend pas en compte : l'entropie de la thermodynamique, identifiée à (10), est la mesure du désordre qui règne à l'échelle microscopique lorsque l'état du système est caractérisé par les *seules données macroscopiques* accessibles à l'expérience, en ignorant l'ordre caché dans des corrélations hors d'atteinte.

MAGNÉTISME ET ATHLÉTISME

Le caractère partiellement subjectif de la flèche du temps peut paraître troublant ; il continue d'ailleurs à faire problème pour certains scientifiques. Deux arguments supplémentaires vont cependant nous permettre de le corroborer. Nous allons d'abord voir qu'il existe certaines expériences, où l'on peut, après une évolution en apparence irréversible d'un système macroscopique, *récupérer un ordre caché* qui semblait perdu dans des degrés de liberté microscopiques. En pareil cas, l'ingéniosité de l'expérimentateur lui permet de surmonter l'irréversibilité grâce à de simples manipulations macroscopiques, et l'irréversibilité, la croissance de l'entropie ne sont pas irrémédiables. Le physicien se comporte alors comme le prestidigitateur, capable sans les regarder de remettre dans l'ordre des cartes qui pour le spectateur semblent disposées au hasard. Ceci confirme que le désordre n'est pas une propriété intrinsèque des objets et qu'il n'est pas indépendant de l'observateur.

Parmi ces expériences, nous allons décrire la plus ancienne et la plus simple, celle dite des "échos de spin" (Hahn,

1950). Elle n'est pas seulement démonstrative, puisqu'elle est couramment employée comme méthode de détection dans les laboratoires de résonance magnétique. Elle utilise un matériau solide, qui contient des atomes dits paramagnétiques dont chacun se comporte comme une minuscule aiguille aimantée. Un tel aimant élémentaire est désigné par le nom (emprunté à l'anglais) de *spin* ; il est représenté par un vecteur de longueur fixe attaché à l'atome et pouvant pointer dans une direction arbitraire. Son moment magnétique provient en fait du noyau de l'atome et non des électrons, ce qui assure un excellent découplage entre ces spins et les autres degrés de liberté du solide, que l'on peut donc oublier. Dans le matériau choisi, les spins sont suffisamment éloignés les uns des autres pour que l'on puisse négliger leurs interactions magnétiques mutuelles. L'ensemble des atomes paramagnétiques, en nombre colossal, est ainsi schématisé par une multitude de petits vecteurs indépendants, dont la somme géométrique représente l'aimantation totale de l'échantillon (Fig.6). En l'absence de sollicitation extérieure, les spins sont orientés au hasard, le désordre est total, et le corps n'est pas aimanté : bien que les atomes magnétiques portent chacun une petite aimantation de longueur fixe, leurs effets à notre échelle se compensent en moyenne, à une faible fluctuation statistique près. On commence par appliquer à l'échantillon pendant une durée suffisante (de l'ordre de la seconde) un fort champ magnétique, disons dans la direction x. Ceci a pour effet d'orienter les spins parallèlement à x : sous l'effet de ce champ extérieur, une aimantation totale importante est apparue dans la direction x, un *ordre magnétique* s'est établi parmi les spins, et l'entropie a diminué. On supprime alors le champ; l'état ordonné précédemment créé subsiste pendant une certaine durée (par exemple 1/10 s) au cours de laquelle l'expérience proprement dite va être effectuée.

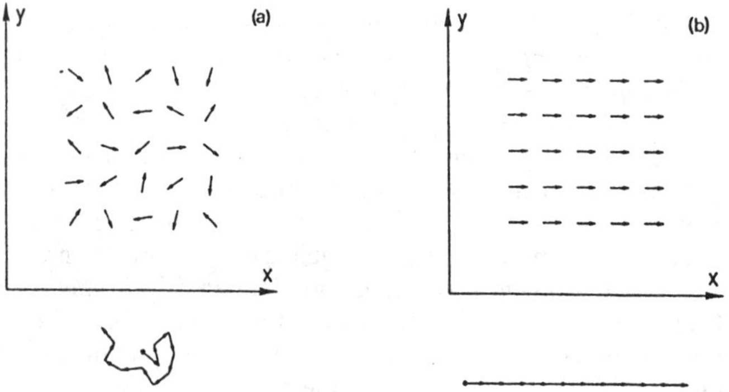

Figure 6
Matériau paramagnétique désaimanté (a), puis aimanté (b).

Tout repose sur le mécanisme élémentaire régissant le mouvement de chaque spin dans un champ magnétique B. Supposons que ce dernier soit parallèle à l'axe z, et que l'origine du vecteur représentant le spin soit fixée à l'origine O des coordonnées (Fig.7). Ce vecteur est alors animé d'un mouvement de précession, c'est-à-dire qu'il *tourne autour de l'axe z avec une vitesse angulaire proportionnelle à B.* Sa longueur reste fixe, et son extrémité décrit à vitesse constante un cercle dans un plan parallèle à xOy. Si le spin est initialement dans le plan xOy, il tourne simplement dans ce plan. La vitesse angulaire, il importe de le noter, ne dépend que du champ B, de sorte que tous les spins tournent en synchronie si ce champ est uniforme. En particulier, tous font un tour complet autour de la direction du champ dans le même intervalle de temps. Si donc on soumet le matériau au champ considéré pendant la moitié de cet intervalle, on parvient à faire effectuer à tous les spins un *demi-tour* autour de la direction du champ. Cette manipulation va jouer un rôle important dans l'expérience des échos de spins.

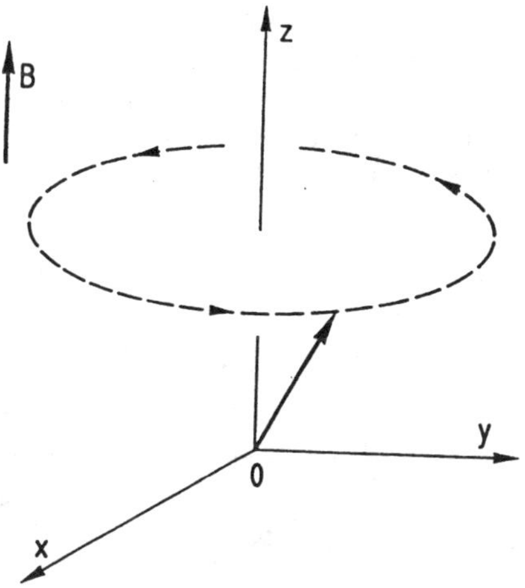

Figure 7
Précession d'un moment magnétique dans un champ.

On part de la situation de la figure 6b où tous les spins sont orientés selon *x*, un champ permanent B_Z étant appliqué dans la direction *z*. Les spins se mettent à tourner dans le plan *xOy* avec la même vitesse angulaire, en sens inverse des aiguilles d'une montre (Fig.8). Le champ B_Z choisi est assez fort pour que cette vitesse soit grande à l'échelle de la durée de l'expérience, disons 10^7 tours par s. L'aimantation totale de l'échantillon tourne à la même vitesse et ainsi se détecte facilement. Pourtant, le champ B_Z ne peut être rigoureusement homogène, car il dépend de la géométrie et des défauts de l'échantillon ; certains spins subissent un champ un peu plus fort, d'autres un champ un peu plus faible. La vitesse angulaire étant proportionnelle au champ, les uns tournent un peu plus vite que la moyenne, les autres un peu moins. A chaque tour, le décalage s'accentue. L'aimantation totale, au fur et à mesure qu'elle tourne, diminue progressivement (Fig.8). Si le champ

B_Z a une hétérogénéité de l'ordre de 1‰, mille tours suffisent pour que les spins pointent également dans toutes les directions du plan *xOy*. Après ce délai, c'est-à-dire après 0,1 ms, leurs orientations restent *complètement désordonnées* et le matériau ne conserve plus aucune aimantation.

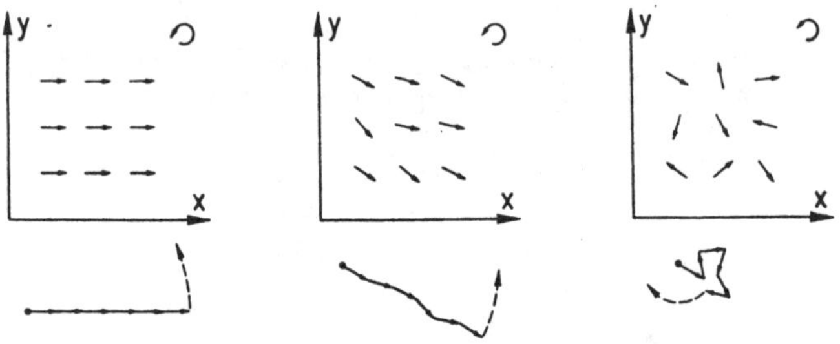

Figure 8
Désaimantation d'un solide paramagnétique en champ perpendiculaire.

Jusqu'ici, il ne s'est rien produit que de très attendu. L'évolution de notre système de spins illustre un mécanisme d'irréversibilité. A l'échelle microscopique, le mouvement est déterministe et réversible : un renversement du champ magnétique vu par chaque atome ferait tourner son spin à l'envers comme si l'on remontait le temps. Pourtant, à l'échelle macroscopique, le dé-sordre a augmenté. L'entropie associée à l'aimantation a crû au fur et à mesure que le matériau se désaimantait. Le phénomène peut se comparer à l'entraînement de coureurs de marathon qui feraient des tours sur une piste de 200 m pendant 2 h. Admettons que chacun maintienne sa propre allure, avec une vitesse bien déterminée. Au bout d'une heure (Fig.9a), le plus rapide *(j)* a couvert un peu plus de 97 tours, alors que le plus lent *(a)* n'a bouclé que 92 tours 3/4 ; l'ensemble des coureurs s'est dispersé tout au long de la piste, alors que tous étaient groupés à l'instant du départ. Leur répartition sur la piste est devenue désordonnée. Le mécanisme est exactement le même pour l'orientation des spins, dont nous reprenons maintenant l'histoire.

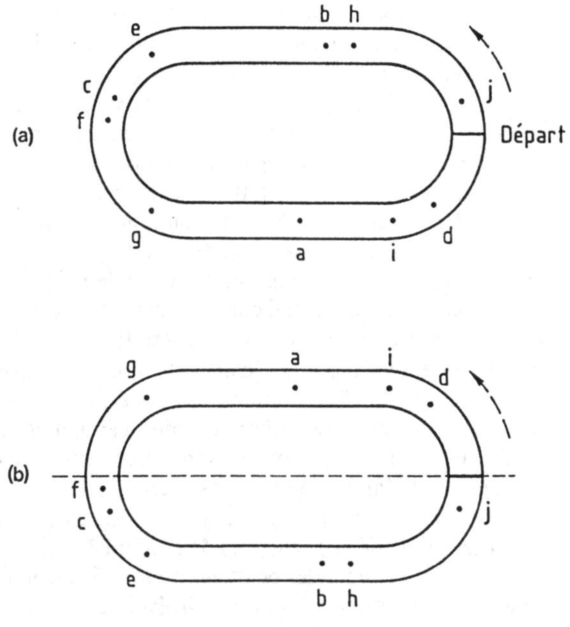

Figure 9
Dispersion de coureurs sur une piste.

Une milliseconde après le début de l'expérience, alors que les spins sont complètement désorientés depuis longtemps, on se livre à une petite manipulation, déjà évoquée ci-dessus et dont les conséquences vont être spectaculaires. Sans toucher au champ B_Z qui fait tourner les spins dans le plan *xOy,* on applique un champ B_X le long de la direction *x* pendant une brève durée, choisie de telle façon que tous les spins fassent un *demi-tour autour de Ox.* Ce pivotement est l'analogue d'une opération (plus acrobatique pour les coureurs que pour les spins !)

qui ferait basculer la piste d'un demi-tour autour de la ligne pointillée au bout d'une heure de course (Fig.9b). Imaginons que les coureurs, sans être autrement émus, continuent comme les spins à tourner dans le même sens, chacun conservant sa propre vitesse. L'avance de 4 tours 1/4 de *j* sur *a* est maintenant devenue un retard ; chaque coureur repart avec le handicap exact correspondant à ses performances. Que va-t-il se passer au terme de la deuxième heure ? Tous les coureurs vont se retrouver groupés sur la ligne de départ. De même, au terme de la deuxième milliseconde, tous les spins vont se retrouver orientés parallèlement à la direction *x*. A cet instant, on observe à nouveau une aimantation maximale du matériau, dirigée le long de *x* et tournant dans le plan *xOy* comme au début de l'expérience. En désignant par *t* le délai écoulé entre l'introduction du champ B_Z et l'instant où le champ B_X fait pivoter les spins, l'effet s'observe à l'instant 2*t* ce qui justifie le nom d'"échos de spins". Rien n'empêche d'engendrer ainsi des *échos successifs* en faisant alternativement décroître et croître l'aimantation totale, jusqu'au moment où entrent en jeu d'autres causes de désordre, associées à de faibles interactions magnétiques.

Cette expérience exhibe une caractéristique surprenante. *L'ordre, qui semblait s'être perdu* lors de la première phase, *resurgit* au cours de la seconde, pendant laquelle l'entropie décroît à mesure que l'aimantation croît. Irréversibilité et croissance de l'entropie paraissent prises en défaut, et le système, entre l'instant *t* et l'instant 2*t*, se comporte *comme s'il remontait le temps*. En fait, si un processus aussi paradoxal est réalisable, c'est parce que les irrégularités dans l'espace du champ B_Z restent inchangées au cours du temps. Si nos coureurs, inégalement fatigués, modifiaient leur allure pendant la deuxième heure de course, ils ne cesseraient de rester dispersés de manière aléatoire tout au long de la piste. C'est parce qu'il a gardé la même vitesse de rotation entre les temps 0 et 2*t*, qu'un spin placé dans un champ un peu plus fort que celui de ses congénères rattrape pendant la deuxième étape le handicap qui lui a été imposé à l'instant *t* et arrive en même temps que le peloton.

En dernier ressort, comme le prestidigitateur avec le jeu de cartes dont il contrôle le brassage, l'expérimentateur a réussi à restaurer l'ordre initial à partir d'une situation qui paraît désordonnée à l'observateur non averti, grâce à *l'information qu'il a conservée* sur l'évolution antérieure.

Dans l'expérience que nous avons décrite, l'ordre initial des spins s'est caché dans des corrélations reliant l'angle dont chaque spin a tourné à la valeur du champ magnétique local B_Z subi par ce spin. Certes, si cet ordre a pu être récupéré, c'est grâce à la simplicité de ces corrélations. Cependant, il existe des expériences plus subtiles, et encore plus spectaculaires, où les interactions magnétiques entre spins ne sont plus négligeables. Dans ce cas, l'ordre initial va se cacher dans des corrélations faisant intervenir un nombre gigantesque de spins, exactement comme, lors de l'expansion d'un gaz, les interactions des molécules créent entre elles des corrélations extrêmement complexes. Malgré une pareille complexité, certains spécialistes de résonance magnétique nucléaire ont imaginé une manipulation globale des spins, appelée le "sandwich magique", qui permet encore de les réaligner après un certain délai. L'explication de telles expériences est loin d'être élémentaire ; leur existence montre qu'il est possible dans certains cas de "remonter le temps" en exhumant un ordre qui semblait irrémédiablement enfoui dans des corrélations mettant en jeu de très nombreux atomes.

DÉMONS ET MAXWELL

Le paradoxe de l'irréversibilité de Loschmidt reposait sur une contradiction entre la réversibilité de la dynamique microscopique et le deuxième principe de la thermodynamique. Pour la plupart des objets physiques, cette contradiction a été surmontée grâce à l'identification entre l'entropie d'un système isolé, grandeur qui croît au cours du temps, et le désordre apparent, qui augmente inexorablement à l'échelle microscopique en raison de l'extrême complexité du mouvement. Certes, comme nous l'avons vu, l'expansion d'un gaz ne fournit comme états finals que des configurations *b* constituant une part infime W_A/W_B de l'ensemble *B* des configurations où tout le volume V_B est occupé. Mais l'impossibilité de les discerner parmi cet ensemble nous conduit à mesurer le désordre par $k \log W_B$ où W_B dénombre *B* tout entier. Ceci revient à admettre que la population *b* engendrée en partant des configurations initiales *a* ne se distingue pas d'une population qui aurait été tirée au hasard parmi tout l'ensemble *B*, c'est-à-dire qu'elle réalise un *échantillonnage représentatif* non biaisé.

Nous avons vu que l'état de la science au siècle dernier pouvait autoriser à douter de l'existence des atomes et de la réversibilité de leur mouvement, ce qui était l'un des enjeux du paradoxe de W. Thomson et Loschmidt. Cependant, ces faits sont actuellement établis avec encore plus d'évidence que la thermodynamique elle-même. Il est donc licite de renverser la problématique, et d'imaginer des *démons de Loschmidt,* êtres subtils qui iraient jusqu'à vider de son sens le paradoxe en niant la réalité de la croissance de l'entropie. En effet, la réversibilité microscopique sous-jacente implique qu'un état final doit conserver quelque part, quoique de manière extraordinairement cachée, le souvenir de l'état initial plus ordonné dont il est issu. Un démon de Loschmidt serait capable de suivre le détail de l'évolution ; de ce fait, il discernerait les configurations b particulières provenant de l'état macroscopique *A* de volume moitié, et mettrait en évidence un biais dans la répartition de ces configurations *b* parmi toutes celles de l'ensemble *B*. Il pourrait alors agir en sorte que le système retourne à l'état initial, faisant ainsi décroître son entropie thermodynamique.

Or, nous venons de voir que de tels démons de Loschmidt ne sont pas seulement des vues de l'esprit, il en existe sur terre : les expérimentateurs qui réalisent les expériences d'échos ! Afin d'analyser leur exploit dans le cadre de la thermodynamique, on note que les variations dans le temps des champs magnétiques nécessaires au succès de l'expérience sont commandées automatiquement et périodiquement par des dispositifs électroniques réversibles. On délimite donc un système isolé en ajoutant ces appareillages à l'échantillon paramagnétique proprement dit. Si l'on se souvient que l'entropie thermodynamique de cet échantillon est une fonction décroissante de l'aimantation, on constate que le démon de Loschmidt a réalisé un système isolé dont l'entropie oscille, au moins sur quelques périodes, en contradiction flagrante avec le deuxième principe. L'existence de telles expériences nous empêche donc de regarder la croissance de l'entropie comme un concept absolu. Bien entendu, leur caractère très particulier, tout à fait artificiel, ne nous autorise pas pour autant à envisager l'occurrence spontanée, par chance, de pareilles violations dans la nature.

Un dernier exemple va confirmer que l'irréversibilité macroscopique, qui traduit la croissance du désordre des atomes, n'est pas une propriété intrinsèque d'un objet, et que notre connaissance de ce dernier peut nous aider à lutter contre la flèche du temps de la thermodynamique. Ainsi sera renforcée l'idée que le désordre ou l'entropie peuvent être assimilés à un manque d'information. Cette identification, élaborée au cours des 50 dernières années, a permis d'élucider un ancien et fameux paradoxe ; imaginé par Maxwell en 1864, il a excité la curiosité de générations de physiciens et de philosophes, mais sa solution nécessitait la compréhension de la nature de l'entropie.

Considérons un récipient divisé en deux bacs égaux par une cloison percée d'un petit trou (Fig.10). Il est rempli d'eau sucrée, qui a atteint son maximum d'entropie après dissolution : les molécules de sucre se répartissent également entre les deux bacs. Supposons que l'orifice puisse être obturé par un léger opercule manipulé par un petit "démon". Imaginons que celui-ci, indifférent aux molécules d'eau, ferme le trou lorsqu'il voit une molécule de sucre arriver de la gauche et l'ouvre lorsqu'il voit une molécule arriver de la droite. Grâce à ce tri, la solution va progressivement s'enrichir en sucre à gauche, s'appauvrir à droite. Le résultat de l'opération est une *décroissance* ΔS de l'entropie, en violation du second principe. L'ordre a augmenté dans la solution, sans création apparente de désordre ailleurs : le démon semble avoir réussi à "remonter le temps" !

Figure 10
Le démon de Maxwell.

Analysons de plus près le jeu du démon. Afin de pouvoir réaliser le tri des molécules de sucre, il a eu besoin de *savoir* si elles se trouvaient à gauche ou à droite de la cloison. Il a dû pour cela augmenter sa connaissance de l'état du système, d'une quantité que la théorie de l'information nous a appris à chiffrer. En particulier, si nous considérons une seule molécule, la probabilité pour qu'elle soit à droite (ou à gauche) vaut 1/2 ; le démon, puisqu'il sait de quel côté elle est située, dispose selon la définition (8) d'une quantité d'information égale à k log2. Une fois qu'il a utilisé cette information, il n'en sait pas plus que quiconque sur la position de la molécule, qui est à gauche. C'est la possession d'une information qui a permis au démon d'intervenir, et le prix payé pour la diminution ΔS de l'entropie est l'exploitation de cette information. Une analyse détaillée montre que la quantité ΔI d'information utilisée vaut ΔS si le démon ne se trompe jamais, et qu'elle est supérieure s'il manipule imparfaitement son opercule.

Inversement, *pour acquérir de l'information*, il faut que se produise quelque part une *irréversibilité* se traduisant par un accroissement d'entropie. Imaginons que, pour voir les molécules de sucre, le démon les éclaire en faisant diffuser sur elles les photons de sa torche électrique. Ces photons constituaient initialement un faisceau parallèle, ordonné ; après diffusion, ils partent dans toutes les directions, ce qui augmente leur désordre. De façon générale, on montre que l'acquisition d'une information ΔI doit s'accompagner d'un accroissement d'entropie ΔS supérieur à ΔI du moins si l'on effectue ce bilan sur un cycle fermé ; cette condition implique la remise à zéro des appareils de mesure et d'enregistrement, ce qui nécessite un certain transfert d'entropie entre ces appareils et des sources extérieures.

Ici encore, le deuxième principe est partiellement mis en échec. Son bilan n'est correctement établi que si l'on retranche à l'entropie les quantités d'information mises en jeu. Cependant, à l'inverse du démon de Loschmidt, le démon de Maxwell reste à ce jour un pur produit de notre imagination. Tous deux sont des descendants, quelque peu dégénérés, du démon que Laplace avait imaginé pour illustrer ses idées sur le déterminisme et sur la nature partiellement subjective des probabilités. Le démon de Laplace, supposé connaître parfaitement les positions et vitesses actuelles de toutes les particules de l'Univers ainsi que les équations du mouvement, serait capable d'en déduire tous les événements passés et futurs. Les démons de Loschmidt et de Maxwell sont moins omniscients, mais n'en demeurent pas moins capables, par une petite action sur un système, de le faire évoluer en sens inverse de son mouvement naturel. Pour ce faire, le premier exploite sa connaissance de la seule *dynamique* microscopique, le second sa connaissance de certaines caractéristiques, utiles pour faire son tri, de l'*état* microscopique du système ; mais ceci est beaucoup plus difficile et paraît encore matériellement hors de portée humaine.

FLÈCHE DU TEMPS, DÉGRADATION ET PERTE DE CONNAISSANCE

Nous avons vu progressivement se dégager une parenté étroite entre les trois concepts a priori différents de *flèche du temps*, de *désordre* mesuré par l'entropie, et de *connaissance* mesurée par l'information. La thermodynamique du début du XIXème siècle a montré que l'ordre de succession dans le temps des événements était régi par le deuxième principe : du travail peut se dégrader en chaleur, de la chaleur ne peut spontanément se transformer en travail dans un système isolé. L'intensité de l'irréversibilité d'un phénomène a trouvé en la croissance de l'entropie une mesure naturelle. Cependant, au fur et à mesure que la thermodynamique cédait la vedette à la physique statistique, le concept d'entropie s'affinait et s'enrichissait à travers plusieurs avatars, notamment grâce à Boltzmann et Shannon. En particulier, l'interprétation de l'entropie comme un manque d'information à l'échelle microscopique nous oblige désormais à lui attribuer un caractère partiellement *anthropocentrique*. Il ne s'agit pas d'une grandeur intrinsèquement attachée à un objet, mais d'une mesure du degré d'ignorance de ses observateurs à son égard. La croissance de l'entropie traduit une perte de connaissance, provenant du fait que seules les caractéristiques macroscopiques de l'objet sont accessibles. De même que le concept de probabilité auquel elle se rattache et qui est devenu indispensable à la science moderne, l'entropie doit être considérée avant tout comme un outil aidant à faire des prévisions. En thermodynamique, elle sert à déterminer dans quel sens un système évoluera et vers quel état final il aboutira. Plus généralement, hors du domaine de la thermodynamique et même de la physique, l'entropie peut aider, en tant que caractérisation de l'incertitude, à affecter à un système une loi de probabilité non biaisée tenant seulement compte des informations dont on dispose ; on l'utilise par exemple pour essayer de reconstituer aussi raisonnablement que possible des images brouillées.

Pareille introduction de l'observateur au cœur même d'une théorie physique peut paraître choquante. C'est pourquoi nous avons fait ci-dessus appel à deux démons pour en prouver la nécessité. Le démon de Loschmidt, lorsqu'il réalise l'expérience d'échos de spin, est capable, grâce à sa connaissance de la dynamique, de faire retourner l'échantillon vers son état initial comme s'il avait remonté le temps. D'autre part, l'analyse du paradoxe du démon de Maxwell montre que non seulement l'utilisation d'une information peut créer de l'ordre, mais qu'inversement l'acquisition d'informations, phénomène foncièrement irréversible, doit s'accompagner d'une croissance d'entropie ; dans cette acquisition, l'orientation du temps joue un rôle crucial. Dans les deux cas, la croissance d'entropie d'un système isolé n'est pas inéluctable dès lors qu'une exploitation d'information est en jeu. Aussi bien l'entropie que l'irréversibilité n'ont pas un caractère absolu, elles dépendent de notre connaissance des phénomènes et systèmes physiques, et de la finesse de notre description. Il ne s'agit pas pour autant de concepts subjectifs, car deux observateurs différents placés dans les mêmes conditions et utilisant correctement la théorie des probabilités aboutissent toujours aux mêmes conclusions.

Alors que la science du XIXème siècle mettait l'accent sur l'énergie, les notions essentielles dans notre vision moderne de la thermodynamique sont devenues l'ordre et le désordre, leurs évolutions et leurs échanges. Entropie et information apparaissent comme deux faces d'une même entité. Ce n'est sans doute pas une coïncidence si dans le même temps les activités industrielles les plus caractéristiques ont subi une évolution parallèle : passant du charbon et du chemin de fer à l'électronique et à l'informatique, en attendant les biotechnologies, elles mettent au premier plan la production d'organisation et la lutte, au moins locale, contre la croissance inéluctable de l'incertitude et du désordre, croissance qui s'identifie pour nous à la fuite du temps.

C'est de temps que le temps se nourrit.

Audiberti, Monorail

LE TEMPS EN BIOLOGIE - LE VIEILLISSEMENT

Ladislas Robert*

INTRODUCTION

Le temps existe en biologie depuis l'apparition de la vie sur terre, il y a environ 4000 Millions d'années. Dès l'apparition des premières cellules, le temps a été marqué par des rythmes imposés par l'environnement et limité par leur disparition - à la suite d'une division de la cellule en deux, ou de son déclin et mort ou par prédation. En négligeant cette dernière éventualité, nous pouvons nous demander comment la cellule compte son temps, entre deux divisions pour les cellules en mitose continue ou de leur apparition (différentiation) jusqu'à leur mort pour les cellules post-mitotiques. Pour la cellule quiescente, le temps est scandé par les rythmes des réactions métaboliques dont la plupart subissent des oscillations régulières. Au niveau déjà, des eucaryotes unicellulaires, de nombreuses études suggèrent l'existence de plusieurs horloges ou oscillateurs (1). Au cours des mitoses des modifications de la chromatine sont constatées qui à elles seules pourraient limiter le nombre de doublement des populations cellulaires (2), sans exclure la possibilité, non encore définitivement établie, d'un contrôle direct par quelques gènes de la durée de vie cellulaire. Ces deux aspects du temps - temps cyclique dont s'occupe la chronobiologie (3) et temps continu - le vieillissement dont s'occupe la gérontologie (4, 5) - se retrouvent des organismes

* Laboratoire de Biologie du Tissu Conjonctif, Faculté de Médecine, ER CNRS 74, Université Paris Val de Marne, 8 Rue du Général Sarrail, 94010 Créteil

unicellulaires au plus compliqué des êtres pluricellulaires qu'est l'homme.

Pour l'homme le temps ne se déroule pas d'une façon uniforme. Le temps "objectif", celui du calendrier, ne coïncide pas forcément avec le temps subjectif qui paraît plutôt s'accélérer avec l'âge. La neurobiologie, la psychologie du temps représentent un chapitre important du développement et de la pathologie du système nerveux. Pour notre organisme aussi il existe un déroulement du temps différentiel. Le déclin des fonctions suit des vitesses très différentes d'un organe ou tissu à l'autre. Le vieillissement biologique ne suit pas non plus l'horloge centrale de Greenwich. Nous possédons plusieurs marqueurs biologiques du vieillissement de l'organisme qui nous permettent de comparer le déroulement du temps biologique de chaque organe avec le temps du calendrier. Les rythmes de l'organisme changent aussi avec le vieillissement - un nouveau chapitre de la chronobiologie est représenté par sa rencontre avec la gérontologie (5). Dans ce qui suit nous tâcherons de brosser un tableau impressionniste de ces divers aspects du temps biologique.

LE VIEILLISSEMENT

Bien que la peur de la mort et la fuite devant le temps inexorable soit aussi vieille que l'humanité, l'étude systématique, scientifique du vieillissement est toute récente. L'image d'Épinal (Figure 1) sur "les degrés de l'âge" date de la deuxième moitié du XIXème siècle et témoigne d'une prise de conscience du "grand public" de la généralité et de la gravité de ce phénomène qu'on appelle le vieillissement, caractérisé par le déclin de l'organisme, par un cohorte de maladies et qui aboutit à la mort. Parmi les faits saillants fournis par la gérontologie expérimentale à la notion du temps en biologie, il convient de retenir trois concepts essentiels.

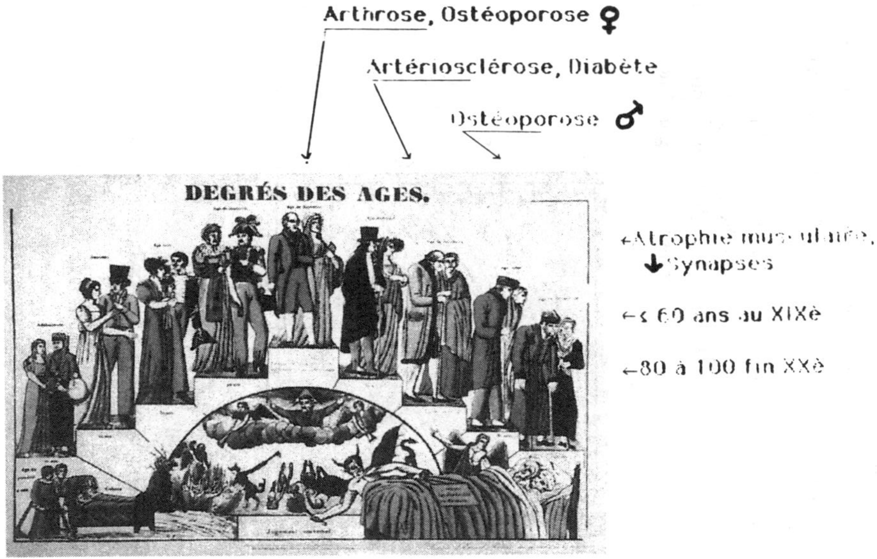

Figure 1

Le viellissement représenté par une image d'épinale avec les maladies du viellissement et l'âge approximatif de leur début.

1) la longévité maximale des espèces paraît être génétiquement déterminée et relativement constante pour les espèces qui ont pu être étudiées

2) l'espérance de vie moyenne des individus est régie par une interaction entre le génome et l'environnement et varie entre de larges limites

3) le déclin des fonctions au cours du vieillissement suit des vitesses très différentes (figure 2). Selon les organes et tissus, il est donc peu probable qu'une seule horloge puisse être invoquée pour expliquer le vieillissement de l'organisme.

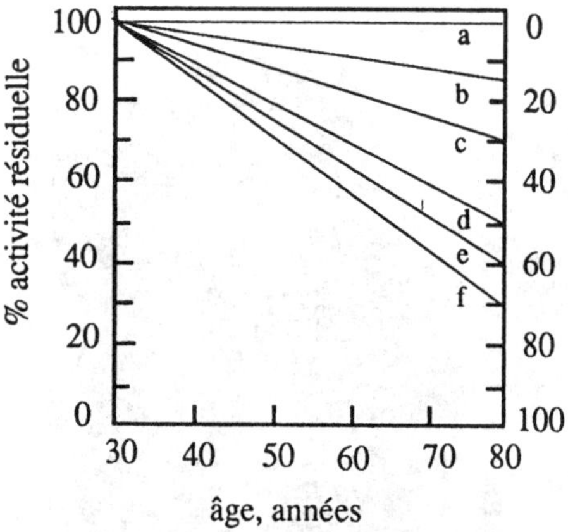

Figure 2

Le déclin différentiel des fonctions physiologiques de l'organisme, représenté d'après l'étude épidémiologique de N. Schock à l'Institut National du vieillissement de l'NIH, Baltimore, USA (d'après figure 45 de la réf. 4).

a : glycémie à jeun

b : vitesse de conduction nerveuse

c : indice cardiaque au repos

d : capacité vitale (poumon) et irrigation rénale

e : capacité respiratoire maximale

f : vitesse maximale de travail et d'absorption d'oxygène.

La durée de vie maximale est très variable d'un organisme à l'autre. De 10 minutes pour certains procaryotes à 150 ans pour la tortue des Galapagos. Elle paraît dépendre non pas d'un gène mais de la structure et du fonctionnement de tout ou une grande partie du génome. La recherche des gènes qui détermineraient la longévité a abouti jusqu'à aujourd'hui surtout à l'identification de gènes facilitant ou déterminant des maladies ou la capacité de l'organisme à y faire face plutôt qu'à des gènes individuels de longévité, encore que leur existence ne puisse pas être exclue sur la base de considérations théoriques. Dans le sens *darwinien* une sélection pour une plus grande longévité ne paraît pas d'une évidence logique. Pour la survie de l'espèce c'est sa reproduction qui est capitale, celle-ci est assurée par les jeunes adultes, les individus âgés, affaiblis n'étant plus utiles pour la survie. Il est par contre possible que des gènes sélectionnés dans l'intérêt de la survie de l'espèce puissent jouer plus tard un rôle dans le déroulement du vieillissement. Pour l'homme la longévité maximale se situe aux environs de 100-120 ans. De tout temps on a connu des centenaires mais leur nombre a rapidement augmenté au cours des dernières décennies (Figure 3). Aujourd'hui, on en compte 3 à 4000 en France, leur nombre a été multiplié par 15 depuis le milieu de ce siècle et doit doubler d'ici le début du 21ème siècle. Le même phénomène s'observe aussi dans les pays en voie de développement où la fraction de la population âgée (> 65 ans) augmente rapidement. D'ici quelques décennies les 2/3 des personnes âgées vivront, selon les prévisions de l'O.M.S., dans les pays pauvres.

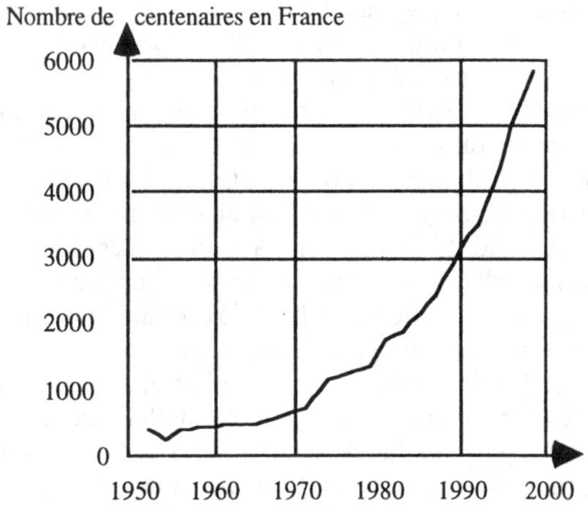

Figure 3

Augmentation du nombre des centenaires en France depuis 1950 (d'après la Fondation Ipsen, cliché du Dr. M. Allard).

L'espérance de vie moyenne augmente pour toutes les tranches d'âge. Actuellement elle est de l'ordre de 73 ans pour l'homme et 81 ans pour les femmes en France. L'écart se creuse fortement en haut de la pyramide des âges - qui ressemble de plus en plus à une meule de foin. Chez les centenaires français le rapport hommes-femmes est de 1 à 8. Au Japon ce rapport est plus favorable, de l'ordre de 1 à 4. Les conditions de vie à tous les niveaux interviennent dans la détermination de la longévité des individus : nutrition, radiations, tabac et autres facteurs de risque de maladies liées à l'âge - maladies cardio-vasculaires, ostéoarticulaires, broncho-pulmonaires, diabète, tumeurs malignes, démences. Plus de la moitié des personnes du 3ème âge meurt de maladies cardio-vasculaires, suivies par les tumeurs malignes. Avec l'augmentation de l'espérance de vie la fréquence des démences augmente fortement (Figure 4). Un faisceau convergent d'arguments pointe vers l'allèle d'une des apolipoprotéines (apo E4) comme étant l'un des facteurs favorisant le développement de la démence sénile de type Alzheimer par un mécanisme encore inconnu, bien que d'autres locus, d'autres gènes soient aussi directement ou indirectement impliqués. Une monographie récente a été consacrée aux maladies liées à l'âge et leur rapport au vieillissement (6). La question que l'on se pose peut être formulée ainsi : peut on vivre jusqu'au bout de notre "programme génétique" de vieillissement et mourir de vieillesse ou va-t-on forcément développer une "maladie" ? Pour un gériatre suédois, Alvar Svanborg, la réponse est positive, c'est à dire que l'on peut vieillir et mourir de vieillesse. Selon son étude portant sur 3 cohortes de septuagénaires à Goteborg, suivies sur 5 ans chacune et examinées à 5 ans d'intervalle, il apparaît que l'état de santé des personnes âgées de cette fin de siècle s'améliore rapidement, d'une façon constante, même en si peu de temps, 15 ans de suivi total. Comme le génome ne paraît pas changer en si peu de temps, il faut conclure à l'importance des progrès de la médecine, à son accessibilité au plus grand nombre et à l'amélioration rapide des conditions de vie. La nutrition, également joue un rôle par sa qualité et sa quantité, sa conformité aux normes de la médecine moderne quant à son rôle en tant que facteur de risque de maladies liées à l'âge. Le rôle du génome dans la détermination de la longévité reste néanmoins solidement soutenu par les modifications qu'il subit au cours du vieillissement (mutation et autres), par les maladies imitant un vieillissement accéléré comme la Progeria, le syndrome de Werner, le diabète de type II, la trisomie 21 ainsi que par un facteur d'héritabilité significatif de la longévité. Les mécanismes qui permettent à l'environnement d'interagir avec le génome sont en train d'être élucidés bien qu'un grand chemin reste encore à parcourir.

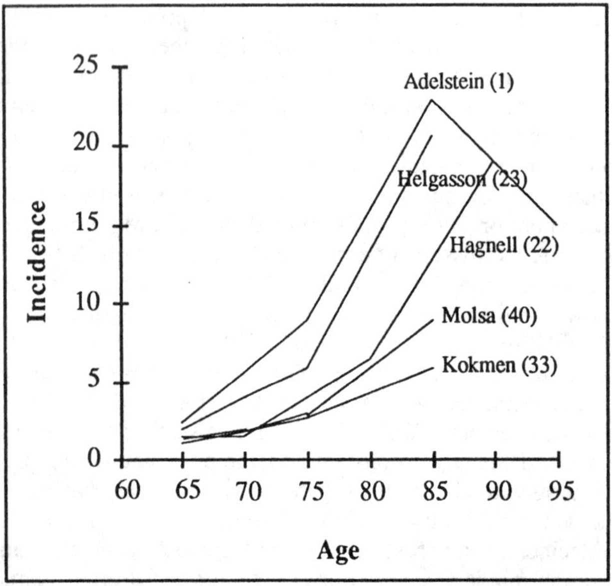

Figure 4

Augmentation de l'incidence des démences séniles, essentiellement de type Alzheimer, dans la population avec l'augmentation de l'espérance de vie d'après Claudine Berr (17). Les références aux statistiques originales indiquées sur la figure peuvent être trouvées dans l'article cité de C. Berr.

LES HORLOGES BIOLOGIQUES

Ce terme a été longtemps monopolisé par les chronobiologistes (3), bien qu'il soit tout à fait légitime de l'utiliser pour désigner aussi les mécanismes qui déterminent la durée de vie de l'organisme (5). De nombreuses études ont été effectuées depuis le milieu de ce siècle pour cerner ces mécanismes, à tous les niveaux accessibles à l'expérimentation, du niveau moléculaire et cellulaire jusqu'au niveau des populations (épidémiologie) en passant par le niveau tissulaire et celui des organes et des organismes des unicellulaires jusqu'à l'homme (Tableau I). Afin d'insister sur la complexité du problème nous illustrerons l'état actuel de nos connaissances en prenant comme exemple la recherche des horloges au niveau tissulaire. Ce terme - les tissus - inventé par Bichat, désigne une tranche fine des organes où l'on trouve des cellules et de la matrice extracellulaire, (figure 5). Les tissus riches en matrice extracellulaire (MEC) sont appelés tissus conjonctifs - la peau, les os, les cartilages, les parois vasculaires par exemple. Un grand nombre de macromolécules composent la MEC que l'on peut classer en 4 familles, les collagènes et l'élastine qui en forment la trame fibreuse, les protéoglycannes et l'hyaluronane qui en remplissent les interstices et enfin les glycoprotéines de structure qui assurent la cohésion entre les cellules et la MEC, en interagissant d'une part avec des récepteurs cellulaires (Intégrines et autres) et d'autre part avec les constituants de la MEC. Il en résulte une interaction bilatérale entre cellules et matrice que l'on peut comparer à un circuit informatique (figure 6). La cellule synthétise la matrice qui l'entoure selon un programme qui se précise dans le génome au cours de la différenciation et le développement. La matrice rétro-agit sur la cellule à travers les récepteurs et peut ainsi signaler à la cellule des modifications dans son environnement immédiat. Le programme même de la biosynthèse de la matrice peut être modifié par la rétroaction de celle-ci sur la cellule. Ce circuit informatique peut devenir un cercle vicieux dans certaines conditions, en particulier à la suite des modifications de la matrice au cours du vieillissement. En effet, les cellules et la matrice possèdent leurs propres modalités de vieillissement qui modifient progressivement le déroulement du programme de synthèse de la MEC ainsi que son action sur la cellule.

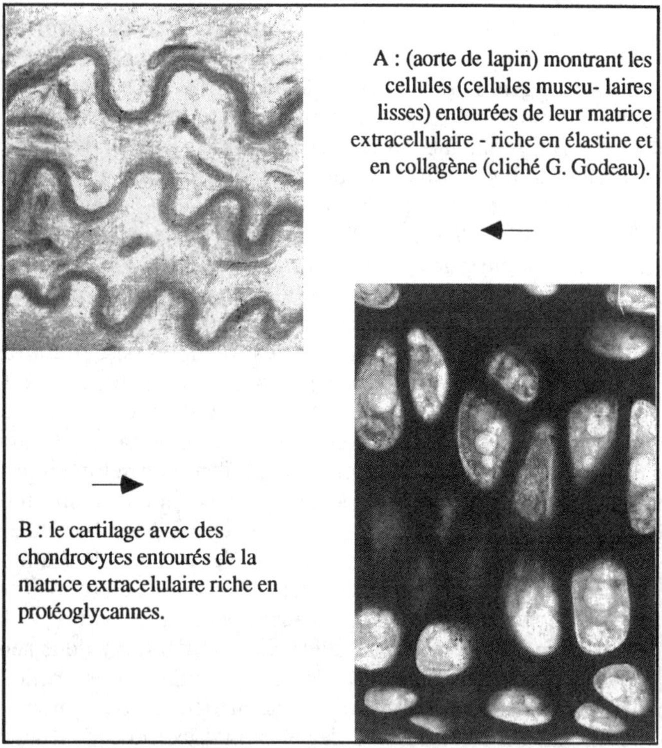

Figure 5
Coupe histologique de "tissus", en l'occurrence la paroi vasculaire

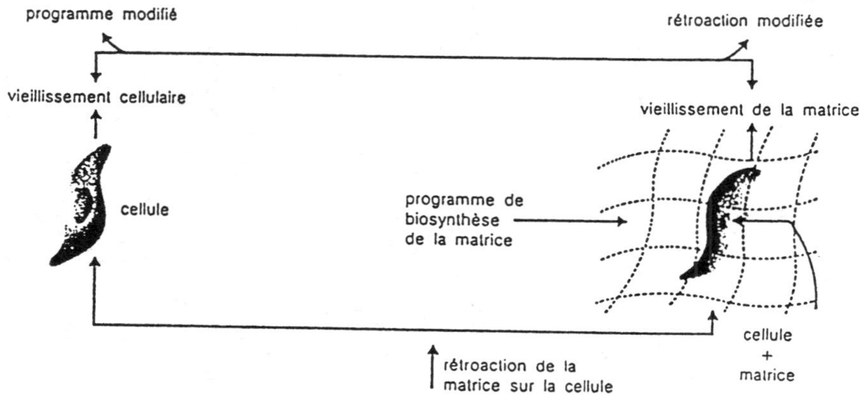

Figure 6

Représentation schématique du circuit informatique entre cellule et matrice extracellulaire

La cellule, suivant son programme génétique, synthétise une matrice extracellulaire spécifique caractérisée par la qualité et la quantité de chaque macromolécule. Cette matrice spécifique représente la niche écologique, l'environnement immédiat de la cellule et aura une rétroaction importante qui déterminera la différenciation de la cellule. Les modifications du vieillissement concernent d'une part le programme de la biosynthèse de la matrice, qui se modifiera donc à la suite de ce programme, et d'autre part des effets de l'environnement tels que radicaux libres, déposition des lipides, nutrition, etc., qui vont modifier la matrice une fois déposée. Il en résulte une modification progressive de l'information qui doit passer de la cellule à la matrice et de la matrice à la cellule.

1) Populations :	épidémiologie, courbes de survie...
2) Individus :	gériatrie - explorations fonctionnelles
3) Organes :	anatomo-pathologie, histologie, physiologie
4) Tissus :	morphologie, ultrastructure biochimie
5) Cellules :	biologie cellulaire, génétique moléculaire
6) Molécules :	conformation, activité enzymatique, stéréo-isomérie (chiralité)

Tableau I
Niveau d'étude du vieillissement

Le vieillissement cellulaire

La plupart des études ont été effectuées selon le protocole mis au point par L. Hayflick au début des années 1960 aux USA (7). Il s'agit d'effectuer des passages successifs et répétés de cultures cellulaires (figure 7) en partant d'un morceau de tissu comme la peau par exemple. Hayflick a montré que la propagation des cellules en culture possède une limite, 50 à 60 doublements de la population cellulaire (dpc). Ensuite la culture s'arrête, les cellules ne peuvent plus se diviser (sauf en cas de transformation maligne). Parmi les nombreuses études effectuées avec ce modèle, les plus récentes concernent le raccourcissement des télomères (séquences répétitives d'ADN au bout de chaque chromosome) (8). A chaque division cellulaire ces télomères se raccourcissent. Cela pourrait interférer avec le fonctionnement de gènes se trouvant dans la proximité et favoriserait les modifications nuisibles du génome (translocation et autres). L'équipe du CEPH a confirmé récemment ce phénomène au niveau des chromosomes des lymphocytes prélevés chez des personnes d'âges différents (9). L'accélération de cette perte de télomères dans la trisomie 21 (mongolisme) confirme l'accélération du vieillissement dans cette maladie. Avant même

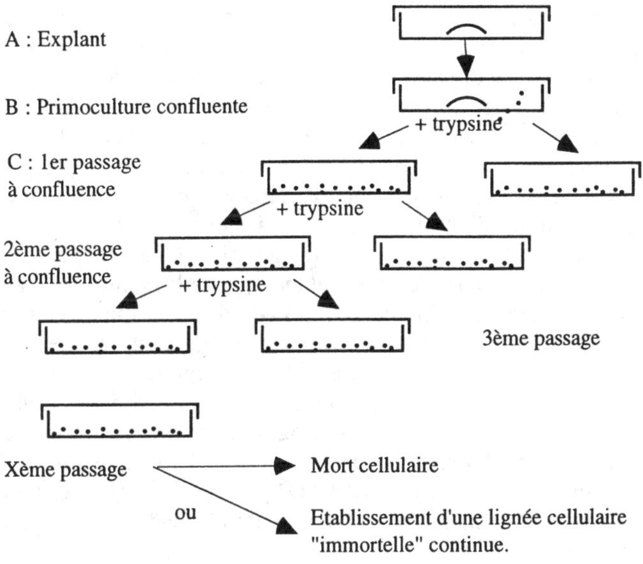

Figure 7

Schéma de l'expérience de L. Hayflick (2, 7) démontrant la survie limitée des cellules normales en culture.

A : un prélèvement tissulaire (biopsie cutanée par exemple) est placée dans le récipient en haut, dans un milieu approprié permettant aux cellules (fibroblastes en l'occurrence) de proliférer. B : après le remplissage de la surface disponible on disperse les cellules (à l'aide de la trypsine) et on les ensemence par moitié dans deux récipients. C : après prolifération et remplissage des deux récipients on recommence cette opération. Ces doublements de la population cellulaire ne peuvent pas se répéter indéfiniment, après 50 à 60 doublement de la population cellulaire (dpc) la culture s'arrête. Ce nombre maximale de dpc décroît régulièrement avec l'âge du donneur. En cas de transformation maligne on obtient un lignée cellulaire "immortelle" (reproduite d'après la figure 7/A de la réf. 4).

cette démonstration les travaux de A. Macieira-Coelho en France et de S. Goldstein aux USA ont attiré l'attention sur des pertes de séquences (codantes et non codantes) du génome à chaque division cellulaire (2). Ainsi au moins pour les cellules mitotiques (en division continue) une explication de leur déclin s'esquisse. Pour les cellules qui ne se divisent plus (post-mitotiques) on rarement (à mitose intermittente) après la maturation de l'organisme la situation est moins claire. Leur déclin pourrait relever d'un mécanisme qui s'apparente à une mort "programmée" résultat d'un processus actif, l'apoptose, (10) ou encore résulter de l'accumulation de dégâts causés par des radicaux libres, générés par l'activité métabolique de la cellule (11). Des modifications du génome dans les cellules post-mitotiques ont aussi été signalées (Strehler, Kanungo) suggérant que même en l'absence de division cellulaire "l'usure quotidienne" du génome est accompagnée par sa détérioration. Donc au niveau cellulaire plusieurs types d'horloges semblent intervenir, certains liés aux divisions successives de la cellule et découlant du mécanisme de réplication de l'ADN, d'autres relevant des particularités du métabolisme cellulaires et indépendants de sa prolifération.

Le vieillissement de la matrice

La découverte d'un mode de vieillissement spécifique à la matrice post-synthétique, donc indépendant du vieillissement cellulaire, revient à Fritz Verzar, physiologiste hongrois ayant enseigné à l'Université de Bâle. Après sa retraite, il a fondé le premier Institut de Recherche sur le vieillissement et a fait sa plus importante découverte au milieu des années 1950, le vieillissement des fibres de collagène. Il a montré que la force de contraction thermique des tendons augmente régulièrement avec l'âge (figure 8) phénomène qu'il a attribué à une augmentation du pontage des fibres au cours du vieillissement. Ce phénomène, retrouvé de la grenouille à l'homme, paraît être la conséquence de l'interaction entre le glucose et les groupements ami

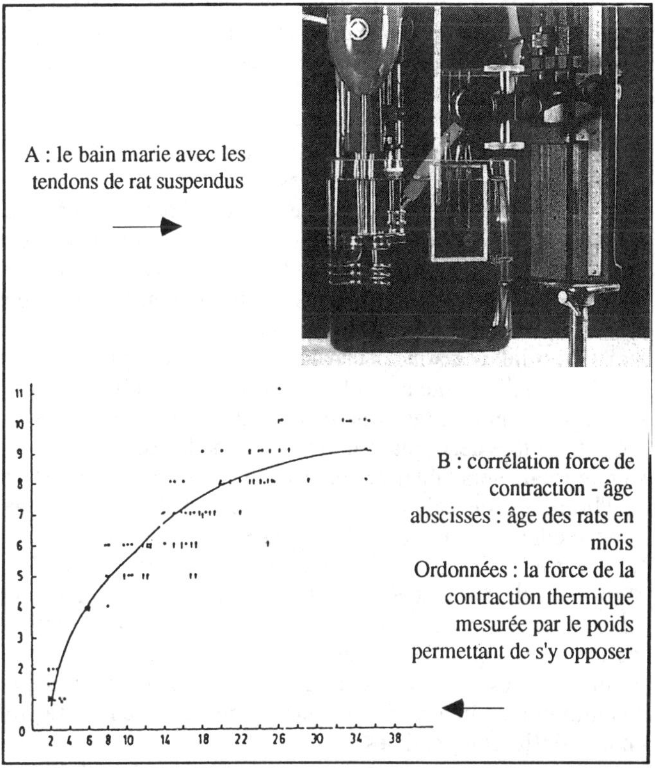

Figure 8

L'expérience de Verzar montrant la résistance croissante des fibres de collagène avec l'âge (d'après la figure 17 de la réf. 4). Ce "pontage" augmente la rigidité des fibres, les rend insensible aux collagénases, empêche leur renouvellement. On l'attribue à la réaction de Maillard, entre glucose et groupement aminés des protéines, réaction "parasite" non "prévue" dans le métabolisme cellulaire.

nés des protéines. Il en résulte une rigidification croissante des tissus a cause des fibres pontées par cette réaction entre glucides et protéines (la réaction de Maillard). Ces fibres ne peuvent plus être dégradées par les protéases et renouvelées par la cellule.

Quant aux fibres élastiques, leur vieillissement est le résultat de leur forte affinité pour les lipides et le calcium suivie de leur dégradation par les élastases. Les fibres se saturent de calcium et de lipides et sont dégradées par les élastases. Les peptides d'élastine libérés à la suite de l'attaque des fibres par les élastases sont retrouvés dans la circulation. Ces peptides d'élastine peuvent réagir avec un récepteur cellulaire. Cette interaction cellule-élastine déclenche un influx des ions Ca++ que la cellule vieillissante a de plus en plus de mal à éliminer et ramener le calcium intracellulaire à sa valeur normale. Ce phénomène traduit le découplage du récepteur de la voie de transmission normale vers l'intérieur de la cellule et la perte progressive de l'homéostasie calcique par la cellule. Or le calcium étant l'intermédiaire obligé dans la majeure partie des communications entre les cellules et leur environnement, cette perte de la régulation de l'homéostasie calcique coupe la cellule de son environnement et compromet progressivement ses régulations internes. La plupart des mécanismes de signalisation utilisés par la cellule nécessitent la régulation précise de la concentration du calcium intracellulaire. C'est le cas, entre autre, de l'interaction entre la MEC et les cellules.

Il apparaît à la suite de cette courte énumération de phénomènes du vieillissement des cellules et de la MEC que les "horloges" qui régissent leur durée de vie et déterminent les limites de leur fiabilité sont multiples. Certains de ces mécanismes relèvent de la division cellulaire, d'autres des relais de transmission des récepteurs membranaires, d'autres encore d'interactions physico-chimiques entre nutriments (glucides) et protéines de structure. Nous pouvons schématiquement subdiviser ces réactions en deux catégories : celles qui déroulent à l'intérieur de la cellule et celles qui concernent les constituants extracellulaires - la trame fibreuse post-synthétique. Les modifications du génome au cours des divisions cellulaires répétées relèvent de la première catégorie, le pontage du collagène (et d'autres protéines) et la fragmentation de l'élastine de la deuxième catégorie. Les radicaux libres souvent invoqués dans le vieillissement peuvent jouer un rôle important dans ces deux catégories de réactions. Les réactions radicalaires concernent, environ 5 % de l'oxygène inhalé qui se transforme au cours du métabolisme en produits radicalaires potentiellement nuisibles. Il apparaît ainsi que la structure physico-chimique des macromolécules biologiques comporte non seulement les instructions concernant leur mode de fonctionnement mais détermine les limites de leur fiabilité !

L'oxygène, comme les glucides sont indispensables à la survie de l'organisme et interviennent en même temps dans des réactions qui conduisent à son déclin.

Les théories du vieillissement

Nous retrouvons dans ces mécanismes certains qui paraissent codés dans le génome ou encore dépendant de sa modification au cours du vieillissement et qui donnent ainsi l'impression d'un "programme" pouvant être interprété comme un mécanisme déterministe.

D'autres mécanismes sont apparemment de nature stochastique. La limite de Hayflick pourrait relever avec l'apoptose de mécanismes apparemment déterministes, le phénomène de Verzar et les réactions radicalaires de phénomènes apparemment stochastiques. La théorie du chaos, appliquée récemment au vieillissement pourrait dans une certaine mesure réconcilier ces deux types de théories. L'imprécision des conditions initiales semble être un facteur suffisant pour rendre imprévisible le déroulement de processus déterministes (12). Or la précision des "conditions initiales" ne peut pas être améliorée au delà d'une limite déterminée en grande partie par le coût élevé en énergie du contrôle de la fidélité de fonctionnement des macromolécules informationnelles, comme l'a suggéré Kirkwood (13). Toutefois l'application de la théorie du chaos malgré ses mérites reste dans les limites d'un schéma descriptif global. Il me semble qu'il faille s'orienter vers une "théorie évolutionniste" du vieillissement tenant compte de l'importance de la pression de l'évolution sur l'émergence des macromolécules informationnelles déterminant leur structure, leur activité et limite de fonctionnement (14).

Les horloges des phénomènes cycliques

Pratiquement toutes les manifestations biologiques suivent des rythmes. Certains rapides, d'autres lents mais pratiquement aucun phénomène biologique ne se déroule selon une cinétique continue et linéaire. Cette rythmicité a pu être imprégnée par la rotation de la terre, les marées dont les rythmes et amplitudes ont d'ailleurs continuellement évoluées depuis l'apparition de la vie. Le jour a dû être beaucoup plus court au Cambrien (entre 412 et 424 jours par an selon Klevetz (15)) pour rallonger continuellement et atteindre les 24h et 365 jours par an depuis le cénozoïque. n est donc probable que les rythmes biologiques "entraînés" par ces phénomènes astrophysiques et géologiques ont évolué, et évolueront encore dans l'avenir. Quant aux mécanismes moléculaires des rythmes biologiques les connaissances les plus précises concernent ceux du métabolisme intermédiaire (1). Ainsi l'utilisation du glucose par des organismes unicellulaires, levure, amibe, se fait selon un rythme qui pour son utilisation anaérobie (glycolyse) semble être conditionnée par la nature de la phosphofructokinase (PFK) enzyme allostérique, comme l'ont démontré des études présentées dans la monographie de A. Goldbeter (1). La figure 9 montre schématiquement la série de réactions entre les glucides (nutrition) et ses produits métaboliques, leur variation cyclique, conséquence de l'action modulatrice de l'enzyme, la PFK pour des substances intervenant dans ces réactions.

L'ADP (adenosine-diphosphate), produit d'hydrolyse de l'ATP (adénosine triphosphate) - source d'énergie principale de la cellule, transforme la PFK en une forme plus active. La "charge adenylique" (représentée par le coefficient: (ATP) + 0.5 (ADP)/(ATP)+(ADP)+(AMP) (ou AMP + P $\rightarrow$ ADP + P $\rightarrow$ ATP, P représentant les groupements phosphates) caractérise la richesse en énergie de la cellule selon Goldbeter. Les enzymes consommant de l'énergie (ATP) seraient activées à des valeurs élevées en charge adeylique, par l'ATP et inhibées par un excès d'ADP et AMP. Les voies de régénération d'ATP, comme la glycolyse, seraient activées par les produits d'hydrolyse de l'ATP, par l'intermédiaire de la PFK. La cinétique allostérique de la PFK "explique" ainsi la nature oscillatoire du métabolisme glucidique de la levure au cours de la fermentation (Figure 9). Ces oscillations dépendent des concentrations relatives des métabolites et de cofacteurs et évoluent vers des cycles limités caractérisés par un attracteur étrange. Ces oscillations métaboliques pourraient représenter une des horloges élémentaires de la cellule. Il apparaît néanmoins que ces oscillations sont à leur tour "entraînées" par d'autres rythmes, plus lents caractérisant le domaine épigénétique de la cellule - biosynthèse des macromolécules, leurs interactions - comme le suggère les travaux sur les amibes de Lloyd et Edwards (16). La "danse lente de la vie" serait dictée par la musique jouée par la "cornemuse épigénétique". En effet la superposition des rythmes relevant du métabolisme générateur d'énergie d'une part et de la synthèse d'enzymes d'autre part relevant, pour le premier du domaine rapide et pour le second du domaine lent (Figure 10) c'est ce dernier qui imposerait sa cadence aux réactions métaboliques. Le couplage étroit des réactions rapides et lentes, médié par des cofacteurs et métabolites intermédiaires (voir ci-dessus) permet ainsi à la cellule d'ajuster ses oscillations métaboliques à la demande énergétique au lieu de suivre sa capacité maximale de génération d'énergie.

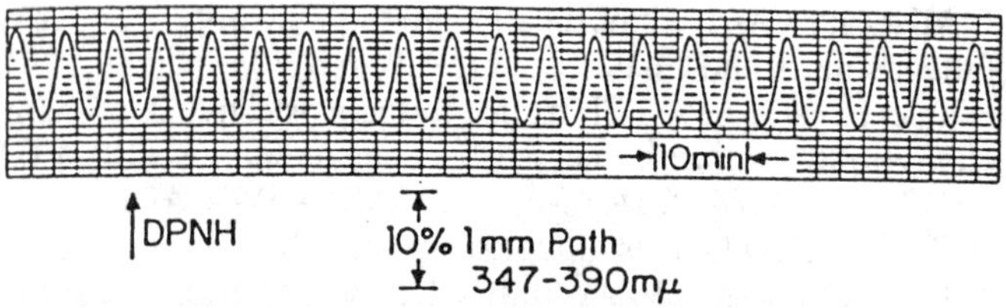

A : Oscillations entretenues dans un extrait de levure S. carlsbergensis utilisant le tréhalose comme substrat glycolytique. La dégradation lente de ce substrat donne lieu à des oscillations régulières qui peuvent se prolonger pendant une centaine de cycles.

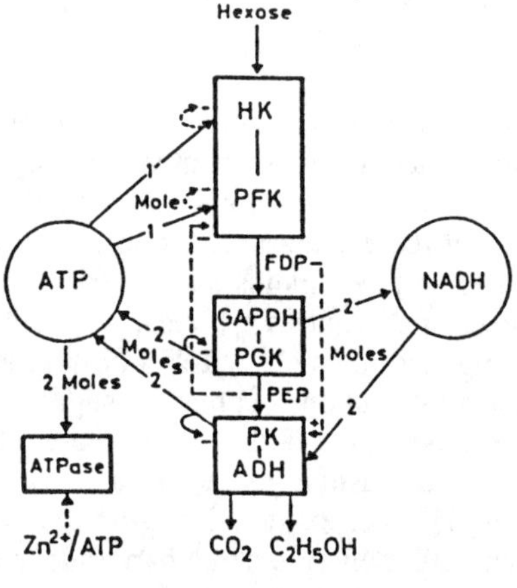

B : Schéma de contrôle du système glycolytique chez la levure. Les principales réactions enzymatiques sont indiquées verticalement, de l'hexokinase (HK) à l'alcool déshydrogénase (ADH) en passant par la phosphofructokinase (PFK), enzyme responsable des oscillations. Cette chaîne de réactions constitue la voie glycolytique dont la fonction est de produire de l'ATP lors de la transformation d'un hexose comme le glucose ou le fructose, en éthanol et C02 Les utilisations et productions d'ATP et de NADH, de même que certaines des principales régulations sont indiquées. Reproduite d'après les figures 2.2 et 2.6 de Goldbeter (réf. 1)

Figure 9

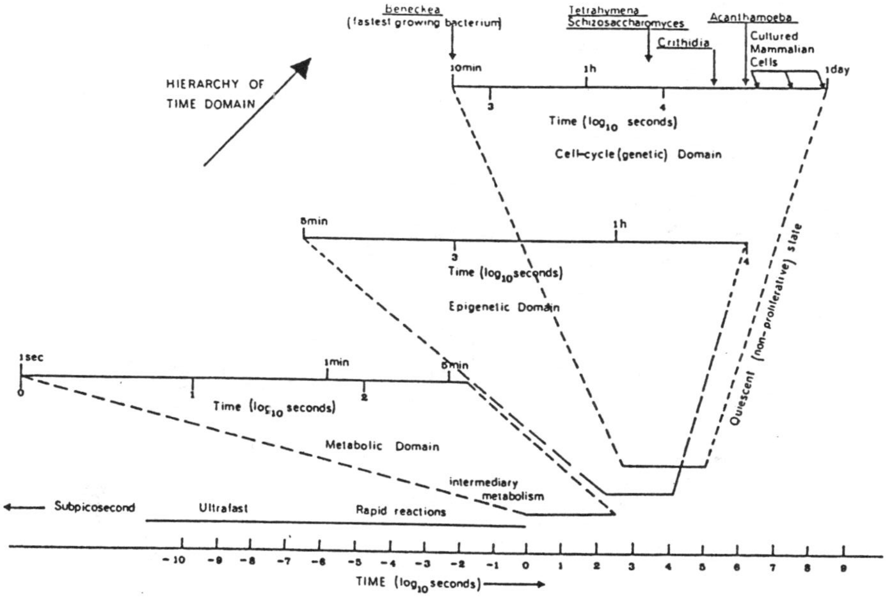

Figure 10

A : Les différents domaines de temps des systèmes vivants, d'après Lloyd et Edwards (16)

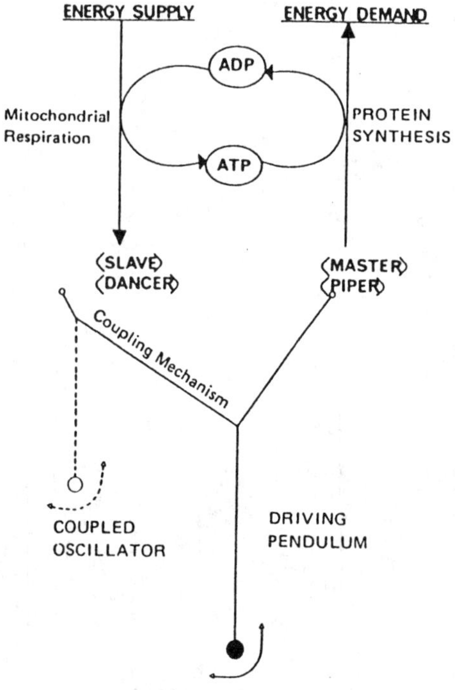

Figure 10

B : couplage des oscillateurs cellulaires: la fourniture d'énergie (ATP), des réactions rapides, est couplée à la demande d'énergie des réactions lentes dans les mitochondries de cellules (Acetabularia castellani).

Les phénomènes se compliquent encore si on passe des organismes unicellulaires à des organismes pluricellulaires comme l'homme par exemple. Déjà pour la drosophile un codage génétique de certains rythmes a pu être démontré (3). Il semble que le noyau suprachiasmatique chez l'homme jouerait un rôle d'horloge centrale ("master clock"). Mais il apparaît clairement des expériences de Touitou que la plupart des rythmes biologiques changent avec l'âge (3). Reste évidemment à préciser le ou les mécanismes qui assurent le couplage des réactions cycliques au déroulement du vieillissement.

CONCLUSIONS

Les résultats expérimentaux succinctement résumés et les considérations théoriques qui en découlent montrent clairement la complexité du problème du temps en biologie. Sa prédominance en tant que paramètre essentiel des phénomènes biologiques est apparent à tous les niveaux d'études, du vieillissement cellulaire aux cycles biologiques, des organismes monocellulaires à l'homme. Certaines horloges peuvent être synchronisées, "entraînées" sur un rythme compatible avec la survie optimale de la cellule ou de l'organisme, d'autres phénomènes suivent un rythme fortement dépendent de facteurs intrinsèques comme par exemple l'utilisation du glucose pour générer l'énergie indispensable à la vie ainsi que son action délétère sur les protéines de structure. Une simplification à l'extrême attribuant un rôle prépondérant au génome ne paraît donc pas appropriée pour une description fidèle des horloges biologiques.

Quant à la réversibilité du temps, dont parlent la mécanique quantique et la relativité, elle n'existe qu'au niveau des souvenirs évoqués grâce à l'évolution et à la complexité de notre système nerveux central. Le temps subjectif en dépend et ses manifestations sont conditionnées par les modifications avec l'âge des réseaux neuronaux qui font souvent appel aux souvenirs et expériences emmagasinées pour coordonner et programmer les actions présentes et futures. L'étude de la formation et stabilisation de réseaux neuronaux ainsi que leur perturbation à la suite de pertes neuronales devrait un jour permettre de donner une description du passage subjectif et objectif du temps dans des termes cellulaires et moléculaires (18). Des syndromes caractérisés par la perte partielle ou totale de la notion du temps ou sa sérieuse perturbation sont connues en neuropathologie et en psychologie. Le plus classique étant le syndrome de Korsakoff caractérisé par une amnésie antérograde entraînant une perte totale de l'orientation spatio-temporelle.

Intégrer toutes ces notion des cellules à l'organisme entier (Tableau I) représente un défi non seulement pour les biologistes et les médecins mais pour les philosophes qui de tout temps ont considéré cette problématique comme faisant partie de leur domaine de réflexion privilégié. Les leçons de Bergson (Durée et simultanéité) faisant suite aux travaux de Descartes sont restées des tentatives intéressantes sur le plan historique dans ce domaine. Ces réflexions ne peuvent hélas dépasser en profondeur et en étendu le domaine de nos connaissances en physique et en biologie, en progrès constant mais lent à cause du rythme de slow dicté aux chercheurs par les sources de financement consacrées à ces recherches.

BIBLIOGRAPHIE

GOLDBETER A., Rythmes et chaos dans les systèmes biochimiques et cellulaire, 1990, Masson, Paris.

MACIEIRA-COELHO A., Biology of normal proliferating cells in vitro relevance for in vivo aging, 1988, Karger, Bâle.

TOUITOU Y., HAUS E., Biologic rhythms in clinical and laboratory medicine, 1992, Springer-Verlag, Berlin.

ROBERT L., Mécanismes cellulaires et moléculaires du vieillissement, 1983, Masson, Paris.

ROBERT L., Les horloges biologiques, 1989, Flammarion, Paris.

ROBERT L., Le vieillissement de l'homme aux cellules, 1994, Editions CNRS-Belin (sous presse).

HAYFLICK L., Cell aging, In: "Annual review of gerontology & geriatrics", C. Eisdorfer Ed., 1980, 1 : pp. 26-87, Springer New York.
ALLSOPP R.C., VAZIRI H., PATTERSON C., GOLDSTEIN S., YOUNGLAI E.V., FUTCHER A.B., GREIDER C.W. and HARLEY C.B., Telomere length predicts replicative capacity of human fibroblasts, Proc. Natl. Acad. Sci., 1992, 89 : pp. 10114-10118.
VAZIRI H., SCHACHTER F., UCHIDA I., WEI L., ZHU X., EFFROS R., COHEN D. and HARLEY C.B., Loss of telomeric DNA during aging of normal and trisomy 21 human lymphocytes, Am. J. Hum. Genet., 1993, 52 : 661-667.
TOMEI L.D. and COPE F.O., Apoptosis: the molecular basis of cell death, In: Current communications in cell & molecular biology, 1991, Cold Spring Harbor Laboratory Press, NY.
EMERIT I. and CHANCE B., Free radicals and aging, 1992, Birkhauser Verlag, Basel.
DALMEDICO A.D., CHABERT J.L. and CHEMLA K., Chaos et déterminisme, 1992, Editions du Seuil, Paris.
KIRKWOOD T.B.L., ROSENBERGER.R.F. and GALAS D.J., Accuracy in molecular processes, 1986, Chapman and Hall, London.
ROBERT L. and HOFECKER G., The theoretical basis of aging research, 1988, Facultas Universitats Verlag, Vienne.
KLEVECZ R.R., cellular oscillators as vestiges of a primitive circadian clock, In: Cell cycle clocks, Edmunds L.N. Ed., 1984, Marcel Dekker Inc, New York.
LLOYD D. and EDWARDS S.W., Epigenetic oscillations during the cell cycles of lower eukaryotes are coupled to a clock, In : Cell cycle clocks, Edmunds L.N. Ed., 1984, Marcel Dekker Inc, new York.
1BERR C., Epidémiologie des démences séniles et de la démence de type Alzheimer, In: La maladie d'Alzheimer" Guard 0. and Michel B. Eds., 1989, pp. 19-37, MEDSVMcGraw-Hill, New York.
CHANGEUX J.P., L'homme neuronal, 1983, Fayard, Paris.

L'ÊTRE-TEMPS

Quelques réflexions sur le temps de la conscience

André Comte-Sponville

Merci à vous de m'avoir confié ce beau sujet - le temps de la conscience -, et pardon si je le prends en un sens large. C'est pour gagner du temps. Je n'ai pas cru devoir développer ce que chacun expérimente suffisamment en soi, par quoi le temps de la conscience se distingue du temps des horloges, le temps subjectif, du temps objectif. A quoi bon reprendre toujours les mêmes banalités sur le temps qui passe plus ou moins vite, selon qu'on jouit ou qu'on souffre, qu'on s'ennuie ou qu'on se divertit, sur le temps de la jeunesse et celui de la vieillesse, sur les intermittences du cœur ou de l'âme, sur les langueurs ou les accélérations, parfois, de notre vie intérieure ? La philosophie n'est pas là pour décrire, analyser ou commenter sans fin les évidences de la conscience commune, qui se suffisent à elles-mêmes et valent mieux, presque toujours, que les discours qu'on fait autour. Quoi de plus ennuyeux qu'une phénoménologie ? Quant au vécu de la conscience, chacun en sait autant que le philosophe, et les poètes diront mieux, et plus brièvement, le peu qui mérite d'en être dit. Je parlerai bien du temps de la conscience pourtant, si l'on entend par là que j'essaierai de penser le temps tel qu'une conscience peut l'appréhender. Comment autrement ? Mais la conscience qui m'intéresse, c'est surtout la conscience vraie : autant dire que m'interrogeant sur la conscience vraie du temps, puisque tel est mon propos, j'essaierai de savoir ce qu'est le temps lui-même, pour autant du moins que la conscience puisse le connaître ou s'en faire une idée. Merci d'avance pour votre indulgence : c'est un sujet trop difficile pour une conscience, fût-elle philosophique. Mais enfin il faut se tenir au difficile, comme dit Rilke, donc se tenir au temps, qui nous tient.

On peut partir de saint Augustin, puisque personne, sur le temps de la conscience, n'a mieux dit l'essentiel. La difficulté du sujet, d'abord, et c'est l'interrogation fameuse ou le constat dubitatif : «Qu'est-ce donc que le temps ? Si personne ne me le demande, je le sais ; mais si on me le demande et que je veuille l'expliquer, je ne le sais plus.»[1] C'est que le temps apparaît comme essentiellement aporétique. Le temps, pour la conscience, c'est d'abord la succession du passé, du présent et de l'avenir. Or le passé n'est pas, puisqu'il n'est plus ; ni l'avenir, puisqu'il n'est pas encore ; quant au présent, ou bien il se divise en un passé et un avenir, qui ne sont pas, ou bien il n'est qu' «un point de temps» sans aucune «étendue de durée» et n'est donc plus du temps[2]. Néant, donc, entre deux néants : le temps ne serait rien d'autre peut-être que cette néantisation perpétuelle de tout. Saint Augustin, encore : «Comment donc, ces deux temps, le passé et l'avenir, sont-ils, puisque le passé n'est plus et que l'avenir n'est pas encore ? Quant au présent, s'il était toujours présent, s'il n'allait pas rejoindre le passé, il ne serait pas du temps, il serait l'éternité. Donc, si le présent, pour être du temps, doit rejoindre le passé, comment pouvons-nous déclarer qu'il est, lui qui ne peut être qu'en cessant d'être ? Si bien que ce qui nous autorise à affirmer que le temps est, c'est qu'il tend à n'être plus.»[3] Le temps est cette abolition de tout, qui semble s'abolir elle-même : la fuite du temps, c'est le temps même.

Le temps pourtant ne fait pas que passer : il fuit, il est insaisissable, il se dérobe à l'analyse et à la pensée, mais toujours

---

[1] Saint Augustin, *Confessions*, XI, 14 (trad. J. Trabucco, Garnier-Flammarion, 1964, p. 264).

[2] *Ibid.*, XI, 14-15.

[3] *Ibid.*, XI, 14.

il demeure. Comment n'existerait-il pas, lui qui contient tout ce qui existe ? Etre, c'est être dans le temps : il faut donc que le temps soit. Il contient tout, il enveloppe tout : tout ce qui arrive dans le temps et rien, sans lui, ne pourrait ni être ni devenir. Du moins dans notre monde, mais c'est le seul auquel la conscience ait accès. Qu'est-ce alors que le temps, qui contient tout, et qui n'est pourtant qu'une limite entre deux néants (qu'un instant, entre passé et avenir) ? Est-ce un être, se demandait déjà Aristote, ou un non-être ? Et de répondre ceci : «Que d'abord il n'existe absolument pas, ou qu'il n'a qu'une existence imparfaite et obscure, on peut le supposer d'après ce qui suit : pour une part il a été et n'est plus, pour l'autre il va être et n'est pas encore ; [...] or, ce qui est composé de non-êtres semble ne pouvoir pas participer à la substance ou à l'être (*ousia*)»[1]. Mais il ne peut pas non plus n'exister pas : car comment, sans le temps, y aurait-il changement, mouvement, devenir ? Le temps ne peut ni exister absolument, ni n'exister absolument pas : il n'existe que relativement. Relativement à quoi ? Au changement : «Puisque nous ne prenons pas conscience du temps quand nous ne distinguons aucun changement mais que l'âme semble demeurer dans un état un et indivisible, et qu'au contraire quand nous percevons et distinguons un changement, alors nous disons qu'il s'est passé du temps, il est clair qu'il n'y a pas de temps sans mouvement ni changement...»[2] Je ne m'attarde pas sur la solution aristotélicienne : sans se réduire au mouvement, le temps pourtant en dépend (il n'est «ni le mouvement ni sans le mouvement») et le mesure : il est, la définition est fameuse, «le nombre du mouvement, selon l'avant et l'après»[3].

---

[1] *Physique*, IV, 10, 217 b 31 - 218 a 3 (trad. H. Carteron, «Les Belles Lettres», 1983, p. 147).

[2] *Ibid.*, IV, 11, 218 b 30 (trad. Goldschmidt, dans *Temps physique et temps tragique chez Aristote*, Vrin, 1982, p. 23).

[3] *Ibid.*, IV, 10-11, 218 b 9 - 220 a 26 (trad. Carteron, p. 148 à 153 ; trad. Goldschmidt, p. 23-24, 30-31 et 36-38).

Je m'intéresse davantage à l'embarras d'Aristote : «La question est embarrassante, reconnaît-il en effet, de savoir si, sans l'âme, le temps existerait ou non.»[1] Pourquoi cela ? Parce que, explique Aristote, «s'il ne peut y avoir rien qui nombre, il n'y aura rien de nombrable, par suite pas de nombre»[2] et par suite pas de temps (puisque le temps est le *nombre* du mouvement).

Cet embarras peut sembler bien embarrassant. Que le temps ait besoin de l'âme pour être compté ou mesuré, soit ; mais pour être ? Dans la mesure où «nombre s'entend de deux façons» (comme ce qui est compté et comme ce qui sert à compter), et puisque «le temps, c'est le nombré» et que «le moyen de nombrer et la chose nombrée sont distincts»[3], on ne voit guère où est le problème, ni ce qui pourrait embarrasser un esprit comme celui d'Aristote. L'absence d'âme supprimerait-elle le nombre des fruits d'un arbre, sous prétexte que nul ne saurait plus les compter ? Bien sûr que non ! Pourquoi en irait-il autrement du nombre du mouvement ? Même sans l'âme, il y aurait du mouvement, donc du temps : «L'avant et l'après sont dans le mouvement, écrit Aristote, et, en tant que nombrables, constituent le temps.»[4] Oui : le temps d'Aristote est temps du monde, non de l'âme[5]. Mais alors, pourquoi l'embarras ? C'est peut-être que le temps n'est pas un arbre, dont les instants seraient les fruits. Sur l'arbre, les fruits coexistent : c'est pour-

---

1 *Ibid.*, IV, 14, 223 a 21 sq.

2 *Ibid.*

3 *Ibid*, IV, 11.

4 *Ibid.*, IV, 14, 223 a 28. Voir aussi Plotin, *Ennéades*, III, 7, 9 (trad. Bréhier, «Les Belles Lettres», rééd. 1981, p. 138 à 141).

5 Voir P. Ricœur, *Temps et récit*, t. 3, IV, 1, chap. 1, «Temps de l'âme et temps du monde (Le débat entre Augustin et Aristote)», Seuil, 1985, rééd. coll. «Points», 1991, p. 21 et suiv. Voir aussi, bien sûr, le livre déjà cité de V. Goldschmidt (*Temps physique et temps tragique chez Aristote*, spécialement aux p. 111 et suiv.), qui montre bien que, contrairement à ce que croyait Hamelin (*Le système d'Aristote*, rééd. Vrin, 1976, p. 296), il n'y a pas trace ici d'idéalisme.

quoi (et qu'on les compte ou non) ils font nombre. Dans le temps, au contraire, quand le présent est là, le passé n'y est plus : les instants ne font jamais nombre, puisqu'il n'en existe jamais qu'un seul à la fois. Comment, dès lors, pourraient-ils mesurer ou nombrer quoi que ce soit ? Ou comment pourrait-on, sans l'âme, mesurer ce qui les sépare, puisqu'ils n'existent jamais simultanément ? Comment mesurer l'écart entre quelque chose et rien ? Ce n'est pas un problème d'arithmétique, mais d'ontologie et de logique. Deux instants successifs (ou deux positions successives d'un mobile) ne sauraient, par définition, exister ensemble : ils ne sauraient donc être deux, ni trois, ni de quelque nombre que ce soit. L'instant, sans l'âme, n'est jamais qu'un, et cette unité, qui ne saurait mesurer aucun mouvement ni aucune durée, n'est pas un nombre. Mais alors : est-ce encore du temps ? Je ne sais si c'est ce qui embarrassait Aristote (auquel cas son texte serait pour le moins elliptique), mais enfin c'est ce qui m'embarrasse moi. Il n'y aurait certes, sans l'âme, personne pour mesurer le temps. Mais le problème n'est pas là, puisque le nombrable n'a pas besoin, pour exister, d'un nombrant. Le vrai problème, me semble-t-il, est plutôt celui-ci : si le temps est ce qui mesure le mouvement *selon l'avant et l'après*, comme dit Aristote, il n'y aurait, sans l'âme, plus rien à mesurer, puisque l'avant et l'après n'existeraient plus, puisqu'il n'y aurait plus que du présent, que du simultané, que du *pendant* ... Le temps aurait alors besoin de l'âme, non pour être nombré ou mesuré, mais pour être : pour qu'il y ait *quelque chose* à nombrer ou mesurer. Sans l'âme, il n'y aurait que du présent ; et s'il n'y avait que du présent, il n'y aurait pas de temps.

Cet embarras d'Aristote, tel que je le comprends, ou le mien, tel qu'Aristote m'y a conduit, me paraît au cœur de notre problème. Tout laps de temps sépare un avant et un après ; mais l'avant n'est plus, quand l'après a lieu : comment celui-ci, et par quoi, serait-il séparé du néant de celui-là ? Ce que nous appelons le temps (le fait qu'il y ait du présent, du passé, de l'avenir) semble donc bien n'exister que dans l'âme, qui seule peut faire exister ensemble, dans une même présence à soi, un avant et un après, qui seule peut donner l'être, ou un semblant du moins d'existence, à ce qui n'est plus (le passé) ou pas encore (le futur). Idéalisme ? Non pas, puisque le mouvement n'a pas besoin de l'âme pour exister, et suffit à faire exister le temps[1]. Le temps a besoin de l'âme, non pour être ce qu'il est (le temps présent), mais pour être ce qu'il n'est plus ou pas encore (la somme d'un passé et d'un avenir) : il a besoin de l'âme, non pour être le temps réel, le temps du monde ou de la nature, mais pour être, et c'est assez logique, le temps... de l'âme ! C'est où l'on retrouve Augustin :

> «Ce qui m'apparaît maintenant avec la clarté de l'évidence, c'est que ni l'avenir ni le passé n'existent. Ce n'est pas user de termes propres que de dire : "Il y a trois temps, le passé, le présent et l'avenir." Peut-être dirait-on plus justement : "Il y a trois temps : le présent du passé, le présent du présent, le présent du futur." Car ces trois sortes de temps existent dans notre esprit, et je ne les vois pas ailleurs. Le présent du passé, c'est la mémoire ; le présent du présent, c'est l'intuition directe ; le présent de l'avenir, c'est l'attente.»[2]

Mais ce temps-là n'est pas le temps réel, n'est pas le temps du monde, n'est pas le temps de la nature : c'est le temps de l'âme, et ce qu'on appellerait mieux la *temporalité*, entendant par là l'unité (dans la conscience, et par elle) du passé, du présent et du futur. Or, cette temporalité, Marcel Conche a bien vu qu'elle n'était pas la vérité du temps, mais sa négation : elle fait en effet exister ensemble (comme «unité ek-statique du passé, du présent et du futur») ce qui ne saurait, en vérité, coexister[3].

---

1 Aristote, *Physique*, IV, 14, 223 a 28-29. Et V. Goldschmidt, *Temps physique...*, p. 111 à 122.

2 *Confessions*, XI, 20.

3 Temps et destin, p. 16-17, 19, 55 et 57 de la première édition (Mégare, 1980); p. 37-38, 41-42, 105-106 et 108-109 de la seconde édition (PUF, 1992).

C'est donc d'elle - et d'elle seulement - qu'il faut dire ce que saint Augustin disait du temps : que ce n'est «n'est rien d'autre qu'une distension ; une distension de quoi, je ne sais au juste, probablement de l'âme elle-même.»[1]

Que cela ne soit vrai que de la temporalité (le temps de la conscience : passé, présent, avenir), non du temps réel, il le faut pour que l'âme même soit naturellement possible. Car si le temps n'était qu'une distension de l'âme, il ne pourrait la *précéder*, et la survenue de celle-ci dans la nature serait pour cela inintelligible : si le temps n'existe que dans l'âme, l'âme ne saurait advenir dans le temps. Il faut donc qu'elle vienne d'ailleurs : de l'éternité divine, dirait saint Augustin, et c'est à quoi je ne puis croire. Admettons donc que l'âme (ou, si l'on préfère, la conscience) apparaît dans le temps, comme je le crois et comme les sciences de la nature autorisent à le penser : elle ne saurait dès lors le contenir ni le constituer en entier. La temporalité (qui est dans l'âme) n'est donc pas le temps (qui contient l'âme, et ne saurait être sa distension). Sur la temporalité, je ne m'attarde pas. C'est où une phénoménologie serait utile peut-être, qui d'ailleurs a déjà été faite. L'analyse phénoménologique de la conscience de temps ne permet certes pas de «trouver la moindre miette de temps objectif», comme le reconnaît Husserl[2], mais elle permet de dégager les intentionnalités spécifiques (rétention et protention) par quoi la conscience, et toute conscience, est temporelle ou, mieux, temporalisante. C'est ce qu'on peut appeler les formes de la temporalité, par lesquelles, comme dira Merleau-Ponty, «la conscience déploie ou constitue le temps» comme le réseau des intentionnalités qui relient notre présent à l'avenir et au passé, de telle sorte que la conscience «cesse enfin d'être enfermée dans le présent» et que «la temporalité se temporalise comme

---

1 *Ibid.*, XI, 26.

2 Husserl, *Leçons pour une phénoménologie de la conscience intime du temps*, Introduction, trad. franç., Paris, PUF, 1964, coll. «Epiméthée», p. 9.

avenir-qui-va-au-passé-en-venant-au-présent»[1]. Soit ; mais cela nous en apprend plus (pour autant que cela nous apprenne quelque chose...) sur la conscience, phénoménologie oblige, que sur le temps. Or, c'est le temps qui nous intéresse : le temps de la conscience, soit, mais non pas simplement la conscience du temps ! S'il est clair que le présent de la conscience est toujours *distendu* entre un passé et un avenir (pas de conscience instantanée ou purement présente), cela ne nous dit pas ce qu'est le temps lui-même. Pourquoi la conscience renoncerait-elle à le penser en tant que tel ? La phénoménologie de la temporalité ne saurait y suffire : en tant que la temporalité est l'unité ek-statique du passé, du présent et du futur (ce qui suppose que passé et futur sont comme retenus ou prétendus dans l'être, et donc coexistent dans une même conscience), la temporalité, répétons-le, est bien plutôt le contraire du temps, comme la coexistence est le contraire de la succession, comme le passé et l'avenir sont le contraire du présent. Par quoi, écrit Marcel Conche, «le temps ne se laisse pas saisir en lui-même : il ne se montre que nié.»[2]

Essayons, pourtant. Considérons pour cela le temps lui-même, tel que la conscience peut l'appréhender. Le phénoménologue butte ici sur la même difficulté que saint Augustin : à penser le temps dans sa vérité, la conscience n'y trouve que du présent ; mais le présent seul, est-ce encore le temps ? «Si l'on détache le monde objectif des perspectives finies qui ouvrent sur lui et qu'on le pose en soi, écrit Merleau-Ponty, on ne peut y trouver de toutes parts que des "maintenant". Davantage, ces maintenant, n'étant présent à personne, n'ont aucun caractère

---

1 Merleau-Ponty, *Phénoménologie de la perception*, III, 2 («La temporalité»), Paris, Gallimard, 1945, rééd. 1969, p. 474 à 481.

2 *Temps et destin*, p. 17 (Mégare) ou 39 (PUF). Voir aussi la «Note sur le temps», p. 211-213 de l'éd. PUF.

temporel et ne sauraient se succéder.»[1] Si l'on entend par temps la succession d'un passé, d'un présent et d'un avenir, le temps n'existe donc que pour et par la conscience : «Le passé n'*est* donc pas passé, ni le futur futur. Il n'existe que lorsqu'une subjectivité vient briser la plénitude de l'être en soi, y dessiner une perspective, y introduire le non-être. Un passé et un avenir jaillissent quand je m'étends vers eux.»[2] Bref, le temps n'existe pas dans le monde («le monde objectif est trop plein pour qu'il y ait du temps»[3]), mais dans la conscience ou, comme dirait saint Augustin et cela revient au même, dans l'âme : ce que nous appelons le *temps* ne serait qu'une objectivation abusive ou naïve de la *temporalité*, comme dimension extatique, ou diastatique, de la conscience[4]. Le temps n'existe donc que pour le sujet, et par lui : «Il faut comprendre le temps comme sujet et le sujet comme temps. [...] Nous sommes le surgissement du temps.»[5]

Je n'en crois rien, bien sûr : car si c'était vrai, comment aurions-nous pu surgir dans le temps, c'est-à-dire advenir ? Et comment douter que ce soit le cas, puisque nous ne pourrions autrement nous poser la question ? Si l'on entend par temporalité la dimension - ou la distension - temporelle de la conscience, il est clair (du moins pour qui, comme moi, prend la physique et l'astrophysique davantage au sérieux que la phénoménologie), il est clair, donc, que le temps (le temps objectif : le temps du monde) précède la temporalité (le temps subjectif : le temps de l'âme) et ne saurait par conséquent s'y réduire.

---

1 *Op. cit.*, p. 471.

2 *Ibid*, p. 481.

3 *Ibid.*, p. 471.

4 Sur les *ekstases* de la temporalité, voir par ex. Heidegger, *Etre et temps*, § 65 (p. 228 à 232 de la trad. Martineau, Authentica, 1985). Sur la notion de *diastasis* (dont saint Augustin fera la *distensio animi*), voir le majestueux septième traité de la troisième des *Ennéades* de Plotin.

5 Merleau-Ponty, *op. cit.*, p. 483 et 489.

Mais alors, à nouveau, qu'en est-il de ce temps, et comment peut-on le penser, s'il n'est constitué que d'un néant (l'instant sans durée) entre deux néants (le passé qui n'est plus, l'avenir qui n'est pas encore) ?

Ces trois néants sont d'inégale portée, me semble-t-il, ou plutôt inégalement convaincants.

Que le passé ne soit pas, puisqu'il n'est plus, j'en suis évidemment d'accord. Rappelez-vous votre premier baiser... Cela n'existe plus, cela n'existera jamais plus. Voudriez-vous le recommencer que ce serait déjà, au minimum, le second baiser, et vous n'auriez rien recommencé du tout... Quant au souvenir que vous en avez, ce n'est qu'un morceau du présent : loin de sauver l'être du passé, il ne vous permet, ici et maintenant, que de prendre conscience de son non-être comme n'être-plus. «*Ni temps passé, ni les amours reviennent...*». La mémoire n'y change rien, que la conscience que nous pouvons, grâce à elle, en avoir. Le temps passé ne revient pas, et c'est ce qu'on appelle le passé.

Je dirai la même chose, pour l'essentiel, concernant le futur : il n'est pas, puisqu'il n'est pas encore, et votre dernier baiser (sauf pour ceux qui l'auraient déjà donné, mais alors ce ne serait plus de l'avenir) n'a pas plus de réalité que le premier. Nos projets ou nos espoirs, tout autant que nos souvenirs, ne sont que des morceaux du présent, qui peuvent certes viser ou préparer le futur, mais qui ne sauraient lui donner l'être qui lui manque et qui (comme non-être) les justifie ou les hante. L'avenir n'est jamais donné (s'il l'était, il serait présent) : l'avenir est à venir, s'il vient, et c'est pourquoi il n'est pas.

S'agissant du présent, en revanche, la chose me paraît moins simple. Le présent n'est rien, disait saint Augustin, puisqu'il n'est qu'en cessant d'être. Ce n'est pas mon expérience : le présent ne m'a jamais fait défaut, je ne l'ai jamais vu cesser, jamais vu disparaître, mais seulement durer, toujours durer, avec des contenus certes différents, mais sans cesser pour autant de continuer et d'être présent. Un instant ? Si l'on veut, mais pas comme limite (qui n'a d'existence qu'abstraite :

pour la pensée) entre un passé et un futur. L'instant présent, comme instant réel, est bien plutôt «la continuité du temps», comme Aristote l'avait vu, et à ce titre «toujours le même»[1]. Ce n'est pas un point, ou si c'est un point il est mobile : il n'y a qu'un seul temps, depuis le début, et ce temps c'est le présent. Qui, parmi nous, a jamais vécu autre chose ? Pour ma part, en tout cas, je suis sûr de n'avoir jamais habité ni le passé ni l'avenir, mais le présent seul, qui dure et qui change. Dans le temps ? Non pas, puisqu'il est le temps même (le présent n'est pas plus dans le temps que l'univers n'est dans l'espace) J'entends bien que la journée d'hier, aujourd'hui, est du passé. Mais c'est qu'elle n'est plus : elle ne fut réelle, et même elle ne *fut*, que quand elle était l'aujourd'hui du monde. Le présent, objecte saint Augustin, «s'il était toujours présent, s'il n'allait pas rejoindre le passé, il ne serait pas du temps, il serait l'éternité.»[2] Pourquoi non ? Et comment le présent irait-il rejoindre le passé, et où, puisque le passé n'est pas ? Autant dire que mon corps d'adulte rejoint mon corps d'enfant, ce qui est absurde. Ce dont j'ai conscience, c'est bien plutôt de mon corps présent, et de lui seul, et depuis le début. Comment serais-je ce qui n'est plus ou pas encore ? Ce serait n'être pas né, ou être déjà mort. Je suis ce que je suis, non ce que j'étais ou serai : je suis mon corps actuel, et cette matérialité de mon existence n'est pas autre chose que ma présence au monde - que ma présence dans le présent. Etre, c'est être présent dans l'espace et le temps : c'est donc être *physiquement* présent. Comment, dès lors, serait-on autre chose que ce qu'on est ? Bref, ce que la conscience nous apprend ou nous suggère, quand elle essaie de penser le temps tel qu'il est (et non tel qu'elle le vit : comme

---

[1] *Physique*, IV, 13, 222 a 10-20 (trad. Carteron, p. 157 ; Goldschmidt, p. 96); voir aussi IV, 11, 219 b 10-32. Sur le problème — difficile et décisif — de l'instant chez Aristote, on se reportera au remarquable commentaire (malheureusement introuvable en librairie) de Jacques Marcel Dubois, *Le temps et l'instant selon Aristote*, Paris, Desclée de Brouwer, 1967, spécialement aux p. 136-143, 176-197, 235-243 et 303-314.

[2] Cf *supra*, p. 2 et note 3.

temporalité extatique ou intentionnelle, comme rétention et protention, comme prospection ou rétrospection, comme espérance ou nostalgie...), c'est que le temps c'est le présent, donc que le temps c'est l'éternité, donc que le temps c'est l'être, donc que le temps c'est la matière, donc que le temps c'est la nécessité. Voilà les cinq propositions que je voudrais brièvement développer devant vous.

LE TEMPS, C'EST LE PRÉSENT

Cela résulte des seules définitions du passé, du présent et de l'avenir, donc de la seule définition du temps. Le passé n'est pas, puisqu'il n'est plus, l'avenir n'est pas, puisqu'il n'est pas encore : il n'y a que le présent, qui est l'unique temps réel. C'est ce qu'avait vu saint Augustin, sans oser s'y arrêter. Mais c'est déjà ce qu'avait vu Chrysippe, sans vouloir en sortir : «seul le présent existe ; le passé et le futur subsistent [comme objets incorporels : pour la pensée] mais n'existent pas du tout» [comme objets réels : comme corps][1]. Cette *subsistance* est comme l'écho ou l'anticipation, pour la pensée, du passé ou de l'avenir, et leur seule réalité. Elle n'a donc d'existence effective que dans l'âme, et par elle. Que toute conscience disparaisse de l'univers, il n'y aurait plus qu'un présent sans mémoire et sans anticipation. Or mémoire et anticipation n'existent elles-mêmes que dans le temps : le passé et l'avenir n'existent pas du tout, mais subsistent dans cela seul qui existe, le présent, et pour autant seulement qu'une conscience les vise ou les constitue comme dimensions, rétrospectives ou prospectives, de sa

---

[1] Selon le témoignage d'Arius Didyme, 26 (*S.V.F.*, II, 509), cité et traduit par V. Goldschmidt, *Le système stoïcien et l'idée de temps*, Paris, Vrin, rééd. 1985, p. 31. Les passages entre crochets sont ajoutés par moi, à titre d'interprétation ou de commentaire. Sur l'interprétation générale du stoïcisme ici mise en œuvre, voir mon article «La volonté contre l'espérance (à propos des stoïciens)», *Une éducation philosophique*, p. 189 et suiv. (spécialement, sur la question du temps, les p. 196 à 205).

propre temporalité. Rien n'existe que le présent; rien ne subsiste (du passé ou de l'avenir) que *dans* le présent. Le présent contient donc tout ce qui existe ou subsiste : le présent contient tout.

Objectera-t-on que, toute conscience supposée abolie, le réel garderait trace de son histoire passé et même, en quelque chose, à venir ? Que les Alpes par exemple, même sans conscience, sont le résultat d'une histoire ? Qu'un glacier est comme du temps cristallisé, qui porte en lui son passé, qui annonce son avenir, qui ne saurait exister dans l'instant ? J'en suis bien sûr d'accord. Mais tout résultat est présent, toute trace est présente, et c'est à ce titre seulement qu'ils peuvent, pour l'esprit, évoquer le passé ou l'avenir. Supprimez l'esprit, reste le résultat, reste la trace : reste le présent.

Dira-t-on qu'il n'en est pas moins vrai que le passé a eu lieu, et que même la fin du monde ne saurait abolir la vérité de ce qui fut ? J'en suis à nouveau d'accord. S'il est vrai que nous sommes ensemble, ici et maintenant, cela sera encore vrai demain ou après-demain, encore vrai dans dix mille ans, encore vrai dans cent milliards d'années, quand plus personne bien sûr ne sera plus là pour s'en souvenir. Et c'était déjà vrai hier, avant-hier, il y a dix mille ans ou cent milliards d'années : non pas parce que c'était écrit ou prédéterminé - nous savons bien que cela ne l'était pas -, mais simplement parce que c'est vrai, et que la vérité n'a que faire du temps. Toutes nos connaissances sont historiques, bien sûr, mais aucune vérité ne l'est. Si bien que nos connaissances ne sont des connaissances (aucune connaissance n'est la vérité, mais aucune ne serait une connaissance si elle ne comportait au moins une part de vérité) que par cela en elles qui échappe à leur histoire. L'être vrai d'une pensée est indépendant du temps, comme dit Frege, et c'est en quoi toute vérité, comme dit Spinoza, est éternelle[1].

---

[1] Frege, *Ecrits logiques et philosophiques*, trad. franç., Seuil, 1971, spécialement p. 191 à 193 ; Spinoza, *Ethique*, *passim*. Voir aussi mon *Traité du désespoir et de la béatitude*, t. 2 (*Vivre*), chap. 5, p. 251 à 277.

Mais loin que cette éternité invalide l'exclusive réalité du présent, elle la confirme : elle n'est pas autre chose que le toujours-présent du vrai. Aucune vérité n'était ni ne sera vraie : une vérité *est* vraie, toujours vraie, et ce présent est l'éternité même.

Quant à l'instant, considéré comme limite ou comme infiniment petit, je n'ai jamais dit qu'il fût l'essentiel du temps. Le temps ne peut se réduire au présent que si le présent dure : l'instant présent doit donc durer aussi, et rester le même, donc, tout en changeant toujours. Qu'un glacier ne puisse exister dans l'instant est incontestable, si l'on entend par instant un point de temps séparé de tous les autres. Mais si les instants étaient séparés les uns des autres, y aurait-il du temps ? Au reste, c'est une question de définition. On peut dire aussi bien que c'est un même instant qui ne cesse de durer (comme un point qui se déplace trace une ligne), ou que la durée est la continuité des instants (comme une ligne dont les instants seraient les points). Mais alors ce que nous appelons l'instant n'est qu'une limite, pour l'esprit, entre deux durées[1]. Supprimez l'esprit, reste la durée sans limite : reste le présent.

Une telle pensée du temps comme présent est-elle, comme le croit Etienne Klein, rendue caduque par la théorie de la relativité ?[2] Il me semble que non. Quand bien même elle dirait la vérité du temps (et non simplement, comme le croit par

---

[1] Aristote, *Physique*, IV, 10 et 13.

[2] Voir E. Klein, «Le temps en physique», *Etudes*, septembre 1993, p. : «Tant que l'on a cru au temps universel, on a pu dire que le passé n'existe plus, que l'avenir n'est pas encore, et donc que le présent seul existe (même s'il ne dure qu'un instant). La relativité rend caduc un tel discours : des événements qui sont dans le futur pour tel observateur sont dans le passé pour tel autre et dans le présent pour un troisième. Dès lors, continuer à considérer que seuls les événements présents existent obligerait donc à penser que des événements lointains, certes, mais actuels, et donc existants, n'existent plus, ou pas encore, pour quelqu'un d'autre en déplacement par rapport à nous. Que devient dans ce contexte le statut propre du temps ?»

exemple Marcel Conche, de sa mesure[1]), le temps en soi (et non le temps pour la connaissance), la théorie de la relativité ne saurait annuler le présent ni faire être ce qui n'est pas ou plus. Qu'un même événement puisse être dans le futur pour tel observateur, dans le passé pour tel autre, enfin dans le présent pour un troisième, cela ne change rien au fait que, pour ces trois observateurs comme pour l'événement lui-même (subjectivement, donc, aussi bien qu'objectivement), le présent seul est réel. Simplement, comme l'avait vu Bachelard, la relativité (sous réserve de sa portée ontologique) impose de penser le présent - et donc le temps - comme irréductiblement local et pluriel :

«Ce que la pensée d'Einstein frappe de relativité, c'est le *laps* de temps, c'est la "longueur" du temps. Cette longueur, elle se révèle relative à sa méthode de mesure. [...] La relativité du laps de temps pour des systèmes en mouvement est désormais une donnée scientifique. [...] Mais voici maintenant ce qui mérite d'être remarqué : *l'instant, bien précisé, reste, dans la doctrine d'Einstein, un absolu.* Pour lui donner cette valeur d'absolu, il suffit de considérer l'instant dans son état synthétique, comme un point de l'espace-temps. Autrement dit, il faut prendre l'être comme une synthèse appuyée à la fois sur l'espace et le temps. Il est au point de concours du lieu et du présent : *hic et nunc* ; non pas ici et demain, non pas là-bas et aujourd'hui. [...] Dans ce lieu même et dans ce moment même, voilà où la simultanéité est claire, évidente, précise ; voilà où la succession s'ordonne sans défaillance et sans obscurité.»[2]

---

1 «Quant à Einstein, je ne crois pas qu'il aborde le problème du temps, mais seulement de sa mesure. Tout ce qu'il dit dépend de la vitesse *finie* de la lumière, ce dont le métaphysicien n'a cure» (Lettre à l'auteur, du 2 décembre 1993). C'est un problème que, pour ma part, je suis incapable de trancher.

2 *L'intuition de l'instant*, I, 3, p. 29 à 31 de la rééd. Denoël, coll. «Médiations», 1985.

Cela ne signifie pas, me semble-t-il, qu'il faille forcément opposer l'instant à la durée, comme fait Bachelard[1], ou du moins cela ne vaut que contre la durée bergsonienne, toujours grosse du passée, toujours tendue vers l'avenir (durée cumulative, qualitative, spirituelle...), non contre une durée qui serait celle de l'instant lui-même, durée purement présente, purement actuelle, et l'acte même d'exister. Cette dernière durée, celle qui n'est pas le contraire de l'instant mais sa continuation indéfinie, c'est la durée, non de Bergson, mais de Spinoza : «La durée est une continuation indéfinie de l'existence», lit-on dans l'*Ethique* [2], ce qui revient à dire que la durée n'est pas autre chose que l'existence des choses «en tant qu'elles persévèrent dans leur existence actuelle»[3]. Ici et maintenant, comme dit Bachelard, et cela ouvre la voie à un atomisme qui serait à la fois spatial et temporel[4]. Si le temps c'est le présent, le temps est peut-être multiple et relatif, comme le présent même ou, plutôt, comme *les* présents mêmes ; mais il n'en est pas moins réel pour autant, ni, donc, moins actuel : l'espace-temps n'existe qu'au présent (il est le lieu quadri-dimensionnel, pourrait-on dire, de la présence de tout), et le temps n'est pas autre chose sans doute que cette présence à soi de l'espace ou de la matière.

LE TEMPS, C'EST L'ÉTERNITÉ

S'il n'y a que le présent, et si ce présent dure, il reste toujours présent. C'est ce qu'on appelle l'éternité, non forcément comme durée infinie (nous y reviendrons) mais, c'est le sens le plus fort du mot, comme présent demeurant présent : ce que saint Augustin appelle «l'éternel présent» ou le «perpétuel au-

---

[1] *Ibid.*, spécialement p. 29-20.

[2] Spinoza, *Ethique*, II, déf. 5 (trad. Appuhn).

[3] Spinoza, *Pensées métaphysiques*, I, 4 (p. 349 de l'éd. Appuhn, G.-F., t. 1, 1964).

[4] Voir Bachelard, *op. cit.*, p. 37.

jourd'hui» de Dieu[1], à quoi j'opposerais volontiers l'éternel présent et le perpétuel aujourd'hui de la nature. Certes, cela ne va pas sans changement de la notion, puisque l'éternité semble exclure toute succession, alors que notre présent, bien plutôt, les inclurait toutes. Mais l'idée de succession n'a de sens que pour deux moments différents, qui ne sauraient, ici et maintenant, exister ensemble : elle n'a donc de sens que pour l'esprit, et par lui. Si le passé n'est rien, le présent ne saurait à proprement parler lui succéder : le présent ne succède qu'à lui-même, c'est ce qu'on appelle le présent et c'est en quoi il est éternel. Cela n'empêche pas, certes, qu'il y ait un avant et un après, du successif, de l'irréversible (par exemple entre la cause et l'effet) : du devenir. Mais cette succession ou ce devenir n'opposent pas un présent à un passé : ils opposent deux états du présents, deux moments du présent. C'est donc le présent lui-même qui est orienté, qui est successif, qui est irréversible, qui *devient*, c'est le présent lui-même qui est temps (ce qu'on appelle «la flèche du temps» n'est pas autre chose que le présent même comme flèche), qui est *tout le temps,* et qui est donc l'éternité. L'erreur est de penser que celle-ci doive être immuable (ainsi Dieu, prisonnier de sa perfection). Le présent de la nature, au contraire, est un perpétuel devenir : c'est toujours maintenant, mais c'est toujours différent. L'inverse est vrai aussi : c'est toujours différent, mais c'est toujours maintenant. C'est en quoi ce devenir, ne cessant de se dérouler au présent, est aussi une perpétuelle *actualité*, toujours changeante, toujours présente, et c'est la seule éternité qui vaille : celle du devenir et de son perpétuel maintenant. Actualisme : mobilisme. Etre, c'est devenir ; être, c'est changer. Héraclite contre Platon. Ce n'est pas le temps qui est

---

[1] *Confessions*, XI, chap. 11 et 13; voir aussi les chap. 29 et 31.

«l'image mobile de l'éternité»[1] ; c'est l'éternité qui est mobile, et c'est ce qu'on appelle le temps.

En quoi est-elle alors une éternité ? En ceci qu'elle est présente, toujours présente, et que tout passe en elle, qui ne passe pas. «*Le temps s'en va, le temps s'en va, ma Dame... Las ! le temps non, mais nous nous en allons...*» Ronsard a raison, qui renverse ici les illusions de la conscience ordinaire. Parce qu'elle retient le passé, la conscience croit résister au temps, le surmonter, le transcender. Elle doit être extérieure au temps, croit-elle, puisqu'elle le voit passer : «Seule peut dire que "les jours s'en vont" la conscience qui dit "je demeure".»[2] Peut-être, mais c'est l'inverse qui est vrai. La mémoire fait partie du présent, et passe en lui, qui ne passe pas. Le temps demeure, et je m'en vais. Contemporain de l'éternel, toujours, mais non pas *pour* toujours. Qu'est-ce autre que vivre ? Ce n'est pas le présent qui passe en nous ; c'est nous qui passons en lui - et l'oubli l'emportera, au bout du compte, contre la mémoire, comme la nature contre l'homme ou la matière contre l'esprit[3]. Mais la différence n'est significative que pour l'esprit. Quant à l'être, c'est toujours le présent, c'est toujours l'éternité. Nous n'en sommes séparés que par nos regrets ou nos espérances, que par nos angoisses ou nos nostalgies : nous n'en sommes séparés, au fond, que par nous-mêmes. Qui saurait s'en libérer serait donc éternel, comme Epicure, Spinoza ou

---

1 Contrairement bien sûr à ce qu'écrivait Platon dans le *Timée*, 37 d. Sur Héraclite, voir spécialement les fragments 51 (100), 133 (49 a), 134 (91), 135 (A 6) et 136, avec les commentaires de Marcel Conche, *ad loc.* (*Héraclite, Fragments*, Texte établi, traduit et commenté par M. Conche, PUF, 1986; les n° entre parenthèses sont ceux de l'éd. Diels-Kranz).

2 Nicolas Grimaldi, *Ontologie du temps*, PUF, 1993, p. 94. Notons que l'auteur pense comme nous que «le temps est la réalité même», mais se refuse à le réduire au seul présent : voir à ce propos sa conférence, et notre discussion, dans le *Bulletin de la société française de philosophie*, Armand Colin, Juillet-septembre 1993, p. 97 à 126 («Le temps peut-il être un principe?»).

3 Voir Marcel Conche, *Temps et destin*, chap. X et conclusion.

Wittgenstein l'avaient vu, ou plutôt nous le sommes tous, mais hors d'état, le plus souvent, de le vivre. Eternels, non pas immortels : la vie, comme l'amour, comme tout, n'est éternelle que tant qu'elle dure. Elle est donc éternelle, puisqu'elle est. Le présent est notre lot, toujours différent, toujours présent : ce n'est jamais le même jour, mais c'est toujours aujourd'hui. L'éternité c'est maintenant, et il n'y en a pas d'autre. C'est ce que Christian Bobin appelle le huitième jour de la semaine, qui n'est pas un jour de plus, mais la vérité de tous et le seul réel. «*Là où nous sommes, dans l'instant éternel...* »[1] Nous sommes dedans, toujours dedans, et où que nous soyons. L'éternité est notre lieu, et le seul.

De là une spiritualité bien singulière, parce que sans promesse et sans espérance. Quoi de plus absurde que d'espérer l'éternité, si nous y sommes déjà ? Actualisme : athéisme. «Nous sentons et expérimentons que nous sommes éternels», comme dit Spinoza[2], et non pas que nous le serons. La sagesse est cette éternité même, ici et maintenant, pour autant que nous savons la vivre. Mysticisme ? Si l'on veut. Mais c'est une mystique sans mystère et sans foi, comme on voit en Orient ou, à nouveau, chez Spinoza : spiritualité de l'immanence plutôt que de la transcendance, qui vit l'enstase du présent plutôt que l'extase de la temporalité, la tension de l'action (et la détente du repos !) plutôt que la distension de l'attente, la joie de l'amour plutôt que l'inquiétude de l'espérance, la paix du présent plutôt que l'angoisse de l'avenir... Nous sommes en Dieu, et c'est pourquoi il n'y a pas de Dieu. Nous sommes dans l'éternel, et c'est pourquoi il est vain de l'attendre.

Est-ce alors la même éternité, en différents points de l'espace ? C'est la même sans doute, puisque c'est le présent, et ce n'est pas la même, puisqu'il y a *des* présents, qui ne sauraient être toujours, ni tous, ni absolument simultanés. C'est peut-être

---

[1] C. Bobin, *Le huitième jour de la semaine*, Ed. Lettres vives, 1986, p. 34.

[2] *Ethique*, V, scolie de la prop. 23.

pourquoi il y a du temps : parce que tout ne saurait se passer à la fois[1], ou, ce qui peut revenir au même, parce que l'éternité ne saurait, relativité oblige, être tout entière ou partout simultanée à soi. Actualisme : pluralisme. Tout est actuel, mais cette actualité de tout ne saurait être absolument *une* ni uniment *absolue*. Adieu Parménide ! Adieu Plotin ! L'être «n'était ni ne sera, puisqu'il est maintenant»; mais point «tout à la fois, un, d'un seul tenant»[2]. L'être n'est pas un : l'Un n'est pas. Actualisme : atomisme. Démocrite contre Parménide, puis contre lui-même (l'atome non plus n'est pas *un*). Si tout est actuel, tout est multiple : l'éternité n'existe que dans la pluralité irréductible et indéfinie *des* présents. Est-ce encore une éternité ? Oui, sans doute, puisque, où qu'on se situe et à quelque moment que ce soit, il n'y a jamais que du présent (puisque le présent est le seul *il y a* de l'être), que rien ne jouxte ou que rien n'accompagne qu'un autre présent, ou d'autres présents, et ainsi à l'infini. Rien n'interdit dès lors, au moins philosophiquement, de considérer la totalité de ces présents de l'univers, et de les considérer ensemble comme le temps même, comme le présent même : comme l'éternité même, multiple et une toujours, actuelle et changeante toujours. Depuis le début du temps, si début il y eut, il n'y eut jamais que le présent, il n'y eut jamais qu'un très long et très insistant (et sans doute irréductiblement multiple) *maintenant.*

LE TEMPS, C'EST L'ÊTRE

---

1 E. Klein signale que certains ont pu identifier le temps comme «le moyen astucieux qu'aurait trouvé la nature pour que tout ne se passe pas d'un seul coup» (art. cit., p.).

2 Contrairement à ce que pensait Parménide, fr. VIII, vers 5-6, que je cite d'après la traduction de M. Conche, *Vivre et philosopher*, PUF, 1992, p. 161. Voici la traduction de J.-P. Dumont, dans la Pléiade : «Et jamais il ne fut, et jamais ne sera,/ Puisque au présent il est, tout entier à la fois,/ Un et un continu» (*Les présocratiques*, p. 261).

Qu'est-ce qui *insiste* ainsi ? Le réel : l'être même. Qu'est-ce qui pourrait changer, qu'est-ce qui pourrait durer, si rien n'était ? Et comment le temps serait-il autre chose que la durée de ce qui est ? Ou bien le temps n'est qu'un être de raison, une abstraction que nous forgeons en comparant des durées différentes[1], ou bien il est la durée même de ce qui est et change : le temps, s'il est, ne peut être que le devenir[2]. On dira qu'il n'y aurait pas de devenir s'il n'y avait pas de temps... Sans doute, mais non pas parce que le temps serait la condition du devenir : parce qu'il est, bien plutôt, le devenir lui-même. Le temps n'a pas d'existence indépendamment de la durée, pas plus que la durée indépendamment de ce qui dure. Rien n'existe que l'être, qui dure et qui change : rien n'existe que le devenir. C'est où Héraclite et Parménide pourraient se réconcilier peut-être, ou du moins où l'on pourrait les utiliser l'un et l'autre. L'être et le devenir ne sont pas deux contraires, ou ces contraires sont un dans le réel, dans le perpétuel écoulement de tout (Héraclite), dans le perpétuel présent du *il y a* - il y a de l'être, il y a du devenir - ou de la Présence (Parménide)[3]. Le temps, c'est le devenir en train de devenir : c'est donc le présent du réel, et le réel lui-même.

Encore faut-il que le réel dure, qu'il persévère dans l'être,

---

[1] Comme le pensait Spinoza : «Pour déterminer la durée, nous la comparons à la durée des choses qui ont un mouvement invariable et déterminé, et cette comparaison s'appelle le temps. Ainsi le temps n'est pas une affection des choses, mais seulement un simple mode de penser ou, comme nous l'avons dit déjà, un être de raison : c'est un mode de penser servant à l'explication de la durée» (*Pensées métaphysiques*, I, 4, p. 350 de l'éd. Appuhn). Voir aussi Descartes, *Principes de la philosophie*, I, 57, AT, p. 49-50 (p. 126 de l'éd. Alquié).

[2] Voir Marcel Conche, *Temps et destin*, chap. 12, spécialement p. 55 (Mégare) ou 104 (PUF). Voir aussi ce que j'écrivais dans *Vivre*, chap. 5, aux p. 205-207 et 268-277.

[3] Je reprends ici des expressions que Marcel Conche utilise à propos de Parménide : voir *Vivre et philosopher*, PUF, 1992, p. 160 à 169, et sa Préface au livre de Catherine Collobert, *L'être de Parménide ou le refus du temps*, éd. Kimé, 1993.

comme dit Spinoza, qu'il résiste à l'annihilation perpétuelle de tout - qu'il *insiste*. Je choisis ce mot d'*insistance* pour l'opposer à l'*existence*, dont on nous rebat les oreilles. Qu'est-ce qu'exister, pour les philosophes du XXème siècle ? C'est être hors de soi, toujours en-avant-de-soi, comme dit Heidegger, toujours jeté (dans le monde) et se projetant (dans l'avenir), toujours transcendant son propre être, et tout être, dans la conscience qu'on en prend, toujours autre qu'on n'est (Sartre), toujours libre, toujours soucieux, toujours anxieux, toujours hanté par le néant, toujours tourné vers la mort, toujours téléologiquement orienté vers l'avenir. En ce sens il n'y a que l'homme qui *existe* véritablement, et vous m'accorderez que cela réduit la portée de la notion : qu'est-ce qu'un homme dans l'immense univers ? Ce que j'entends par *insistance*, au contraire, serait plutôt le propre de tout être, conscient ou non, vivant ou non : insister, en ce sens, c'est être-dans (dans quoi ? dans l'être, dans le présent) et s'y maintenir, c'est s'efforcer, c'est persévérer, c'est continuer, et ce toujours à l'intérieur d'autre chose qui nous contient, qui est l'espace, qui est le temps, qui est le monde, toujours immanent, toujours nécessaire, et sans qu'on puisse jamais s'arracher à ce présent que l'on est, que l'on fait être (pour autant qu'on agit) et qui nous fait (pour autant qu'on subit, et bien sûr on subit d'abord et davantage). L'insistance, c'est donc la vérité de l'existence, pour tout être, et pour l'homme même dès qu'il se débarrasse des illusions finalistes, spiritualistes et anthropocentriques qu'il se fait sur lui-même. Adieu l'existentialisme ! Aucun projet n'échappe au présent, aucune transcendance n'échappe à l'immanence, aucune liberté n'échappe au réel. L'homme n'est pas un empire dans un empire, ni un néant dans l'être. Il est ce qu'il est, il fait ce qu'il fait : il n'échappe ni au principe d'identité, ni au principe de causalité. L'essence précède l'existence, ou plutôt rien n'existe que ce qui est (essence et existence, dans le présent de l'être, sont bien sûr confondues), et c'est pourquoi exister, c'est insister : parce que c'est continuer d'être et d'agir. Cela vaut pour l'homme comme pour tout être physique, c'est-à-dire pour tout être. L'*insistantialisme*, si vous me passez le mot, n'est pas un humanisme, ou ce n'est pas d'abord un humanisme : c'est d'abord un naturalisme, c'est d'abord une pensée de l'être, de la puissance et du devenir, et ce n'est que secondairement que nous pourrons (et pour autant seulement que nous le voudrons) y trouver des raisons humaines de vivre et de lutter.

Cette insistance de l'être, ce n'est pas moi qui l'invente ou la découvre. Elle traverse, sous d'autres noms, toute l'histoire de la philosophie ou, du moins, tout un pan de cette histoire : c'est le *tonos* des anciens stoïciens, c'est la *force en action* d'Epicure ou de Lucrèce (*energeia, vis, clinamen* ...), c'est le *conatus* de Hobbes ou de Spinoza : non pas l'effort pour être, mais l'être même comme effort, comme puissance en acte, comme énergie, par quoi ce qui est continue d'être, autant qu'il peut, par quoi l'être *insiste*, en effet, et n'est pas autre chose, ici et maintenant (dans l'irréductible et éternelle pluralité des *maintenant*), que la pluralité indéfinie de ces *insistances*. Ainsi *insistons-nous*, nous aussi, consciemment, volontairement, et c'est (pour l'homme) ce qui s'appelle vivre : vivre, c'est toujours faire l'effort de vivre, et c'est pourquoi nous avons moins besoin de transcendance que de courage.

Mais pourquoi affirmer que le temps c'est l'être ? Parce que le temps est le présent, et que rien n'est présent que ce qui est. Présence de rien, c'est absence ; présence de quelque chose, c'est être. Il faut lever ici l'interdit heideggérien, se libérer du souci et de l'angoisse, et revenir enfin aux Grecs, à l'*ousia* comme présence et à la *parousie* du monde : être c'est être présent, et il n'y a rien d'autre. Primat du présent, donc, et non de l'avenir : primat du temps et non de la temporalité, primat de l'insistance et non de l'existence, primat du monde et non de la liberté. Le temps n'est pas le *dasein*, si l'on entend par là le seul existant humain (la temporalité est le *dasein*, mais la temporalité n'est pas le temps : c'est sa rétention-protention-négation) ; le temps est l'être, en tant qu'il est présent : le temps est l'étant.

C'est d'ailleurs pourquoi l'on peut dire que le temps n'est rien, puisqu'il n'est rien d'autre, ni rien de plus, que ce qui est : il n'est rien, puisqu'il est tout. «Le temps n'existe pas en lui-même, écrit par exemple Lucrèce, mais c'est des événements eux-mêmes que découle le sentiment de ce qui s'est accompli dans le passé, de ce qui est présent, de ce qui viendra par la suite ; et personne, il faut le reconnaître, n'a le sentiment du temps en soi, considéré en dehors du mouvement des choses et de leur paisible repos.»[1] Cela rejoint la fameuse définition épicurienne, comme quoi le temps est «l'accident des accidents»[2] ou (Lucrèce, en latin, écrit *eventa*) des événements. Remarquons pourtant qu'une telle définition ne vaut que pour le laps de temps, non pour le temps (le présent) lui-même. Si l'on entend par *accident* une qualité provisoire, comme fait Epicure, et par *propre* une qualité permanente, alors il faut dire que tout laps de temps est par définition *accidentel* («si par exemple je tombe en esclavage, explique Jean Brun, il s'agit là pour moi d'un accident ; que cet état se prolonge plus ou moins longtemps, constitue un accident de ce premier accident»[3]), mais que le présent est le *propre* des atomes et du vide (lesquels sont éternels) : le propre, donc, de la nature, qui n'est qu'atomes et vide. Etre, pour Epicure aussi, c'est être présent : le présent est le propre de l'être, et même (par le vide) du non-être. C'est ce qu'Epicure n'a jamais dit ? J'en conviens, du moins dans les textes de lui, bien peu nombreux, qui nous sont parvenus. Il faut donc le dire à sa place. «Les atomes se meuvent continûment durant l'éternité», écrivait-il[4], et cela n'a de sens qu'à les supposer toujours présents, ce qui d'ailleurs (puisqu'ils sont indestructibles) fait partie de leur définition. Au reste, peu im-

---

[1] *De rerum natura*, I, 459-463.

[2] D'après les témoignages de Sextus Empiricus et Aetios, cités par Solovine, *Epicure, Doctrines et maximes*, Hermann,1965, p. 142, et Conche, *Epicure, Lettres et maximes*, rééd. PUF, 1987, p. 172.

[3] J. Brun, *L'épicurisme*, PUF, coll. «Que sais-je ?», rééd. 1969, p. 67.

[4] *Lettre à Hérodote*, 43 (trad. M. Conche).

portent les doctrines. On pourrait dire la même chose aussi bien, et peut-être mieux, dans le cadre du stoïcisme : il faut alors distinguer le temps incorporel (le temps-*aiôn*), qui est la somme indéfinie d'un passé et d'un avenir, et le temps corporel (le temps-*chronos*), qui est le temps réel, et la réalité même. Quant à l'*aiôn*, le présent n'est rien, puisqu'il peut toujours être divisé en passé et en avenir, qui ne sont pas. Quant au *chronos*, au contraire, le présent est tout : c'est le présent du monde, corporel et fini comme lui, qui n'est pas autre chose que la *présence* des corps[1]. Cela nous amène à mon quatrième point.

LE TEMPS, C'EST LA MATIÈRE

«Qui êtes-vous ?» A cette question, on ne répond pas valablement, certes, en montrant son corps. Quant à dire son nom, cela ne répond à la question que pour autant qu'un nom dise quelque chose, ce qui ne fait guère. Dire qui je suis, si je voulais le faire en vérité, ce serait plutôt raconter ma vie : je suis ce que j'ai été, ce qui m'est arrivé, ce que je suis devenu, *je suis été*, comme disait Sartre, ce qui veut dire que je suis mon passé, à certains égards, davantage que mon présent. Oui, pour la conscience ou, en général, pour le psychisme. «L'esprit, c'est la mémoire», disait saint Augustin avant Bergson[2], et peu importe ici qu'elle soit totalement consciente ou, comme c'est plus vraisemblable, partiellement inconsciente. Ce qui importe, c'est de bien voir que je ne suis mon passé que pour autant que mon passé est : *être été*, ce n'est pas la même chose qu'*avoir été* et *ne plus être* ! Or ce passé, s'il est, et pour autant qu'il est, est

---

[1] Sur tout cela, qu'on ne peut ici qu'esquisser, voir le grand livre de Victor Goldschmidt, *Le système stoïcien et l'idée de temps*, rééd. Vrin, 1985, spécialement aux p.30 à 45. Voir aussi E. Bréhier, *La théorie des incorporels dans l'ancien stoïcisme*, Paris, Vrin, rééd. 1982, chap. IV.

[2] Saint Augustin, *Confessions*, X, 14 (voir aussi X, 16 : «C'est moi qui me souviens, et moi, c'est mon esprit») ; Bergson, *Matière et mémoire*, chap. III et Conclusion (spécialement p. 270-271).

soumis aux conditions générales de l'étant : il ne peut être qu'à la condition d'occuper un certain temps et un certain lieu. Quel temps ? Le présent. Quel lieu ? Mon corps, ou telle partie de mon corps. «Tout est présent en nous, disait Guyau, y compris le passé même.»[1] C'est pourquoi aussi tout est physique. Que suis-je d'autre, au présent, que la présence de mon corps ? L'esprit, c'est la mémoire; mais la mémoire est plus que l'esprit ou que la conscience : puisqu'elle contient une masse de souvenirs dont je n'ai pas actuellement conscience. Où sont les souvenirs dont je ne me souviens pas actuellement, et que je n'ai pourtant pas oubliés ? Où sont les souvenirs présents du passé, quand ce passé n'est pas présent à mon esprit ? Il faut qu'ils soient présents en moi (dans mon corps), même quand je ne suis pas présent à eux (en tant qu'esprit). C'est par quoi la mémoire est plus vaste que l'esprit, qu'elle contient, et qui ne la contient pas : l'esprit c'est la mémoire, et la mémoire c'est le cerveau ; mais il y a plus dans la mémoire que dans l'esprit, et plus dans le cerveau que dans la mémoire. Si l'on ne répond pas à la question «Qui êtes-vous ?» en montrant son corps, ce n'est pas qu'on soit autre chose ou davantage : c'est que l'essentiel du corps ne se voit pas, qui n'en est pas moins corporel pour autant.

C'est où l'on retrouve Bergson : «La matière, en tant qu'étendue dans l'espace, devant se définir selon nous un présent qui recommence sans cesse, inversement notre présent est la matérialité même de notre existence»[2]. La matière est un présent sans mémoire, comme l'avait vu Leibniz, et c'est en quoi «notre présent est avant tout l'état de notre corps»[3] : s'il est aussi conscience, mémoire, volonté, c'est pour autant seulement que notre corps, ici et maintenant, en produit et en maintient les conditions et l'effectivité, pour autant donc que notre

---

[1] Jean-Marie Guyau, *La genèse de l'idée de temps*, Paris, Alcan, 1890, Préface, p. 1. Voir aussi le chap. III.

[2] *Matière et mémoire*, chap. III, p. 154.

[3] Bergson, *op. cit.*, conclusion, p. 270.

corps est conscient, se souvient et veut. C'est déjà ce qu'avaient vu les stoïciens : si seul le présent existe, il n'existe que des corps; s'il n'existe que des corps, rien n'existe que le présent. De là le matérialisme, ou le *corporalisme* , du Portique : seuls les corps agissent, seuls les corps pâtissent, seuls les corps existent[1]. Actualisme : matérialisme. Le temps n'est rien d'autre que la présence des corps, et c'est pourquoi, à nouveau, on peut dire qu'il n'est rien (il ne s'ajoute pas aux corps : tous les corps plus le présent, cela fait tous les corps), ou qu'il est tout (puisque rien n'existe hors de lui : les corps moins le présent, il ne resterait rien). Même chose chez Epicure ou Lucrèce : le passé n'existe plus[2], l'avenir n'existe pas encore[3], et le présent n'est pas autre chose (puisque «*tempus item per se non est* [4]») que la totalité de tout ce qui existe. Le présent, c'est l'être même, et l'être présent (l'être sans mémoire et sans projet, donc sans conscience) c'est la matière et le vide.[5] Ce qu'ils sont, c'est aux physiciens de le dire. Mais ils ne le seraient pas s'ils ne l'étaient *présentement*. Seul l'esprit peut faire exister, en quelque chose, ce qui n'est plus ou pas encore : tout ce qui existe indépendamment de l'esprit, donc tout ce qui existe réellement, n'existe qu'au présent, et c'est en quoi tout présent est matériel (indépendant de toute conscience, de toute mémoire, de toute attente) comme toute matière est présente. Actualisme : physicalisme. Etre, c'est être présent en un point de l'espace-temps - et c'est ce qu'on appelle la matière ou,

---

[1] Voir les textes cités par J. Brun, dans *Les stoïciens*, PUF, coll. «Les grands textes», rééd. 1980, p. 45 à 47. Sur «le matérialisme stoïcien», voir aussi O. Bloch, *Le matérialisme*, PUF, 1985, coll. «Que sais-je?», chap. 1, p. 48-52.

[2] Voir par ex. Lucrèce, *De rerum natura*, I, 463-482.

[3] Voir par ex. Epicure, *Lettre à Ménécée*, 127, et Lucrèce, II, 216-293 (où l'on voit que l'avenir existe d'autant moins qu'il est, du fait du clinamen, au moins partiellement indéterminé).

[4] Lucrèce, I, 459 («le temps n'existe pas en lui-même»).

[5] Voir mon article «Qu'est-ce que le matérialisme ?», *Une éducation philosophique*, spécialement p. 106 à 108.

comme disent certains physiciens, la *matière-espace-temps* [1]. Certains prétendent la *dématérialiser* sous prétexte qu'elle ne serait pas constituée de «choses» solides et séparables[2]. Mais c'est confondre matérialisme et chosisme, essence et consistance ! Le problème n'est pas de savoir si la réalité en soi est solide ou pas, séparable ou pas, mais si elle est spirituelle (douée de conscience, de mémoire, de volonté...) ou pas : est matériel, et quelle qu'en soit la structure physique ou énergétique, tout ce qui est sans esprit. Or l'esprit, c'est la mémoire et le projet : le pur présent est donc toujours matériel, et la matérialité même.

Comprenez-moi bien : être matérialiste, ce n'est pas renoncer à la vie spirituelle. Il s'agit au contraire de «sauver l'esprit en niant l'esprit», comme disait Alain à propos de Lucrèce[3], et cela définit fort bien le matérialisme philosophique. Si l'esprit c'est la mémoire, comme dit Bergson et comme je le crois, la mémoire est donc cela même qu'il s'agit de sauver, autant que nous le pourrons. Qui ne voit qu'il est plus grave de perdre la mémoire que de perdre l'espérance ? Etre matérialiste, ce n'est pas renoncer au souvenir ; c'est renoncer à lui prêter un autre être - donc un autre avenir - que ceux de nos cerveaux, qui sont mortels, et de nos œuvres, qui le sont aussi. L'oubli l'emportera ? Oui, sans doute, comme la mort ou l'entropie l'emporteront. Mais notre tâche est de résister pied à pied, et d'avancer même, puisque que nous le pouvons, tant qu'il nous reste des forces, du courage, de la lumière... L'esprit n'est pas ce qui nous porte, c'est ce que nous portons. L'esprit n'est pas un être : c'est mémoire et fidélité, fantaisie et invention, amour

---

[1] Voir le livre, qui porte ce titre, de Gilles Cohen-Tannoudji et Michel Spiro, Fayard, 1986.

[2] Voir par ex. Bernard d'Espagnat et Etienne Klein, *Regards sur la matière*, p. 221 à 226 (le texte en question étant de Bernard d'Espagnat).

[3] Propos du 29 juin 1929, Bibl. de la Pléiade, *Propos*, II, p. 790.

et volonté[1] - et seul un cerveau, jusqu'à preuve du contraire, en est capable, et au présent seulement.

LE TEMPS, C'EST LA NÉCESSITÉ

Si rien n'existe que le présent, il est exclu que le passé ou l'avenir puissent agir sur lui : comment ce qui n'est pas pourrait-il déterminer ce qui est ? Toute prédestination, qu'elle soit déterministe ou providentielle (efficiente ou finale), est donc impossible. Non, certes, que n'importe quoi puisse se produire n'importe comment. L'absence de prédestination, ou de prédétermination, n'est pas l'absence de causalité. Mais la causalité, quand causalité il y a, s'effectue tout entière à l'intérieur du présent, si bien que les causes d'un événement, contrairement à ce qu'on imagine, ne sauraient le précéder. Ce n'est pas parce qu'elle a fait l'amour il y a neuf mois que telle femme accouche aujourd'hui : c'est parce qu'elle est enceinte de neuf mois, c'est parce que tel et tel processus physiologiques sont en cours, c'est parce qu'elle a des contractions, etc... Bref, la cause qui fait qu'elle accouche, c'est qu'elle accouche. Sans doute n'accoucherait-elle pas, si elle n'avait été fécondée ; mais elle n'a été fécondée qu'au présent, comme elle n'accouche qu'au présent. Si la fécondation passée était la cause de l'accouchement, elle aurait suffi à le produire, et l'accouchement, en conséquence, aurait eu lieu il y a neuf mois - ce qui n'est pas. Le présent n'a pas d'autre cause que lui-même (il est *causa sui*), c'est en quoi il est libre (puisque ni passé ni avenir ne le gouvernent) et c'est en quoi il est nécessaire (puisqu'il ne saurait être autre, ni au-

---

[1] Notons portant que la mémoire prime : pas d'invention, pas d'amour, pas de volonté sans mémoire (quand la mémoire, sans invention, sans amour et sans volonté, serait encore possible). C'est en quoi «la conscience date de son premier souvenir» (Marc Wetzel, *Le temps*, Paris, Quintette, 1990, p. 55), non de son premier rêve, de son premier amour ou de son premier projet : car un rêve, un amour ou un projet ne sont conscients qu'autant qu'on s'en souvient.

trement, qu'il n'est). Actualisme : nécessitarisme. Si être c'est être présent, c'est aussi être nécessaire : comment ce qui est présent pourrait-il ne pas l'être ? Il *aurait pu* ne pas être ? Certes, quand il n'était pas ! Un événement n'est donc contingent (si l'on entend par contingent le contraire du nécessaire) que tant qu'il est à venir, donc que tant qu'il n'est pas : la contingence n'existe pas davantage que la prédestination ou la prédétermination, non parce que le présent serait soumis au passé, mais parce qu'il n'est soumis qu'à lui-même. Au présent, le possible et le réel ne font qu'un, qui est donc nécessaire.

Un destin ? C'est une question de définition. Si l'on entend par destin (*fatum*) ce qui ne peut pas ne pas arriver, alors tout présent, par définition, est fatal : non parce qu'il était inévitable qu'il se produise, avant que ce ne soit le cas (thèse parfaitement saugrenue : qui peut croire que je n'aurais pu éviter de faire cet exposé ?), mais parce qu'il se produit inévitablement, dès lors qu'il se produit (comment pourrais-je éviter de faire ce que je fais, puisque je ne pourrais l'éviter qu'en faisant autre chose, qui serait alors ce que je fais, et que je n'éviterais pas ?). Le destin, en ce sens, n'est pas autre chose que la simple soumission du présent au principe d'identité ou, pour mieux dire, que l'identité à soi du présent - c'est-à-dire, exactement, sa *présence* . A = A : ce qui est est, comme cela est ; ce qui arrive arrive comme cela arrive. Déterminisme ? indéterminisme ? A nouveau, c'est aux physiciens d'en décider, et cela ne m'importe guère : déterminé ou indéterminé, connaissable ou inconnaissable, simple ou multiple, séparable ou non séparable, réversible ou irréversible, cohérent ou contradictoire, le présent, dès qu'il est ce qu'il est, l'est nécessairement : puisqu'il l'est. Fatal, donc, en ce sens. Le hasard jamais n'abolira un coup de dés.

En revanche, si l'on entend par destin, c'est sans doute l'usage le plus courant, ce qui ne dépend pas de nous, le présent est parfois fatal, et même il l'est toujours en partie, mais point totalement. Comment imaginer que les mots que je prononce en ce moment ne dépendent pas de moi ? Certes, je ne saurais, au présent, prononcer d'autres mots que ceux que je prononce, et c'est en quoi toute parole, comme tout acte, est nécessaire; mais ces mots n'en dépendent pas moins de moi : je les choisis, au présent, et c'est en quoi ma parole est libre. Libre *et* nécessaire ? Oui, mais inégalement : totalement nécessaire, et partiellement libre. Ce qui dépend de moi dépend de choses qui n'en dépendent pas : aucune liberté n'est absolue, ni ne saurait l'être. Il n'en reste pas moins que liberté et nécessité sont compatibles : le contraire de la liberté, montre Spinoza, n'est pas la nécessité mais la contrainte[1]. C'est pourquoi la nature est libre, comme disait Lucrèce[2], et c'est pourquoi rien, dans la nature, ne saurait l'être totalement.

Si le temps c'est le présent, comme je le crois, c'est donc aussi l'éternité, c'est donc l'être - ce que j'appelle *l'être-temps* -, c'est donc la matière, c'est donc la nécessité : c'est donc le devenir, dans sa présence éternelle, matérielle et nécessaire, dans sa puissance toujours en acte ou, ce qui revient au même, dans son actualité dynamique, multiple et changeante. Le temps est présence de l'être, en tant qu'il change ; le présent est l'être du temps, en tant qu'il demeure. *Ousia* (l'être) et *parousia* (la présence) : un et le même ! C'est ce qu'on peut appeler le devenir, ou l'univers, ou la nature, ou le réel, qui nous contient et nous emporte. Où ? Nulle part que là où nous sommes déjà : dans le temps, dans le devenir, dans le présent de la présence, dans le perpétuel changement de tout. Etre c'est devenir, c'est durer, c'est changer ; c'est donc aussi ne plus être, ou plutôt (puisque n'être plus c'est n'être rien) c'est donc aussi s'user, se fatiguer ou disparaître, et c'est ce que signifie le temps : il y a toujours de l'être, mais ce ne sont

---

1 *Ethique*, I, déf. 7 et *passim* . Voir aussi ce que j'écrivais dans *Vivre*, chap. 4, p. 142 à 147.

2 *De rerum natura*, II, 1090-1091.

pas toujours les mêmes êtres qui sont.[1]

Ce temps a-t-il eu un commencement ? Aura-t-il une fin ? La conscience ne peut le savoir, ni penser un avant du temps : car avant le temps, c'est-à-dire avant l'être, il n'y avait pas d'avant[2], et rien à penser ni à comprendre. L'être est donc inexplicable, toujours et par définition, puisque toute explication le suppose. Il n'y a donc pas à chercher l'origine de l'être. La question «Pourquoi y a-t-il quelque chose plutôt que rien ?» n'est pas susceptible d'une réponse scientifique (puisque les sciences ne peuvent étudier que *quelque chose*), ni même religieuse (pourquoi Dieu plutôt que rien ?), ni même philosophique (puisque les philosophes ne peuvent penser que l'être). Question sans réponse ? Disons plutôt qu'à la question de l'être, il n'est d'autre réponse que l'être même : c'est pourquoi il n'est pas de réponse, ni en vérité de question. C'est le mystère ultime, ou l'évidence ultime : mystère de la présence, évidence de la présence.

Pas davantage ne peut-on penser un *après* du temps (puisque là où il n'y aurait plus de temps, il n'y aurait pas d'après). Cela ne prouve pas, toutefois, que la présence doive durer à jamais. Le temps est éternel, puisqu'il est toujours présent, sans qu'on puisse dire pour autant qu'il soit infini, ni qu'il ne le soit pas. Du moins la conscience n'en peut rien savoir, qui ne peut penser que l'être-temps, qui la contient, qui la fait vivre, et qui la fait mourir.

L'essentiel nous est donc inconnu ? Non pas, puisque l'essentiel est la présence, que nous connaissons au moins partiellement. Il s'agit non de l'expliquer, puisqu'on ne peut, mais de la vivre : il s'agit d'être présent à la présence, ce qui est attention, prière ou sagesse.

---

[1] Tel est le sens de la «parole d'Anaximandre», tel du moins que Marcel Conche le reconstitue et l'interprète : *Anaximandre, Fragments et témoignages,* Introduction, traduction et commentaire par M. Conche, PUF, 1991.

[2] Comme saint Augustin, du point de vue qui était le sien, l'avait compris : *Confessions*, XI, 13.

QUEL TEMPS FAIT-ON ?

Jean-Marc Lévy-Leblond*

Plutôt qu'à un exposé de synthèse en clôture de cette conférence, c'est à un exercice d'ouverture que je voudrais me livrer, en apportant au lieu d'un mesquin point final, une libérale brassée de points d'interrogation. Il me paraît en effet essentiel de ne pas laisser croire que la science, aux questions qu'elle se pose, ou qu'on lui pose, peut apporter des réponses fermes et définitives - surtout quand il s'agit d'un thème aussi important que le Temps, qu'elle ne saurait avoir la prétention d'accaparer. C'est donc quelques variations sur ce thème, parfois un peu dissonantes, que je vais proposer.

FAUT-IL CROIRE LES PHYSICIENS ?

Le très large accord qui existe aujourd'hui entre les physiciens sur la plupart des théories qui ont été évoquées ici, qu'il s'agisse de cosmologie, de physique des particules ou de mécanique statistique, ne doit pas faire illusion. Il concerne avant tout ce que j'appellerais volontiers la "machinerie théorique", c'est-à-dire l'ensemble des formalismes mathématiques utilisés pour rendre compte de notre expérience du monde, et les procédures de calcul qui permettent d'en déduire les explications ou prédictions concernant nos observations - disons, pour aller vite, "les équations". Mais cet accord laisse largement ouvertes les questions portant sur l'interprétation de ces théories et la si-

* Professeur à l'université de Nice, Directeur de la revue *Alliage*

gnification des concepts qui les sous-tendent - autrement dit, “les mots”. Derrière l'unité de façade de la communauté scientifique, on trouve de sérieuses divergences intellectuelles, d'autant plus profondes d'ailleurs qu'elles sont rarement explicitées. L'accord sur les formalismes ne s'étend en aucune manière aux idées qu'ils expriment, ni même au langage utilisé pour les discuter. Mais cette multiplicité de conceptions reste le plus souvent masquée par l'indifférence ou la prudence dont font montre la plupart des chercheurs en-dehors du champ de leurs travaux spécialisés. Il faut donc affirmer clairement que l'unité formelle de la théorie physique peut s'accompagner d'une considérable diversité conceptuelle. Et cela est heureux, car il serait plutôt dommageable pour l'intérêt même de la science qu'elle ne propose pas la pluralité de perspectives qui fait la richesse de toute entreprise culturelle digne de ce nom. Ainsi donc, même si les scientifiques ont raison, on n'est pas obligé de les croire… À tout le moins, est-il nécessaire de ne pas être dupe de leurs mots, souvent plus contestables que leurs calculs et leurs expériences. Aussi faudrait-il mieux mettre en évidence la variété des points de vue ; pourquoi ne pas concevoir ainsi que dans une conférence comme celle-ci, destinée à un large public, on propose deux (ou plus) exposés sur le même thème ? Loin de faire double emploi, je suis persuadé que de tels duos éclaireraient et enrichiraient beaucoup les questions en jeu.

Pour en venir au thème du Temps, voici quelques exemples d'affirmations courantes, certes, mais dont on peut légitimement discuter la validité, tout en étant par ailleurs en total accord sur les théories formelles qu'elles sont censées traduire :

- On attribue couramment à la théorie de la relativité einsteinienne l'idée que l'espace et le temps se confondent en un substrat commun, l'espace-temps. Mais la théorie classique de l'espace et du temps, celle qui est implicite dans la mécanique de Galilée et de Newton, mêle déjà, et de façon profonde, le temps à l'espace ! De fait, la distance spatiale entre deux événements n'est pas nécessairement la même dans deux systèmes de référence équivalents, et dépend du temps écoulé : le début et la fin de la chute d'une salière lâchée par le garçon du wagon-restaurant, chute verticale dans le train, n'ont pas lieu au même endroit pour une vache qui regarde passer le train. Certes, Einstein va plus loin que Galilée et Newton qui mêlent le temps à l'espace, et mêle aussi l'espace au temps ; cela est nouveau et même révolutionnaire. De façon plus générale, l'idée même de relativité remonte à Galilée et non à Einstein, même si ce dernier a radicalement modifié la forme spécifique de la théorie. Et l'on pourrait multiplier les exemples montrant que si la relativité einsteinienne est mal comprise encore, c'est souvent parce que son ancêtre, la relativité galiléenne ne l'est pas mieux.

- Pour en rester à Einstein, la théorie de la gravitation qu'il a construite, souvent appelée (à tort) "relativité générale" est présentée comme une pure géométrie de l'espace-temps, qui serait "courbé" par la matière. Si cette géométrisation a pour elle une noble antériorité historique et une indéniable valeur esthétique, elle n'en constitue pas moins un point de vue particulier, qui a au moins un grave inconvénient, celui de séparer radicalement la théorie de la gravitation des théories décrivant les autres interactions physiques (électromagnétiques, nucléaires, etc.). Ces dernières relèvent en effet de théories dynamiques et non géométriques, où la notion essentielle est celle du champ comme médiateur des interactions. Or il est parfaitement possible de réintégrer la théorie de la gravitation dans ce cadre général, et de la construire comme une théorie du champ gravitationnel dans un espace-temps plat (non courbe), aboutissant ainsi, il faut y insister, aux *mêmes* équations exactement que celles de la théorie d'Einstein, munies toutefois d'une interprétation épistémologique différente, mais qui ne change rien aux calculs… [La non-linéarité des équations de champ provient ici de l'auto-gravitation du champ : porteur d'énergie, donc de masse, il est auto-couplé.]

- La cosmologie moderne, dans le cadre de la théorie dite du Big Bang, met en évidence l'existence d'une singularité initiale sur l'axe du temps. C'est ce qu'on appelle souvent le "début de l'Univers", daté d'il y a environ 20 milliards d'années, et qui pose de redoutables problèmes conceptuels, prêtant le flanc à toutes sortes d'interprétations ésotériques ou religieuses. Naturellement, la formulation strictement scientifique (qui fait l'objet d'un large consensus) est beaucoup plus technique et beaucoup plus plate à la fois : c'est celui de la première phrase de cette section. Ses divers énoncés dans la vulgate publique, en terme de "naissance" ou de "création" engagent manifestement bien autre chose que la théorie scientifique. Mais cette dernière, bonne fille, permet et même suggère une conception beaucoup moins sujette à caution, à condition de la prendre au sérieux. La singularité, à tout prendre, n'appartient pas à l'axe temporel lui-même, et ne caractérise pas un instant à proprement parler ; dès lors, et sans contorsions mentales artificielles, il est raisonnable d'introduire un nouveau paramétrage temporel qui renvoie à l'infini le prétendu "moment" initial. On peut alors tranquillement penser *à la fois* que l'Univers a 20 milliards d'années (sur un certain calendrier, conventionnel) *et* qu'il a toujours déjà existé. [Ces considérations valent pour la cosmologie classique ; la prise en compte des nécessaires modifications imposées par la théorie quantique le compliquent considérablement, mais sans les invalider.]

- Un cas plus anecdotique et moins profond, mais assez amusant, est fourni par l'énoncé désormais tout à fait banalisé assurant que "rien ne peut dépasser la vitesse de la lumière", que l'on trouve aussi bien dans la plupart des textes de vulgarisation que chez les physiciens professionnels. Or, pris au pied de la lettre (ou plutôt, du nombre), cet énoncé est tout simplement faux ! Un contre-exemple ancien déjà et bien connu (mais seulement de ceux qui le connaissent...) est fourni par le modèle du phare. Imaginons un phare dont le faisceau tourne à, disons, un tour par seconde, et projette une tache lumineuse sur un mur circulaire centré sur le phare ; il est clair (!) que ladite tache parcourt la circonférence du mur en une seconde aussi, quelle que soit sa longueur. Pour un mur entourant le phare à, mettons, 100 000 kilomètres, la tache se déplacera donc d'un peu plus de 600 000 kilomètres en une seconde, et aura ainsi une vitesse de plus du double de celle de la lumière ! Mais ne s'agit-il pas de lumière, justement ? Réponse : NON, ce n'est qu'une apparence, pas un objet matériel ; les photons du faisceau, eux, ont la vitesse de la lumière, mais non point la tache qui résulte de leurs intersections successives avec le mur... Rien n'empêche une telle tache, comme un spot sur un écran d'oscilloscope (ou de téléviseur), l'impact d'un faisceau laser sur la Lune (exemple réaliste au demeurant), ou une ombre, d'aller "plus vite que la lumière". Il reste vrai qu'aucun objet matériel (ni aucune information) ne peut dépasser cette fameuse vitesse limite (dont le rôle excède d'ailleurs largement celui d'une simple "vitesse de la lumière"). Mais on voit comment, dans l'écart entre cette formulation précise et l'énoncé usuel, peuvent se glisser tant de confusions et de malentendus.

Ces questions (et bien d'autres : la petite sélection ci-dessus n'a été proposée qu'en fonction de ses rapports avec le thème du temps) ne se posent guère dans la pratique usuelle de la physique, car il n'est aucunement indispensable de les élucider pour faire fonctionner correctement sa "machinerie théorique". C'est bien ce qui fait la force de la science en général, et tout particulièrement de la physique : la redoutable efficacité de son formalisme dispense d'avoir à en penser les concepts, et on peut heureusement être un excellent physicien et un piètre épistémologue. C'est aussi ce qui en fait la faiblesse : si la pratique usuelle de la science (dans ses phases "normales" selon Kuhn) ne se ressent guère de ces ambiguïtés ignorées, elles rejaillissent avec toute la violence du refoulé dans des moments plus critiques (phases "révolutionnaires") et, plus quotidiennement, quand la science sort de sa tour d'ivoire pour se confronter au monde profane, dans l'enseignement, la vulgarisation ou la réflexion de fond. Ainsi, ce n'est que provisoirement, et aux risques d'une sérieuse perte de sens que peut être faite l'impasse sur l'inévitable et féconde multiplicité des conceptions d'une science apparemment unifiée et orthodoxe.

LE TEMPS *DANS* LA PHYSIQUE ET LE TEMPS *DE* LA PHYSIQUE

L'une des raisons de cette automutilation consentie de la science actuelle, qu'il est particulièrement opportun de souligner dans le cadre présent, est précisément que la physique s'interroge certes sur le temps, mais très peu sur *son* temps, je veux dire sur le temps de sa propre évolution, sur son histoire. Le résultat de cette presbytie est une confusion permanente, dans l'exposé des connaissances, entre un énoncé chronologique (on n'ose dire historique) et une démarche épistémologique. La découverte scientifique, dans la contingence de ses cheminements, passe par des étapes dont la logique n'est pas le point fort ; il est donc inévitable que nombre de faux concepts et de termes impropres balisent ces cheminements. Encore faudrait-il faire le ménage, et opérer un tri critique qui permette d'éliminer les plus pernicieux de ces mots et les plus ambiguës de ces idées. Les exemples ci-dessus pourraient être repris dans cette perspective, et l'on pourrait en rajouter bien d'autres (par exemple, la persistance de l'image fort douteuse de la "mer de Dirac" avec ses “trous” pour parler des antiparticules).

Ce propos doit être généralisé. L'histoire qu'il s'agit de prendre en compte, et c'est bien le moins lorsqu'il s'agit du temps, n'est pas seulement celle de la physique, portant sur l'évolution de ses conceptions spécifiques. Il faut sans doute, si nous voulons mieux comprendre ces conceptions même, et leurs limites, les replacer dans un contexte social plus vaste. En particulier, il semble nécessaire d'accorder une attention plus grande aux liens entre théories scientifiques et pratiques techniques, voire industrielles. Nos idées sur le temps, aussi sophistiquées et abstraites puissent-elles sembler, ne peuvent être séparées de la façon dont nous le mesurons. L'évolution de ces conceptions, de Galilée à Hawking, en passant par Newton et Einstein, est intimement liée aux progrès de l'instrumentation, depuis les horloges encore primitives de la Renaissance jusqu'aux horloges atomiques d'aujourd'hui. C'est dire qu'il faudrait donner à la métrologie, et d'abord aux techniques horlogères, une place plus importantes dans ce genre de discussion. Et il ne s'agit pas seulement d'insister sur leur rôle instrumental, mais bien de leur reconnaître une véritable signification conceptuelle. Ainsi, toute réflexion sur la mesure du temps, débouche, de façon beaucoup plus immédiate et plus contraignante qu'une analyse abstraite, sur l'incontournable mais délicate dialectique du temps linéaire et du temps cyclique : il n'y a de temps que s'il y a changement, mais on ne peut le mesurer que s'il y a répétition *sans* changement. Pour marquer le passage du temps au cours d'une transformation, il faut qu'existe une “unité de temps” stable, qui se répète, identique à elle-même. Mais cette constance ne peut-être que supposée, et non démontrée a priori ; car comment l'établir, sinon par référence, déjà, à une mesure de temps ? Aussi doit-on commencer par postuler l'existence d'une telle régularité : il faut supposer (au départ) que les révolutions successives de la Terre sur son orbite, ou d'une aiguille de montre sur son cadran, sont identiques, avant que de vérifier, raffiner ou remplacer ces hypothèses. Il y a probablement là, dans cette confrontation entre transformation et répétition, le nœud épistémique le plus serré de la notion de temps.

Un autre exemple montre éloquemment à quel point problèmes conceptuels, "obstacles épistémologiques" (Bachelard) et difficultés pédagogiques exigent, pour être affrontés avec quelque chance de succès, la prise en compte de la dimension historique et du contexte culturel. Une analyse du choc considérable qu'a exercé l'apparition de la relativité einsteinienne sur les esprits au début du siècle, tant chez les profanes que chez les experts d'ailleurs, montre que pour une large mesure ce bouleversement est bien plutôt l'effet à retardement de la révolution galiléenne que de sa réforme einsteinienne (on a vu ci-dessus un exemple des confusions qu'entraîne l'attribution à Einstein de ce qui appartient déjà à Galilée). Ce sont les conditions historiques du début de ce siècle, et en particulier l'atmosphère culturelle de l'immédiat après-guerre, qui expliquent la divulgation publique de ce qui, après tout, était un secret de

Polichinelle : les physiciens ont osé toucher à l'espace et au temps, et ces tissus de notre vie ne sont plus ce que nous pensions naïvement... Mais, en 1919, quand Einstein fait la une des journaux, le scandale est pour l'essentiel consommé depuis à peu près trois siècles ! Il est clair que l'on ne peut espérer éclairer de telles confusions tant que l'on ne prend pas la pleine mesure de leur nature et de leurs sources.

Sans doute ne faut-il pas trop s'étonner de ce que la mésestimation de l'épaisseur, du poids et de la complexité du temps historique et de ses effets soit particulièrement répandue chez les physiciens, gâtés qu'ils ont été depuis quatre siècles par une conception particulièrement simple, pour ne pas dire simpliste, du temps, conception à l'efficacité d'ailleurs remarquable. Car le temps newtonien (et einsteinien aussi bien) est un temps à la fois homogène et composé d'une succession d'instants autonomes, chacun n'étant en relation qu'immédiate avec son prédécesseur et son successeur. La continuité se limite à la contiguïté, et la difficulté conceptuelle qu'entraîne la formulation de cette idée est brillamment surmontée par la technique devenue routinière du calcul infinitésimal. Dans cette perspective, l'évolution des systèmes mécaniques, trop vite pris comme archétypes des objets du monde physique, est telle que leur futur est entièrement déterminé par leur présent (même si cette évolution est imprédictible à cause de la fameuse "sensibilité aux conditions initiales", génératrice du chaos à la mode) ; en d'autres termes, ils n'ont pas de "mémoire" Il n'est que trop évident que le temps humain, celui des individus comme celui des sociétés, n'obéit en rien à un schème aussi simple, et que le futur y dépend largement de toute l'évolution passée, sans que l'on puisse la résumer dans la connaissance du seul état présent. Mais cela est évidemment difficile à concevoir pour des physiciens dont les équations différentielles (ou, à la rigueur, aux dérivées partielles), d'essence locale, constituent toujours le paradigme dominant (les "systèmes héréditaires", gouvernés par des équations intégro-différentielles, et qui pourraient offrir des modèles alternatifs, n'appartiennent pas à la boîte à outils usuelle des physiciens).

VERS DES TEMPS NOUVEAUX ?

Peut-être faut-il faire remonter notre questionnement plus haut encore, aux sources même de la formalisation du temps par la physique théorique. La description newtonienne du temps par un paramètre *linéaire*, *uniforme*, *ponctuel*, *réversible*, a certes connu un succès extraordinaire. Mais cette réussite a sans doute fait oublier qu'il ne s'agit là, après tout (ou avant tout ?), que d'une modélisation, une construction théorique, abstraite de notre expérience commune et complexe. Sa simplicité, qui fait sa force, ne risquerait-elle pas de basculer dans le simplisme ? Ce "temps des physiciens", plutôt qu'un temps objectif, est un temps objectivé, qu'il faut éviter de réifier. Car le risque est grand de croire que le temps <u>est</u> cet axe linéaire tracé sur tant de graphiques... De fait, notre notion intuitive et concrète du temps est évidemment beaucoup plus riche que l'abstraction qu'en a tirée la physique théorique. Le temps tel que nous le vivons n'est évidemment pas uniforme, ni réversible ; la dissymétrie entre le passé et le futur en est même l'une des premières caractéristiques. Ce temps, le nôtre, n'est pas séparable en instants ponctuels ; sa structure est beaucoup plus floue : notre présent n'est pas un point sur cet axe abstrait, mais une petite zone temporelle (de quelques millisecondes ?) que fait "glisser" le cours du temps. La séparation entre le futur et le passé n'est pas cette coupure discontinue et sans extension que serait un présent sans épaisseur, mais une transition continue, qui transforme progressivement l'un en l'autre ; le présent est justement ce processus de transformation. Enfin, le temps n'a pas que cette "largeur", il a aussi une "épaisseur" : plutôt que par un mince filament, il serait mieux décrit par l'image d'un cordage tressé. Nous vivons dans plusieurs temporalités enchevêtrées, tant par leur nature (le temps de nos sensations, celui de nos idées, celui de nos rapports sociaux, etc.) que par leurs échelles (de la milliseconde au siècle) - tout comme une corde est faite de multiples brins, eux-mêmes composés de fines et courtes fibres.

La stratégie de la science depuis quelques siècles a été de dépouiller au maximum ce temps vécu de ses qualités, suivant en cela le même chemin que dans son approche de la matière, pour aboutir à ce temps abstrait de la physique. L'objectif était de redonner ensuite au temps, suivant le domaine considéré, telle ou telle de ses propriétés confisquées, en les "expliquant" à partir de la nature et des complexités propres des systèmes étudiés. C'est cette différence fondatrice, mais trop souvent implicite, entre le temps de la théorie physique et celui de la pratique empirique, qui est à la racine du fameux malentendu (on peut même parler de dialogue de sourds) entre Einstein et Bergson, chacun ne parlant que de "son" temps. L'exemple le plus clair de cette démarche, qui voit la physique tenter d'enrichir un temps qu'elle a d'abord appauvri, est fourni par la notion d'irréversibilité, introduite comme une "qualité seconde" du temps, et justifiée, à partir de raisonnements statistiques, au moins pour des systèmes suffisamment grands, et non sans difficultés et subtilités. On sait les grands succès qu'a remportés cette stratégie, on sait aussi qu'ils ne sont pas sans laisser subsister des zones d'ombre, et restent ouverts à beaucoup de questionnements...

Ne vaudrait-il pas la peine alors de se reposer la question de la formalisation, ou plutôt des formalisations mathématiques de la temporalité, et de chercher des alternatives à sa représentation par l'ensemble des nombres dits réels ? Ne serait-il pas utile, ne fût-ce que pour des raisons phénoménologiques, dans tel ou tel domaine (des sciences de la vie, en particulier), d'intégrer au départ à une notion mathématisée du temps certaines de ces propriétés que nous cherchons à lui rendre à l'arrivée ? Peut-on imaginer une (des) mathématisation(s) non-triviale(s) qui décrirai(en)t un temps par essence irréversible ? un temps à instantanéité floue ? un temps multiple et "épais" ? Au fond, ne butons-nous pas sur la trop forte prégnance d'une représentation traditionnelle du temps qui, en définitive, l'assimile à l'espace ? Cet "axe du temps", c'est, après tout, une droite spatiale, dont nous ne questionnons même plus la pertinence, et que nous traçons sur ces désormais coutumiers diagrammes, horaires ferroviaires ou lignes d'univers einsteiniennes. Or ces schémas, conceptuellement spatio-temporels, sont matériellement spatio-spatiaux, dessinés qu'ils sont sur le plan du tableau ou de la feuille. N'oublions donc pas qu'ils ne constituent en définitive qu'un commode procédé de représentation, une métaphore picturale, une convention graphique, avec leurs limites intrinsèques ? Peut-être est-ce notre nature d'êtres mobiles et visuels qui nous fait ainsi accorder un tel privilège à l'espace que nous l'intériorisons si bien, et l'utilisons même pour décrire le temps ; de fait, nos estimations spontanées des distances sont bien meilleures que celles des durées, et nos théorisations élaborées reposent sans doute sur les mêmes fondements perceptifs. Quelles seraient donc les représentations de l'espace et du temps qu'élaboreraient des êtres immobiles et aveugles (mais sensibles, par exemple, aux effets acoustiques, chimiques, etc.) ?

Une piste possible pour une première et modeste approche qui resterait dans le cadre de la physique théorique conventionnelle, serait de prendre comme point de départ, non les notions de temps et d'espace, mais celles d'espace et de mouvement. En d'autres termes, au lieu de considérer le mouvement comme une modification spatiale au cours du temps, il s'agirait de construire le temps comme un descripteur du mouvement dans l'espace, et de voir si une conceptualisation plus souple pourrait découler de ce point de vue. D'ailleurs, n'est-ce pas ainsi que l'on mesure effectivement le temps, par l'observation spatiale d'un mouvement, déplacement simple (les aiguilles d'une montre), ou transformation complexe (les chiffres d'un affichage numérique) ? Après tout, on ne ferait ainsi que renouer avec Aristote, pour qui, comme il est bien connu, "le temps est le nombre du mouvement".

CHAMPS-FLAMMARION

SCIENCES

BARROW
La Grande Théorie.

BROGLIE
La Physique nouvelle et les quanta.
Nouvelles perspectives en microphysique.

BRUNHES
La Dégradation de l'énergie.

CAVALLI-SFORZA
Qui sommes-nous ?

COUTEAU
Le Grand Escalier. Des quarks aux galaxies.

DAVIES
Les Forces de la nature.

DELSEMME
Les Origines cosmiques de la vie.

DELSEMME, PECKER, REEVES
Pour comprendre l'univers.

DELUMEAU (PRÉSENTÉ PAR)
Le Savant et la foi.

DENTON
Évolution. Une théorie en crise.

DINER, LOCHAK, FARGUE
L'Objet quantique.

DROUIN
L'Écologie et son histoire.

ECCLES
Évolution du cerveau et création de la conscience.

EINSTEIN
Comment je vois le monde.
Conceptions scientifiques.

EINSTEIN, INFELD
L'Évolution des idées en physique.

FRANCK
Einstein. Sa vie, son temps.

GELL-MANN
Le Quark et le jaguar.

GLEICK
La Théorie du chaos.

GRIBBIN
À la poursuite du Big Bang.
Le Chat de Schrödinger.

HAWKING
Une brève histoire du temps.
Commencement du temps et fin de la physique ?

HEISENBERG
La Partie et le tout.

JACQUARD
Idées vécues.

KLEIN, SPIRO (DIR)
Le Temps et sa flèche.

KUHN
La Structure des révolutions scientifiques.

LEAKEY, LEWIN
Les Origines de l'homme.

LLOYD
Les Origines de la science grecque.

LOCHAK
Louis de Broglie. Un prince de la science.
La Géométrisation de la physique.

LOVELOCK
La Terre est un être vivant.

MANDELBROT
Les Objets fractals.

MERLEAU-PONTY
Einstein.

VON NEUMANN
L'Ordinateur et le cerveau.

PERRIN
Les Atomes.

PLANCK
Initiations à la physique.
Autobiographie scientifique et derniers écrits.

POINCARÉ
La Science et l'hypothèse.
La Valeur de la science.

PRIGOGINE
Les Lois du chaos.

PRIGOGINE, STENGERS
Entre le temps et l'éternité.

REICHHOLF
L'Émancipation de la vie.

ROBERT
Les Horloges biologiques.

RUFFIÉ
De la biologie à la culture.
Traité du vivant.

RUFFIÉ, SOURNIA
Les Épidémies dans l'histoire de l'homme.

SELLERI
Le Grand Débat de la théorie quantique.

SHAPIRO
L'Origine de la vie.

SMOOT
Les Rides du temps.

STENGERS
L'Invention des sciences modernes.

STEWART
Dieu joue-t-il aux dés ?

TESTART
Le Désir du gène.
L'Œuf transparent.

THOM
Paraboles et catastrophes.
Prédire n'est pas expliquer.

TRINH XUAN
Un astrophysicien.

ULLMO
La Pensée scientifique moderne.

WEYL
Symétrie et mathématique moderne.

WILLS
La Sagesse des gènes.

HISTOIRE

ARASSE
La Guillotine et l'imaginaire de la Terreur.

AYMARD, BRAUDEL, DUBY
La Méditerranée. Les hommes et l'héritage.

BARNAVI
Une histoire moderne d'Israël.

BERTIER DE SAUVIGNY
La Restauration.

BIARDEAU
L'Hindouisme.

BOIS
Paysans de l'Ouest.

BOUREAU
La Papesse Jeanne.

BRAUDEL
Écrits sur l'histoire.
Écrits sur l'histoire II.
Grammaire des civilisations.
L'Identité de la France.
La Méditerranée. L'espace et l'histoire.
La Dynamique du capitalisme.

BRUNSCHWIG
Le Partage de l'Afrique noire.

CARRÈRE D'ENCAUSSE
Lénine. La révolution et le pouvoir.
Staline. L'ordre par la terreur.

CHAUNU
La Civilisation de l'Europe des Lumières.

CHOURAQUI
Moïse.

CORBIN
Les Filles de noce. Misère sexuelle et prostitution au XIXe siècle.
Le Miasme et la jonquille. L'odorat et l'imaginaire social, XVIIIe-XIXe siècle.
Le Territoire du vide. L'Occident et le désir du rivage, 1750-1840.
Le Village des cannibales.

DAUMARD
Les Bourgeois et la bourgeoisie en France depuis 1815.

DIEHL
La République de Venise.

DUBY
Saint Bernard. L'art cistercien.
L'Europe au Moyen Âge.
L'Économie rurale et la vie des campagnes dans l'Occident médiéval.
La Société chevaleresque. Hommes et structures du Moyen Âge I
Seigneurs et paysans. Hommes et structures du Moyen Âge II.
Mâle Moyen Âge. De l'amour et autres essais.

ELIAS
La Société de cour.

FEBVRE
Philippe II et la Franche-Comté. Étude d'histoire politique, religieuse et sociale.

FERRO
La Révolution russe de 1917.

FINLEY
L'Invention de la politique.
Les Premiers Temps de la Grèce.

FOISIL
Le Sire de Gouberville.

FURET
L'Atelier de l'histoire.

FURET, OZOUF
Dictionnaire critique de la Révolution française (4 vol.).

FUSTEL DE COULANGES
La Cité antique.

GEARY
Naissance de la France. Le monde mérovingien.

GEREMEK
Les Marginaux parisiens aux XIVe et XVe siècles.

GERNET
Anthropologie de la Grèce antique.
Droit et institutions en Grèce antique.

GOUBERT
100 000 provinviaux au XVIIe siècle.

GRIMAL
Virgile ou la seconde naissance de Rome.
La Civilisation romaine.

GROSSER
Affaires extérieures. La politique de la France, 1944-1989.
Le Crime et la mémoire.

HELL
Le Sang noir.

KRAMER
L'histoire commence à Sumer.

LALOUETTE
Au royaume d'Égypte. Histoire de l'Égypte pharaonique I.
Thèbes. Histoire de l'Égypte pharaonique II.
L'Empire des Ramsès. Histoire de l'Égypte pharaonique III.
L'Art figuratif dans l'Égypte pharaonique.

LANE
Venise, une république maritime.

LE GOFF
La Civilisation de l'Occident médiéval.

LEROY
L'Aventure séfarade. De la péninsule ibérique à la Diaspora.

LE ROY LADURIE
Les Paysans de Languedoc.
Histoire du climat depuis l'an mil.

LEWIS
Juifs en terre d'Islam.
Les Arabes dans l'histoire.

LOMBARD
L'Islam dans sa première grandeur.

MAHN-LOT
La Découverte de l'Amérique.

MARRUS
L'Holocauste dans l'histoire.

MAYER
La Persistance de l'Ancien Régime.
L'Europe de 1848 à la Grande Guerre.

MILZA
Fascisme français.

MOLLAT, WOLFF
Les Révolutions populaires en Europe aux XIVe et XVe siècles.

MUCHEMBLED
Culture populaire et culture des élites dans la France moderne (XVe-XVIIIe siècle).

RICHET
La France moderne. L'esprit des institutions.

ROMANO
Les Conquistadores.

SCHWALLER DE LUBICZ R.A.
Le Miracle égyptien.
Le Roi de la théocratie pharaonique.

SCHWALLER DE LUBICZ I.
Her-Bak « disciple ».
Her-Bak « pois chiche ».

STERN
Hitler.

VIDAL-NAQUET
La Démocratie athénienne vue d'ailleurs.

VINCENT
1492 : « l'année admirable ».

VINCENT
Histoire des États-Unis.

SCIENCES HUMAINES

ABRAHAM, TÖROK
L'Écorce et le noyau.

ALAIN
Idées. Introduction à la philosophie de Platon, Descartes, Hegel, Comte.

ANATRELLA
Le Sexe oublié.
Non à la société dépressive.

ARCHÉOLOGIE DE LA FRANCE
(Réunion des musées nationaux).

ARNAULD, NICOLE
La Logique ou l'art de penser.

ARNHEIM
La Pensée visuelle.

AUGÉ
Anthropologie des mondes contemporains.

AXLINE
Dibs.

BADINTER
L'Amour en plus.

BAVEREZ
Raymond Aron.

BERNARD
Introduction à l'étude de la médecine expérimentale.

BORCH-JACOBSEN
Lacan.

BRILLAT-SAVARIN
Physiologie du goût.

CHOMSKY
Réflexions sur le langage.
Langue, Linguistique, Politique. Dialogues avec Mitsou Ronat.

COHEN
Structure du langage poétique.

CONSTANT
De la force du gouvernement actuel de la France et de la nécessité de s'y rallier (1796). Des réactions politiques.
Des effets de la Terreur (1797).

DANIÉLOU
Mythes et dieux de l'Inde.

DARAKI
Dionysos et la déesse Terre.

DAVY
Initiation à la symbolique romane.

DELEUZE, PARNET
Dialogues.

DERRIDA
Éperons. Les styles de Nietzsche.
La Vérité en peinture.
Heidegger et la question.
De l'esprit et autres essais.

DETIENNE, VERNANT
Les Ruses de l'Intelligence. La Métis des Grecs.

DEVEUREUX
Femme et mythe.

DODDS
Les Grecs et l'irrationnel.

DUMÉZIL
Heurs et malheurs du guerrier.
Loki.
Mythes et dieux des Indo-européens.

DURKHEIM
Règles de la méthode sociologique.

ELIADE
Forgerons et alchimistes.

ERIBON
Michel Foucault.

ERIKSON
Adolescence et crise.

FONTANIER
Les Figures du discours.

FUKUYAMA
La Fin de l'Histoire et
le dernier homme.

GENTIS
Leçons du corps.

GRENIER
L'Esprit du Tao.

GUÉHENNO
La Fin de la démocratie.

GUILLAUME
La Psychologie de la forme.

GOMEZ
L'Invention de l'Amérique.

GUSDORF
Mythe et métaphysique.

HAMBURGER
L'Aventure humaine.

HARRISON
Forêts. Essai sur l'imaginaire occidental.

HEGEL
Introduction à l'Esthétique. Le Beau.

HORNUNG
Les Dieux de l'Égypte.

JANKÉLÉVITCH
La Mort.
L'Ironie.
Le Pur et l'Impur.
Le Sérieux de l'intention. Traité des vertus I.
Les Vertus et l'Amour. Traité des vertus II.
L'Innocence et la Méchanceté. Traité des vertus III.

JANOV
Le Cri primal.

LABORIT
L'Homme et la ville.

LAPLANCHE
Vie et mort en psychanalyse.

LEBOVICI
En l'homme, le bébé.

LE BRAS
Les Limites de la planète.

LEPAPE
Diderot.

LESCOURRET
Lévinas.

LORENZ
L'Agression.
L'Envers du miroir.
Les Fondements de l'éthologie.

LORENZ, POPPER
L'avenir est ouvert.

MACHIAVEL
Discours sur la première décade de Tite-Live.

MANIN
Principes du gouvernement représentatif.

MARX
Le Capital, livre I.

MAUCO
Psychanalyse et éducation.

MEAD EARLE
Les Maîtres de la stratégie.

MILL
L'Utilitarisme.

MORIN
La Complexité humaine.

MOSCOVICI
Essai sur l'histoire humaine de la nature.

NASIO
Les Yeux de Laure.

NASSIF
Freud. L'inconscient.

OLIVIER
Les Fils d'Oreste ou la question du père.

PANKOW
L'Homme et sa psychose.

PAPERT
Jaillissement de l'esprit.

PÉRONCEL-HUGOZ
Le Radeau de Mahomet.

POMMIER
L'Ordre sexuel.
Le Dénouement d'une analyse.

REICHHOLF
L'Émergence de l'homme.

RÉMOND
La politique n'est plus ce qu'elle était.

RENFREW
L'Énigme indo-européenne.

RENOU
La Civilisation de l'Inde ancienne d'après les textes sanskrits.

ROSENFIELD
L'Invention de la mémoire.

RUSSELL
Signification et vérité.

SAUVERZAC
Françoise Dolto. Itinéraire d'une psychanalyste.

SCHMITT
La Notion de politique. Théorie du partisan.

SCHUMPETER
Impérialisme et classes sociales.

SERRES
Atlas.
Le Contrat naturel.
Éclaircissements.
Statues.

STAROBINSKI
1789. Les Emblèmes de la raison.

STEINER
Martin Heidegger.

STOETZEL
La Psychologie sociale.

STRAUSS
Droit naturel et histoire.

SUN TZU
L'Art de la guerre.

TAYLOR
Multiculturalisme.

THIS
Naître… et sourire.

VALADIER
L'Église en procès. Catholicisme et pensée moderne.

WALLON
De l'acte à la pensée.

WOLTON
Éloge du grand public.
Naissance de l'Europe démocratique.

ART

ARASSE
Le Détail. Pour une histoire rapprochée de la peinture.

BALTRUSAITIS
Aberrations. Les perspectives dépravées I.
Anamorphoses. Les perspectives dépravées II.
Le Moyen Âge fantastique.
La Quête d'Isis.

BRAUDEL
Le Modèle italien.

BRUSATIN
Histoire des couleurs.

CHAR
La Nuit talismanique.

CHASTEL
Introduction à l'histoire de l'art français.

DAMISCH
L'Origine de la perspective.
Le Jugement de Pâris.

DIDI-HUBERMAN
Fra Angelico. Dissemblance et figuration.

DUCHAMP
Duchamp du signe.

GRABAR
Les Voies de la création en iconographie chrétienne.

HASKELL
La Norme et le caprice.

LE CORBUSIER
Urbanisme.
L'Art décoratif d'aujourd'hui.
Vers une architecture.

MÂLE
Notre-Dame de Chartres.

MARIN
Détruire la peinture.

MOULIN
L'Artiste, l'institution et le marché.

PANOFSKY
La Renaissance et ses avant-courriers dans l'art d'Occident.

PENROSE
Picasso.

SEZNEC
La Survivance des dieux antiques.

WÖLFFLIN
Réflexions sur l'histoire de l'art.

CINÉMA

BORDE, CHAUMETON
Panorama du film noir américain (1944-1953).

BOUJUT
Wim Wenders.

EISNER
Fritz Lang.

GODARD PAR GODARD
Les Années Cahiers.
Les Années Karina.
Des années Mao aux années 80.

PASOLINI
Écrits corsaires.

RENOIR
Ma vie et mes films.

ROHMER
Le Goût de la beauté.

ROSSELLINI
Le Cinéma révélé.

SCHIFANO
Luchino Visconti. Les feux de la passion.

TRUFFAUT
Le Plaisir des yeux.

CET OUVRAGE
A ÉTÉ REPRODUIT
ET ACHEVÉ D'IMPRIMER
PAR L'IMPRIMERIE MAURY EUROLIVRES
À MANCHECOURT EN JUILLET 1997

N° d'éd. FH133902. N° d'impr. 97/07/59589
D.L. : janvier 1996.
(Imprimé en France)